杨小平 尤晓东 主编

张金玲 战疆 肖林 覃雄派 编著

多媒体
技术及应用
第 2 版

清华大学出版社
北京

内 容 简 介

本书全面地介绍了多媒体技术的基础理论知识与应用软件的使用。本书的特点是理论与实践相结合，并配有大量的插图和实例。全书共分 6 章，主要内容包括多媒体的基本概念、多媒体技术基础、图像与图像处理软件、动画技术与制作、数字音频处理、数字视频制作。

本书面向普通高校，可作为多媒体技术与应用或相关课程的教材，也可作为读者自学多媒体知识与应用的读物。

本书封面贴有清华大学出版社防伪标签，无标签者不得销售。

版权所有，侵权必究。举报：010-62782989，beiqinquan@tup.tsinghua.edu.cn。

图书在版编目(CIP)数据

多媒体技术及应用 / 杨小平，尤晓东主编；张金玲等编著 . —2 版 . —北京：清华大学出版社，2024.1
ISBN 978-7-302-65557-2

Ⅰ．①多… Ⅱ．①杨… ②尤… ③张… Ⅲ．①多媒体技术 Ⅳ．① TP37

中国国家版本馆 CIP 数据核字 (2024) 第 019960 号

责任编辑：刘向威
装帧设计：常雪影
责任校对：李建庄
责任印制：曹婉颖

出版发行：清华大学出版社
网　　址：https://www.tup.com.cn，https://www.wqxuetang.com
地　　址：北京清华大学学研大厦 A 座　　　邮　　编：100084
社 总 机：010-83470000　　　邮　　购：010-62786544
投稿与读者服务：010-62776969，c-service@tup.tsinghua.edu.cn
质 量 反 馈：010-62772015，zhiliang@tup.tsinghua.edu.cn

印 装 者：天津鑫丰华印务有限公司
经　　销：全国新华书店
开　　本：185mm×260mm　　　印　　张：20　　　字　　数：348 千字
版　　次：2009 年 11 月第 1 版　2024 年 2 月第 2 版　印　　次：2024 年 2 月第 1 次印刷
印　　数：1~3000
定　　价：79.00 元

产品编号：102782-01

第 2 版 前言

随着人类步入信息化社会，计算机技术、广播电视技术和通信技术相互渗透、融合，形成了计算机多媒体技术，并日益成为人们关注的热点和焦点。各种多媒体应用如雨后春笋般涌现出来，人们的生活与娱乐越来越丰富多彩，工作也不再那么单调。

目前中小学普遍开设了信息技术相关课程，多数高校也开设了以多媒体技术与应用为主要内容的计算机应用课程，同时随着计算机与网络多媒体技术的普及，现代大学生的知识起点已经有了普遍提高，因此，要求在大学计算机基础与应用课程的教学中进行分层、分类教学，以更好地适应目前的教学基本环境。中国人民大学面向全校本科生的公共计算机培养方案也是进行分层、分类教学，在计算机应用层面开设多门课程，其中就包括多门多媒体技术及应用相关课程。教学一线骨干教师在总结多年教学经验的基础上共同合作编写了本书。

希望通过本书的学习，读者对多媒体技术理论知识能够有一定的了解，并系统地掌握多媒体相关软件的使用方法和技巧。

全书共分 6 章。第 1 章 "多媒体基本概念" 和第 2 章 "多媒体技术基础" 由肖林老师和潘旭燕老师编写，第 3 章 "图像与图像处理软件" 由覃雄派老师编写，第 4 章 "动画技术与制作" 和第 6 章 "数字视频制作" 由张金玲老师编写，第 5 章 "数字音频处理" 由战疆老师编写，全书由杨小平老师和尤晓东老师进行审核和统稿。

相较于第 1 版，第 2 版教材根据多媒体技术的当前进展对理论知识和实践操作内容进行了优化调整，将图像、音频、动画、视频的操作软件分别更新为 Adobe Photoshop 2021、Adobe Audition 2021、Adobe Animate 2021 和 Adobe Premiere Pro 2021，并优化和扩展了操作案例。第 2 版教材在思考与练习题目的设置上更加强调对多媒体基础理论知识的理解，以及对各种多媒体信息形式的综合处理和应用能力的训练。

由于信息技术的发展非常迅速，加之作者水平有限，书中不足之处在所难免，欢迎读者不吝指正。

编者
2023 年 12 月

第1版 前言

随着人类步入信息化社会，从20世纪80年代起，计算机技术、广播电视技术和通信技术的相互渗透、融合，形成了计算机多媒体技术，并日益成为人们关注的热点和焦点。各种多媒体应用如雨后春笋般涌现出来，人们的生活与娱乐越来越丰富多彩，工作也不再那么单调。各高校也纷纷开设了以多媒体技术与应用为主要内容的计算机应用课程。

随着计算机与网络多媒体技术的普及，现代大学生的知识起点已经有了普遍提高，因此，要求在大学计算机基础与应用课程的教学中进行分层、分类教学，以更好地适应目前这种教学基本环境。为此，教育部高等教育司组织制定了《大学计算机教学基本要求》，全国高等院校计算机基础教育研究会发布了《中国高等院校计算机基础教育课程体系》，对各高校的相关教学与教材编写工作起到了指导作用。

自2005年起，中国人民大学的计算机基础课开始进行分层、分类教学改革，在计算机应用层面开设多门课程，其中就包括"多媒体技术及应用"课程。在总结多年教学经验的基础上，由教学一线骨干教师共同合作，负责编写了本教材。

希望通过本书的学习，读者对多媒体技术理论知识有一定的了解，并系统地掌握多媒体相关软件的使用方法和技巧。

全书共分6章。第1章"多媒体基本概念"和第2章"多媒体技术基础"由肖林老师编写，第3章"图像与图像处理软件"由覃雄派老师编写，第4章"动画技术与应用"由王秋月老师编写，第5章"数字音频处理"由谢红老师编写，第6章"数字视频制作"由陈文萍老师编写。

在本书的编写过程中，参考了大量的国内外相关文献，并从互联网上查阅了相关的资料，在此特对这些文献及资料的作者表示衷心的感谢。

由于信息技术的发展非常迅速，加之作者水平有限，书中不足之处在所难免，欢迎读者不吝指正。

编者

2009年8月

目录

第1章 多媒体基本概念　001

1.1 多媒体相关概念 / 001
- 1.1.1 媒体与多媒体 / 001
- 1.1.2 媒体分类 / 002
- 1.1.3 多媒体的关键特性 / 003

1.2 多媒体元素 / 004
- 1.2.1 文本 / 004
- 1.2.2 图形 / 005
- 1.2.3 图像 / 006
- 1.2.4 声音 / 007
- 1.2.5 动画 / 007
- 1.2.6 视频 / 008

1.3 多媒体信息的数据压缩 / 009
- 1.3.1 多媒体信息数据压缩概述 / 009
- 1.3.2 数据压缩技术基础 / 014
- 1.3.3 数据压缩方法 / 019
- 1.3.4 多媒体数据压缩标准 / 022

1.4 多媒体系统与技术 / 025
- 1.4.1 多媒体系统构成 / 025
- 1.4.2 多媒体硬件系统 / 026
- 1.4.3 多媒体软件系统 / 027
- 1.4.4 多媒体技术特点 / 028
- 1.4.5 多媒体关键技术 / 029

1.5 思考与练习 / 031

第 2 章　多媒体技术基础　033

2.1 多媒体相关素材 / 033
- 2.1.1 文字素材的采集、制作和保存 / 033
- 2.1.2 音频素材及相关硬件 / 037
- 2.1.3 视频素材及相关硬件 / 047
- 2.1.4 图像素材及相关硬件 / 065

2.2 常见计算机接口 / 074
- 2.2.1 数据接口 / 074
- 2.2.2 显示接口 / 078

2.3 多媒体部件与存储卡 / 079
- 2.3.1 多媒体部件 / 080
- 2.3.2 常用存储卡 / 086

2.4 思考与练习 / 091

第 3 章　图像与图像处理软件　093

3.1 图像的基本原理 / 093
- 3.1.1 图形与图像、图像的分类 / 094
- 3.1.2 颜色与颜色空间 / 096
- 3.1.3 色彩模型 / 096
- 3.1.4 图像的主要参数 / 099
- 3.1.5 图像的处理过程 / 101
- 3.1.6 图像数据量的计算 / 102
- 3.1.7 主要的图像文件格式 / 102

3.2 图像处理软件 Photoshop 概述 / 104
- 3.2.1 基本界面 / 105
- 3.2.2 Photoshop 工具介绍 / 106
- 3.2.3 图层 / 125
- 3.2.4 蒙版 / 127

3.2.5 通道 / 127

3.2.6 路径 / 129

3.2.7 滤镜 / 133

3.2.8 色彩控制 / 137

3.3 思考与练习 / 141

第 4 章 动画技术与制作 143

4.1 计算机动画概述 / 143

4.1.1 计算机动画原理 / 143

4.1.2 计算机动画分类 / 144

4.1.3 计算机动画制作软件 / 144

4.2 Animate 动画设计 / 146

4.2.1 Animate 概述 / 146

4.2.2 Animate 基本工具 / 155

4.2.3 基础动画制作 / 174

4.2.4 交互动画制作 / 194

4.3 思考与练习 / 208

第 5 章 数字音频处理 209

5.1 音频基本概念 / 209

5.1.1 声音的产生和传播 / 209

5.1.2 声音的特性 / 209

5.1.3 声音的质量 / 210

5.1.4 声音信号的数字化 / 210

5.2 音频文件格式 / 211

5.3 语音识别和语音合成 / 213

5.3.1 语音识别 / 213

5.3.2 语音合成 / 215

5.4 MIDI / 216
    5.4.1 MIDI 基本概念 / 216
    5.4.2 音乐合成方法 / 217

5.5 Windows 录音机的使用 / 218

5.6 常用的音频制作软件 / 219
    5.6.1 专用软件 / 219
    5.6.2 音频处理类软件 / 220
    5.6.3 MIDI 音序类软件 / 221
    5.6.4 音源类软件 / 222
    5.6.5 音频格式转换软件 / 223

5.7 Adobe Audition 的使用 / 224
    5.7.1 新建文件 / 224
    5.7.2 打开已有的音频文件或多轨项目 / 226
    5.7.3 用"文件"面板导入文件 / 226
    5.7.4 保存音频文件 / 227
    5.7.5 关闭文件 / 227

5.8 使用 Adobe Audition CC 录音 / 228
    5.8.1 录音前的准备 / 228
    5.8.2 单轨录音 / 229
    5.8.3 多轨录音 / 230
    5.8.4 穿插录音 / 231
    5.8.5 录制第一段声音 / 232

5.9 音频编辑 / 235
    5.9.1 波形编辑概述 / 235
    5.9.2 选择音频 / 236
    5.9.3 编辑音频 / 239
    5.9.4 实例分析 / 242

5.10 思考与练习 / 246

第 6 章　数字视频制作　247

- 6.1 数字视频概述 / 247
- 6.2 视频文件格式 / 248
  - 6.2.1 常见的视频格式 / 248
  - 6.2.2 视频文件格式转换 / 252
- 6.3 线性编辑和非线性编辑 / 254
- 6.4 视频素材采集 / 255
- 6.5 常用的视频编辑软件 / 256
- 6.6 使用 Premiere Pro 进行视频编辑 / 257
  - 6.6.1 Premiere Pro 工作界面 / 257
  - 6.6.2 Premiere Pro 视频编辑基本流程 / 259
  - 6.6.3 创建项目与管理素材 / 261
  - 6.6.4 创建序列 / 264
  - 6.6.5 时间轴面板 / 268
  - 6.6.6 在序列中添加和编辑素材 / 272
  - 6.6.7 制作素材剪辑效果动画 / 278
  - 6.6.8 创建素材剪辑间的过渡效果 / 284
  - 6.6.9 创建字幕 / 289
  - 6.6.10 视频导出 / 299
  - 6.6.11 综合实例 / 302
- 6.7 思考与练习 / 308

第 1 章 多媒体基本概念

多媒体技术是计算机技术和社会需求相结合的产物，它提供了一条把艺术与科学相结合的道路，是人类在20世纪最伟大的发明之一。随着计算机技术、通信技术和广播电视技术三大领域的高速发展、相互渗透与相互融合，多媒体技术将与Internet（因特网）一起，成为推动21世纪信息化社会发展的重要动力。

本章介绍了多媒体技术领域的基础知识，包括多媒体相关概念、多媒体元素、多媒体信息的数据压缩、多媒体系统与技术。充分了解和掌握这些知识，将为后续多媒体技术与应用的学习打下良好的理论基础。

1.1 多媒体相关概念

1.1.1 媒体与多媒体

媒体（media）也叫媒介，是信息表示、信息传递和信息存储的载体。在计算机领域，媒体包括两重含义：一是指存储信息的实体（媒质），如磁带、磁盘、光盘和半导体存储器等；二是指承载信息所使用的符号系统（媒介），即信息的表现形式，如数字、文字、声音、图形和图像等。多媒体计算机技术中的"媒体"指的是后者。

多媒体一词来源于英文的multimedia，它由multiple和media复合而成。对于多媒体，至今尚无非常准确、权威的定义。但就信息技术领域而言，多媒体是多种不同但相互关联的媒体的集成，也是多媒体技术的简称，包含多媒体本身与多媒体技术。

多媒体本身是多种媒体的组合体，将音频、视频、图像和计算机技术、通信技术集成到一个数字环境中，以协同表示对象更丰富、更复杂的信息。多媒体技术是指可同时获取、编辑、处理、存储、检索、展示和传输两种及以上不同类型信息媒体的技术，信息媒体包括文本、声音、图形、图像、动画和视频等。

1.1.2 媒体分类

媒体的种类很多，下面从信息处理的角度来简单分类。

1. 按承载信息的方式来划分

根据国际电信联盟（International Telecommunication Union，ITU）下属电信标准局（原国际电话电报咨询委员会（Consultative Committee on International Telephone and Telegraph，CCITT）的定义，媒体可以分为以下五种类型：

（1）感觉媒体。感觉媒体（perception medium）是能直接作用于人的感官，使人产生感觉的一种媒体，如声音、图像、文字、气味、味道以及物体的质地、形状、温度等。对应于人类的五种感觉，如视觉、听觉、触觉、嗅觉和味觉等。

（2）表示媒体。表示媒体（representation medium）是为了加工、处理和传输感觉媒体而人为地研究、构造出来的一种媒体，即用于数据交换的编码，是感觉媒体数字化后的表现形式，如电报码、条形码、文本编码（ASCII码、GB2312等）、图像编码（JPEG）、视频编码（MPEG）和声音编码等。

（3）显示媒体。显示媒体（presentation medium）指感觉媒体与用于通信的电信号之间进行转换而使用的一类媒体，又分为输入显示媒体和输出显示媒体。输入显示媒体主要有键盘、鼠标、话筒、摄像机和扫描仪，输出显示媒体主要有显示器、音箱、打印机和投影仪。

（4）存储媒体。存储媒体（storage medium）又称存储介质，如磁带、磁盘、光盘和内存等用来存放表示媒体（信息编码），计算机可以对表示媒体进行加工处理和调用。

（5）传输媒体。传输媒体（transmission medium）是用来将表示媒体从一处传送到另一处的物理载体，如双绞线、同轴电缆、光纤和无线传输介质等。

上述五种媒体的核心是感觉媒体和表示媒体，即信息的存在形式和表示形式。

2. 按计算机处理数据的形式来划分

按计算机处理数据的形式的不同，媒体可分为文本（text）、声音（audio）、图形（graphic）、图像（image）、动画（animation）和视频（video）等几类。

虽然从概念上讲，这种划分方式比较片面，远不如上一种划分方法全面准确，但是其优势是便于理解。所以在实际应用中，大众通常接受的就是这种简单的划分方法。这是由目前计算机所能处理和应用媒体的现状决定的。

3. 从人机交互的角度来划分

人类利用视觉、听觉、触觉、嗅觉和味觉来感受各种信息。据研究，在人类通过感官收集到的各种信息中，视觉约占65%，听觉约占20%，触觉约占10%，味觉、嗅觉约占5%。随着计算机向"人性化"的方向发展与应用，人机交互的要求越来越高。从这一角度来看，媒体又可分为视觉类媒体、听觉类媒体、触觉类媒体等。

目前，人们已经充分实现了听觉和视觉的信息化，在音视频采样、模拟、远程传输、存储、压缩与还原等方面积累了大量成熟的技术。使用智能手机作为多媒体设备来听音乐、看电影、视频聊天，已经成为人们日常生活的一部分。与此同时，对触觉、嗅觉和味觉的信息化也在逐步推进。Dexta Robotics推出了具有触感反馈的Dexmo手套，向用户提供各种类型的受力反馈。FeelReal公司推出了FeelReal Mask，可以帮助用户还原虚拟场景中的真实嗅觉；新加坡国立大学Nimesha Ranasinghe带领的团队推出了一款鸡尾酒杯，能够模拟任何口味的饮料。相信，随着机器人、VR技术、AR技术的发展，对人类感觉的信息化技术也将逐步成熟，进一步扩展当今的多媒体技术。

1.1.3 多媒体的关键特性

多媒体的关键特性主要包括信息载体的多样化、集成性、交互性和实时性四个方面。

1. 信息载体的多样化

信息载体的多样化通常是指计算机所能处理的信息媒体多样化。多媒体的信息多样化不仅是指输入，而且还有输出信息的多样化，目前主要包括视觉和听觉两个方面。一般来说，计算机内部处理信息（如存储、传输等）的操作对象都是数字化信息。多种媒体信息进入计算机后，首先要转化成数字信息，其核心问题是数字化。因此，媒体多样化扩展了计算机处理信息的空间范围。

2. 信息载体的集成性

信息载体的集成性体现为多媒体设备的集成和多媒体信息的集成。

在多媒体设备集成方面，应从软硬件两方面考虑：在硬件方面，需具备能够处理多媒体信息的高性能计算机系统以及与之相对应的输入/输出能力和外设；在软件方面，应有集成一体的多媒体操作系统、适合于多媒体信息管理的软件系统、创作工具及各类应用软件等。

在多媒体信息集成方面，早期的计算机对信息的处理仅限于对文本、声音、图形和图像等单一媒体的零散应用。而在多媒体中，各种信息载体集成于一体，这种集成包括信息的多通道统一获取、多媒体信息的统一存储与组织、多媒体信息表现的合成等各个方面。

3. 信息载体的交互性

交互性是多媒体与传统媒体最关键的区别。传统媒体只能通过广播、电视、报纸等媒介单向地、被动地传播信息，而在多媒体中，信息载体具有交互性，可以向用户提供更加有效的控制和使用信息的手段，在应用层面开辟了更加广阔的领域。凭借信息载体的交互性，人们不再单纯地接受（获取）信息，而是可以介入到信息过程中，将自己也作为整个信息环境的一部分。

例如，人们可以使用键盘、鼠标、触摸屏、声音和数据手套等设备，通过计算机程序来控制各种媒体的播放。这种对多媒体的驾驭，增强了人对信息的关注和理解，延长了信息的保留时间。

4. 信息载体的实时性

信息载体的实时性是指媒体元素之间的同步性，即在人类感官系统能接受的条件下进行多媒体交互，文字、图像、声音等媒体元素是连续的。这对多媒体技术的时序性提出了很高的要求，而实时性也正是应对这一要求而发展起来的新特性。

1.2 多媒体元素

多媒体元素通常分为文本、图形、图像、声音、动画和视频。

1.2.1 文本

文本是一种以文字和各种专用符号表达的信息形式，它是多媒体应用程序的基础。组织好文本显示的方式,便于人们理解多媒体应用系统显示的信息。

文本文件包含非格式化和格式化两种形式。仅包括字符编码、回车换行符、文件结束符,不具有任何文本格式或排版信息的文本文件,称为非格式化文本文件或纯文本文件,如TXT文件(在Windows桌面中右击鼠标,执行"新建"→"文本文档"命令,可以创建纯文本文件)。包含文本格式或排版信息的文本文件,则称为格式化文本文件,如常见的文档".docx"文件。

在微机中,文本是采用编码的方式进行存储和交换的。英文字符采用的是ASCII编码(美国信息交换标准代码),汉字采用的是中国国标GB-2312编码。

在计算机中,获取文本的方法有如下几种。

(1)键盘输入。使用普通英文键盘,选取现有的输入方法进行文字输入。

(2)OCR文字识别输入。将需要输入的印刷体文字经扫描仪输入计算机。这种方法常应用于大量印刷体文字的输入。图1-1是使用手机进行OCR文字识别的效果图。

图 1-1 使用手机软件进行 OCR 汉字识别

(3)手写输入。在手写板上,用专用笔或手指写字进行输入。

(4)语音输入。目前已从单字、单词输入,发展到语音的输入。随着机器学习的不断发展,语音输入的准确率大幅上升,已经达到了实时可用级别。

1.2.2 图形

图形一般指由计算机绘制的画面,如直线、矩形、圆、圆弧、任意曲线和图表等。机械结构图、建筑结构图都是典型的组合图形。图形文件只记录生成图的算法和图上的某些特征点，因此又称为矢量图。图形的最大优点在于可以分别控制处理图中的各个部分，可在屏幕上移动、旋转、放大、缩小、扭曲而不失真，不同的物体还可在屏幕上重叠并保持各自的特性，必要时仍可分开。因此，图形主要用于表示线框型的图画、工程制图、美术字等。PowerPoint中的字符和各种插图（形状、SmartArt、图表）都是矢量图；Photoshop中的文字工具、钢笔工具、各种形状工具也是矢量图工具。

1.2.3 图像

图像是由输入设备捕捉的实际场景画面，或以数字化形式存储的任意画面。它用数字来描述像素点、强度和颜色。静止的图像就像一个矩阵，由一些排成行列的点组成，这些点称为像素点（pixel），这类图像又称为位图（bitmap）或点阵图。位图中的"位"用来定义图中每个像素点的颜色和亮度。对于黑白图像，每个像素点常用1位表示黑或白；对于灰度图，常用4位（16种灰度等级）或8位（256种灰度等级）表示每个像素点的亮度；而彩色图像则有多种描述方法。

与图形文件相比，图像描述信息文件的存储量较大，所描述对象在缩放过程中会损失细节或产生锯齿形变。在显示方面，它以一定的分辨率将对象上每个点的色彩信息以数字化方式呈现，可直接快速在屏幕上显示。其中，分辨率和灰度是影响显示的主要参数。图像适用于表现含有大量细节（明暗变化、场景复杂、轮廓色彩丰富等）的对象，如，照片、绘画等。使用图像软件，可以进行复杂图像的处理，以得到更清晰的图像或制造特殊效果。点阵图形式广泛出现在各类应用场景中，例如在PowerPoint中插入的图像（图片文件、照片），以及在Photoshop中使用画笔工具、图章类工具、填充类工具做出的图像。

点阵图有不同的存储格式，计算机中常用的图像文件格式有以下几种。

1. BMP

BMP（bitmap）即位图文件，它是最原始、最通用的文件格式，占用存储空间极大。它也是Windows系统下的标准格式，桌面背景图像通常都是".bmp"格式。

2. GIF

GIF格式是由美国CompuServe公司研制的。它采用了可变长度等压缩算法进行无损压缩，减少了数据量。GIF的特点是颜色数较少（最多支持256种），无损压缩和支持透明色，适用于网上的小图片，如logo或图标。

3. JPG

JPG即JPEG，它代表联合图像专家组所制定的一种图像压缩标准。此标准的压缩算法采用有损压缩，压缩比约为5:1~50:1。它是网上最流行的图像格式。

此外，常用的图像格式还有".tif"、".pcx"、".pct"、".tga"和".psd"等。

1.2.4 声音

声音是物体振动产生的波。按照频率的不同，声音可分为次声波（频率低于20Hz）、超声波（频率高于20kHz）和可听声波（频率在20Hz与20kHz之间）。其中，可听声波也称为音频波。

在计算机处理技术中，通常要将声音的模拟信号经过处理变换为数字信号，并以文件的形式存储，以便后续处理。声音文件有多种存储格式，目前常用的有WAV、MID和MP3。

1. WAV（波形文件）

波形文件是任意声音数字化后形成的数据文件，它占用的存储空间很大，是微机常用的声音文件，通常用于时间较短（几分钟）的声音。

2. MID（数字音频文件）

数字音频文件称为MID音乐数据文件，是MID协会制定的音乐文件标准。MID文件并不记录声音采样数据，而是记录音乐行为，即音长、音量、音高等音乐的主要信息。因此，这种文件格式占用存储空间小，适用于较长的音乐。

3. MP3

MP3是根据MPEG（motion picture experts group，运动图像专家组）的视像压缩标准MPEG-1得到的声音文件，它保持了CD激光唱片的立体声、高音质等优点，压缩比达10:1至12:1。

1.2.5 动画

动画是动态图画。它的实质是一幅幅静态图像的连续播放，一幅静态图像称为一帧。动画中的每一帧通常都是人工制造出来的图形。动画的连续播放既指时间上的连续，也指图像内容上的连续，即播放的相邻两幅图像之间内容相差不大。动画压缩和快速播放是动画技术要解决的重要问题，其处理方法有多种。

计算机设计动画的方法有两种，一种是造型动画，一种是帧动画。造型动画是对每一个运动的物体分别进行设计，赋予每个对象一些特征（如大小、形状和颜色等），然后用这些对象构成完整的帧画面。造型动画的每帧由图形、声音、文字和调色板等造型元素组成，控制动画中每一帧中图形元素表演和行为的是由制作表组成的脚本。帧动画则是由一幅幅位图组成的连续的画面，就像电影胶片或视频画面一样，需要创作者手工一帧一帧画出。计算机制作动画时，只需做好主动作画面，其余的中间画面都可以由计算机自动内插完成；不运动的部分则直接复制过去，与主动作画面保持一致。当这些画面仅是二维的透视效果时，就是二维动画；如果通过CAD形式创造出空间形象的画面，就是三维动画；如果使其具有真实的光照效果和质感，就成为三维真实感动画。

常用的动画文件格式包括GIF、FLI/FLC、SWF。

1. GIF

GIF不仅是图像文件格式，还可以是动画文件格式，即在一个文件中存放多幅彩色图像，然后逐幅显示而形成简单的动画。Internet上大量使用这种格式的动画文件。

2. FLI/FLC

FLI/FLC是Autodesk公司提出的动画文件格式，该公司的多个产品（Animator、Animator Pro和3D Studio MAX等）都采用这种格式。

3. SWF

SWF是Macromedia公司的产品Flash的矢量动画格式，因为采用曲线方程描述其内容，该格式的动画在缩放时不会失真，所以非常适合描述几何图形组成的动画。SWF格式被广泛应用于网页上。

1.2.6 视频

将若干幅有联系的图像画面（帧）连续播放便形成了视频。视频的每一帧，实际上就是一幅静态图像；多幅图像连续播放，对于人眼就会产生图像"动"的效果。例如，电影的播放速度是24帧/秒，电视的播放速度是25帧/秒（PAL制）或30帧/秒（NTSC制）。在展现一个动作场景时，若每秒播放张数远少于拍摄张数，则属于慢动作摄影，又叫作高速摄影；若每秒播放张数远大于拍摄张数，则属于快动作摄影，又称为延时摄影。

视频图像可来自摄像机、录像机或电视机等视频设备的信号源影像，这些视频图像被送至计算机内的视频图像捕捉卡，进行数字化处理。新型的数字化摄像机可以直接将视频图像输出至计算机的数字接口（如USB口），输入计算机。

视频图像的数据量非常庞大，因此常采用MPEG动态图像压缩技术对其进行数据压缩。

计算机中主要的视频文件格式如下：

1. AVI

AVI（audio video interleaved）即音频视频交错格式，是Windows使用的动态图像格式，它可以将声音和影像同步播出，但文件占用存储空间大。

2. MPG

MPG是MPEG（运动图像专家组）制定的压缩标准中确定的文件格式，应用于动画和视频影像，文件占用存储空间较小。

3. ASF

ASF（advanced streaming format）即高级串流格式，是微软公司采用的流式媒体播放文件格式，适合于网上连续播放视频图像。

1.3 多媒体信息的数据压缩

1.3.1 多媒体信息数据压缩概述

多媒体计算机技术是面向文本、图形、图像、声音、动画和视频等多种媒体的处理技术，承载着由模拟量转换为数字量的吞吐、存储和传输问题。数字化后的声音、图像和视频等多媒体信息的数据量是相当惊人的，不便于传输和存储，因此数据压缩技术是迅速发展的多媒体关键技术之一。

1. 多媒体信息的数据量

对多媒体的数据量进行分析前，首先来熟悉一下计算机中数据传输和存储的单位。计算机中信息数据的传输采用传统表达（十进制方式：$K=10^3$，$M=10^6$），如千兆以太网的数据传输率为1000Mbps=1000×10^6bps。计算机中信息数据的存储采用存储单位（二进制方式：$K=2^{10}$，$M=2^{20}$，$G=2^{30}$）表达，如128GB的SD卡的容量为128GB=128×2^{30}B。以下对数字化多媒体信息的数据量进行具体的分析，来表明数据压缩的必要性。

1）声音

声音数字化信息的数据量由采样频率（每秒采样次数）、量化位数（每次采样值用二进制表达的位数）、声道数和声音持续时间所决定，每秒采样次数越多，表达采样值的二进制位数越高，数字化声音的精细度就越高，需要存储的数据量也就越大。声音信息数字化后数据量计算方法如下（单位为字节（B））：

数据量=（采样频率×量化位数×声道数×声音持续时间）/8

电话话音的采样频率为8kHz，量化位数为8位，声道数为1，电话话音每小时的数据量为：

（8k×8×1×3600）/8=28 125（KB）≈27.47（MB）

具有CD音乐激光唱盘音质声音的采样频率为44.1kHz，量化位数为16位，声道数为2，其每小时的数据量为：

（44.1k×16×2×3600）/8=635 040（KB）≈620（MB）

在650MB的光盘中存放的CD音质音乐的播放时间约为1小时。如果采用5.1声道录制，其每小时的数据量为：

（44.1k×16×5.1×3600）/8=1 581 398（KB）≈1544（MB）≈1.5（GB）

2）静态图像

对于静态图像，可以把它理解成图像画密集的格子，格子的行数就是垂直方向分辨率，格子的列数就是水平方向分辨率；每个格子代表数字化点阵中的一个像素点，该点的颜色用多个二进制位表示，每个像素点用二进制表达的位数叫作颜色深度。一般来说，图像信息数字化后的数据量的计算方法如下（单位为字节（B））：

数据量=（垂直方向分辨率×水平方向分辨率×颜色深度）/8

通俗来说，静态图像数据量=图像像素点矩阵的行数×每行像素点个数×每个像素点颜色用二进制表达的位数/8。

下面来看几个例子：

一幅高清分辨率的真彩色位图图像，图像分辨率为1920×1080，颜色深度为24位，其数据量为：

（1920×1080×24）/ 8B=6075KB≈5.93MB

一幅由5000万像素手机（例如华为P50 Pro，如图1-2所示）拍摄的照片，图像分辨率为8192×6144，图像颜色深度为24位。不做任何压缩时，图像的数据量为：

（8192×6144×24）/ 8B=147 456KB=144MB

可以发现，估算结果144MB接近RAW[1]格式下的图片大小，而与JPEG格式图片的大小相差甚远，这是因为JPEG图片是对原图压缩而得到的。

---

1 相机中的 RAW 格式数据，可以理解为图像感应器将捕捉到的光源信号转化为数字信号的原始数据。可以把 RAW 概念化为"原始图像编码数据"或更形象地称为"数字底片"。RAW 格式是未经处理，也未经压缩的格式，表达的颜色（RGB）比 JPG 丰富得多，其中每个像素点的红（R）、绿（G）、蓝（B）色成分分别用 14 位二进制表示。

使用千万像素的相机（如Nikon Z7）拍摄照片，图1-3是其分辨率设置界面。选择分辨率为（4500万）8256×5504，颜色深度为24位，其数据量为（8256×5504×24）/8=133 128（KB）≈130（MB）。

后置摄像头	5000万像素原色摄像头（彩色，f/1.8光圈，OIS光学防抖）+ 4000万像素原色摄像头（黑白，f/1.6光圈）+ 1300万像素超广角摄像头（f/2.2光圈）+ 6400万像素长焦摄像头（f/3.5光圈，OIS光学防抖）
前置摄像头	1300万像素超广角摄像头（f/2.4光圈，自动对焦）
闪光灯	双LED闪光灯
视频拍摄	后置摄像头视频拍摄： 最大支持4K（3840x2160）视频录制，支持AIS防抖； 支持1080p@960fps超级慢动作视频（备注：1080p@960fps基于AI插帧算法技术实现）； 前置摄像头视频拍摄： 最大支持4K(3840x2160)视频录制，支持AIS防抖；支持1080p@240fps慢动作视频
防抖模式	OIS/AIS
变焦模式	后置摄像头变焦模式： 支持3.5倍光学变焦（3.5倍变焦为近似值，镜头焦段分别为13mm，23mm,26mm，90mm）、100倍数字变焦； 前置摄像头变焦模式： 不支持
照片分辨率	后置摄像头照片分辨率： 最大可支持8192×6144像素；前置摄像头照片分辨率： 最大可支持4160×3120像素

图 1-2　华为 P50 Pro 照片分辨率

3）动态视频

动态视频数据量由每秒播放静止画面的数量（帧频）、一幅静止画面的数据量和播放时间所决定，计算公式如下（单位为字节（B））：

数据量=（分辨率×颜色深度）×帧频×播放时间 / 8

通俗来说，视频信息数字化后的数据量（字节）=（图像点阵像素点的个数×每个像素点颜色用二进制表达的位数）×每秒播放的图像张数×视频播放的秒数/8。

我国的彩电为PAL制式，帧频为25，每帧画面为625行，宽高比为4:3。如果不进行压缩，数字化后每秒的数据量为：

（（625×4/3）×625×24）×25/8≈38 147（KB）≈37.25（MB）

上述数字化视频信号需要的传输带宽为312.5Mbps，每小时的数据量约为131GB，在650MB的光盘中只能存放不到18秒的视频。

4K清晰度电视的分辨率为4096×2160，帧频为30，每秒数据量为（不进行压缩）：

（4096×2160×24）×30/8=777 600（KB）=759.375（MB）

在不进行压缩的情况下，4K清晰度电视的视频数据需要的传输带宽为6075Mbps，每小时的数据量约为2.6TB。

通过上述计算，可以看出多媒体信息的数据量是相当大的，需要用到大容量的存储器，在进行数据传输时也需要很高的带宽。在实际应用中，不断地提高存储器容量和增加网络带宽在硬件上是不可行的，并且会带来巨大的成本。针对这个问题，数据压缩是

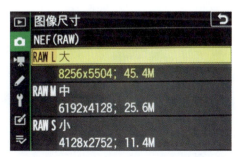

图 1-3　Nikon Z7 照片分辨率设置界面

一个有效的解决方法。通过数据压缩，可以减小原始信息的数据量，以压缩的形式存储和传输信息，既节约了存储空间，又提高了通信网络的传输效率。数据压缩使计算机实时处理音频、视频等多媒体信息成为可能，保证了高质量的视频和音频节目的播出。

2. 冗余的基本概念

冗余是指信息存在各种性质的多余度。多媒体信息的数据量巨大，其中存在数据的冗余，多媒体信息的数据量与信息量（有效数据）的关系可以表示为：

多媒体信息的数据量=信息量+冗余数据量

多媒体信息的数据冗余主要体现在两个方面。一方面，冗余的具体表现是相同或相似信息的重复。信息可以在空间上重复，也可以在时间上重复；可以是严格重复，也可以是以某种相似性重复。这些重复会产生大量冗余数据。另一方面，由于实际应用中信息接收者的条件限制，将导致一部分信息分量被过滤或屏蔽。如，传输线路或多媒体播放设备受带宽和精度限制，将导致一部分信号无法传递或播出，这部分信号的数据可以被压缩剔除。又如，人们在欣赏音像节目时，眼睛或耳朵对信号低于某一阈值的幅度变化无法感知，这一部分无法感知的信息分量数据就属于冗余数据，也可以被压缩掉。

图像数据和语音数据的冗余量很大。下面看一个比较特殊的例子。

例如，一条180个汉字的新闻，按一个汉字占2字节计算，其文本数据量为360B。如果用语音进行播报，对语音直接录音采样，按电话话音采样一秒钟的数据量为8000B；播音员读文稿的时间为一分钟，则该新闻的语音数据量是480 000B。同样，如果用点阵方式在报纸上打印，每个汉字采用128×128点阵，则该新闻文稿的图像数据量至少是128×128×180×1/8=368 640B。如果采用彩色打印，图像数据量会更大。

对于同一条信息，语音和图像方式表示的数据量是文本数据量的千倍以上，其中信息的冗余巨大。同样，在视频数据中也存在大量冗余。多媒体信息中大量冗余数据的出现，也为数据压缩技术的应用提供了土壤。压缩图像、语音和视频数据中的冗余，是多媒体应用的主要任务之一。

3. 数据冗余的种类

大多数信息中或多或少存在着各种性质的多余度，在数字化后会表现为各种形式的数据冗余。数据冗余的类别可分为以下几种。

1）空间冗余

空间冗余是静态图像数据中存在的最主要的一种冗余。规则物体和规则背景的表面物理特性具有相关性，其颜色表现为空间连贯性，但在数字化时是基于离散像素点采样来表示颜色的，没有利用这种连贯性，因此导致数据冗余。例如，某图片的画面中有一个规则物体，其表面颜色均匀，各部分的亮度、饱和度相近。该图片数字化生成点阵图后，很大数量的相邻像素的数据是完全一样或十分接近的。这些数据当然可以压缩，这种压缩就是对空间冗余的压缩。

2）时间冗余

时间冗余是运动图像中经常包含的冗余。序列图像（如电视图像和运动图像）和语音数据的前后有着很强的相关性，但是基于离散时间采样来表示运动图像的方式没有利用这种相关性，所以经常包含着冗余。如，在播出某一序列图像时，虽然时间发生了推移，但若干幅画面的大部分部位并没有变化，变化的只是局部，这就形成了时间冗余。

空间冗余和时间冗余都是把图像信号看作概率信号时所反映出的统计特性，因此这两种冗余被称为统计冗余。

3）结构冗余

数字化图像中的物体表面纹理等结构往往存在着冗余，这种冗余称为结构冗余。当一幅图有很强的结构特性，纹理和影像色调等物体表面结构存在一定的规则时，就形成较大的结构冗余。

4）知识冗余

由图像的记录方式与人对图像的知识差异所产生的冗余称为知识冗余。人对许多图像的理解与某些基础知识有很大的相关性，例如，人脸的图像就有固定的结构，这类结构可由先验知识和背景知识得到；但计算机存储图像时，只是把一个个像素信息存入，这就产生了知识冗余。

5）视觉冗余

人类的视觉系统对于图像的注意是非均匀和非线性的，它并不能感知图像的所有变化。当某些变化不被视觉所感知而被忽略时，可以仍然认为图像是完好的。人类视觉系统的一般分辨能力约为64灰度等级，而一般图像的量化采用256灰度等级，这类冗余称为视觉冗余。

6）听觉冗余

人类的听觉系统对于不同频率的声音的敏感性不同，并不能感知所有频率的变化。某些不被听觉所感知的变化可以被忽略，这类冗余称为听觉冗余。

7）编码冗余

编码冗余又称信息熵冗余。信息熵指一组数据携带的平均信息量，这里的信息量是指从N个不相等可能事件中选出一个事件所需要的信息度量，即在N个事件中辨识一个特定事件的过程中需要提问的最少次数（$=\log_2 N$ bit）。将信息源所有可能事件的信息量进行平均，得到的信息平均量称为信息熵。信息熵是编码的压缩极限，实际上信息源的数据量是远大于信息熵的，由此带来的冗余称为编码冗余。

研究数据冗余的目的是压缩这些数据。对于不同冗余种类的数据，可以采用不同的压缩方法。本章后续会讲述数据压缩相关的知识。

1.3.2 数据压缩技术基础

多媒体信息的数据压缩涉及的技术较多，主要包括多媒体信息的数字化技术、数据压缩技术。

1. 熵的概念

熵（entropy）是1865年出现于热力学中的一个重要概念。物理学家用熵来表示一个体系的混乱程度，混乱程度越高，熵值越大；越有序，熵值越小。1948年，香农（Claude Shannon）在其首创的信息论中借用了"熵"这一名词。信息论中的"熵"又称为信息熵，用来表示一条信息中真正需要编码的信息量。信息量的大小与随机事件发生的概率相关，越有可能发生的事件产生的信息量越小，反之，越不可能发生的事件产生的信息量越大。比如说，人最终都会死，是常识性的论述，没有产生很多信息量；而非地震带地区发生了地震，是个小概率事件，能够提供大量信息量。

按照香农的理论，信源S的熵定义为

$$H(s) = \sum p_i \log_2(1/p_i)$$

其中p_i是符号S_i在S中出现的概率；$\log_2(1/p_i)$表示包含在S_i中的信息量，也就是二进制编码S_i所需要的最少位数。当p_i相等时，每个符号S_i在S中出现的概率相同，可以使用均衡压缩，使每个符号包含的编码位数相等；当p_i不相等时，每个符号S_i在S中出现的概率不相同，为了使编码的总长度最小，使用非均衡压缩，使出现越多的符号的编码位数越少。

例如，有一幅128个像素组成的灰度图像，灰度共有5级，分别用符号A、B、C、D和E表示。128个像素中出现灰度A的像素数有64个，出现灰度B的像素数有

32个，出现灰度C的像素数有16个，以此类推，如表1-1所示。

表1-1 不同灰度等级像素数量

灰 度 级	灰度 A	灰度 B	灰度 C	灰度 D	灰度 E
像素个数	64	32	16	8	8

可以用不同的编码方法来对这幅图进行编码。

无压缩编码：每个像素点用8位二进制表示，共用8×128 = 1024位；

均衡压缩：使用3个二进制位表示5个等级的灰度值，也就是每个像素用3位表示，编码这幅图像总共需要3×128 =384 位；

非均衡压缩：由于每个符号在总体中出现的概率不同，这个例子适合使用非均衡压缩的方式进行编码。按照香农理论，这幅图像的熵为：

$$H(s) = (64/128) \times \log_2(128/64) + (32/128) \times \log_2(128/32) +$$
$$(16/128) \times \log_2(128/16) + (8/128) \times \log_2(128/8) \times 2$$
$$=1/2 \times 1+1/4 \times 2+1/8 \times 3+1/16 \times 4 \times 2$$
$$=1.875 \text{（bit）}$$

也就是说，每个符号用1.875位表示，128像素至少需用240位。

下面使用哈夫曼编码对不同等级的灰度值进行编码。哈夫曼编码是一种不定长前缀编码方法，编码的过程就是构建哈夫曼树的过程。如图1-4所示，哈夫曼树是一棵二叉树，每个选择分支由0和1构成，从根节点到叶子节点的路径构成了叶节点的编码值。为了减少冗余，将出现频次最高的元素置于树的上层，出现频率低的放在树的下层。

可以简单地通过自下向上的方式来构造出这棵哈夫曼树：首先选取两个出现次数最少的节点作为叶子节点，这里选取了D和E，它们出现的频次和D'=16；接着在A、B、C、D'中选取出现次数最少的两个节点C、D'，为了保证编码是前缀编码，将所有的中间节点加入到其父节点的右子树上，生成新的中间节点C'。将D'置为C'的右孩子，接着重复这个过程，直到将所有的节点加入到树中，最终得到的哈夫曼树见图1-4。从根节点A'到各叶子节点的路径构成了对应元素的编码，可见A的编码为0，B的编码为10，C的编码为110，D的编码为1110，E的编码为1111。128个像素共使用64×1+32×2+16×3+（8+8）×4=240位编码，平均使用1.875位。

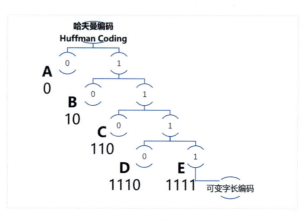

图 1-4 哈夫曼编码

2. 量化与编码

量化一般是指模拟信号到数字信号的转化。一般的多媒体（如图像、声音等）信息都可由一些模拟信号来表示，而要由计算机进行处理，就必须将信息转化为计算机所能接收的数字信号，即进行模拟量到数字量的转换（A／D转换）。这个数字化的过程就叫量化过程。量化过程可分为采样与量化处理两个步骤。

采样的目的就是要用有限的离散量来代替无限的连续模拟量，其最终结果表现为使用多少个离散点来表示模拟信号。采样点的多少可以影响数字量表达的准确程度。如，一幅图像的采样结果就是确定使用多少个像素点来表示这幅图像。要想准确表示图像，就需对图像内更多的点进行采样，以得到高分辨率的画面。

量化处理是预先对模拟量划定一组量化级并确定其代表值的过程，每个量化级将覆盖一定的空间，所有量化级要覆盖整个有效取值区间。量化时将模拟量的采样值同这些量化级比较，采样值落在某个量化级区间上，就取这个量化级的代表值作为它的量化结果。量化处理是使数据比特率下降的一个强有力的措施。脉冲编码调制（PCM）的量化处理在采样之后进行。从理论分析的角度来讲，图像灰度值是连续的数值，而我们通常看到的是以0～255的整数表示的图像灰度，这是经A／D变换后的以256级灰度分层量化处理后的离散数值。这种方法可以表示一个图像像素的灰度值，或色差信号值。

量化方法有标量量化和矢量量化之分。标量量化是一维量化，所有采样使用同一个量化器进行量化，每个采样的量化都与其他所有采样无关。现在市场上的A／D转换器件中所使用的PCM编码器，是最典型的一维量化的实例。矢量量化又称为向量量化，就是从称为码本（Codebook）的码字集合中选出最适配于输入序列的一个码字来近似一个采样序列（即一个向量）的过程。这种方法以输入序列与选出码字之间失真最小为依据，比标量量化的数据压缩能力要强。实际上，量化过程也就是数据压缩的编码过程。下面通过图1-5来整体把握采样、量化和编码的关系。

图1-5是一个模数转化的过程图，波形的频率（带宽）是1Hz，X轴表示时间，Y轴表示振幅。对X轴进行离散（采样），将每秒划分为18格，即采样频率（每秒采样的次数）为18Hz；对Y轴进行离散（量化），采样到的值用4位二进制数值表达，即量化位数为4，最大值为14（图中的7），最小值为0（图中的-7）。对模拟信号采样和量化之后，得到了一系列离散的数据：

（7，9，12，13，14，14，13，12，9，7，5，2，1，0，0，1，2，5，7，…）

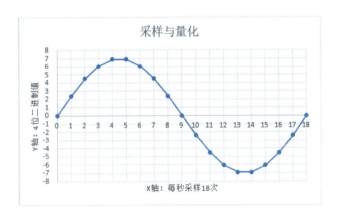

图1-5 模数转化过程图

要根据数据的特征选择数据的记录格式（编码），使用压缩或非压缩的方式存储数据。

最后介绍量化处理过程中常用的一个概念：比特率。在电话通信中，语音信号的带宽大约为3kHz，根据奈奎斯特定理可以确定，超过6kHz的采样频率没有意义。考虑到须预留一定余量，可以选择标准采样频率为8kHz。如果使用一个8位的量化器，则该电话通信所要求的比特率为：

$$8k \times 8 = 64kbps$$

比特率是数据通信的一个重要参数。公用数据网的信道传输能力常常是以每秒传送多少位的信息量来衡量的。表1-2列出了电话通信、远程会议通信（高音质）、数字音频光盘（CD）和数字音频带（DAT）等几类应用中比特率的相关比较。

表1-2　不同情境下需要的音频参数

媒介	频带 / Hz	带宽 / kHz	采样频率 / kHz	量化位数	声道数	比特率 / kbps
电话	200~3200	3.0	8	8	1	64
远程会议	50~7000	7.0	16W	16	1	256
数字音频光盘	20~20000	20.0	44.1	16	2	1411.2
数字音频带	20~20000	20.0	48.0	16	2	1536

3. 数据压缩技术的性能指标

衡量一种数据压缩技术的好坏，要综合分析以下四个方面的指标，即算法的信息压缩比（压缩算法的成效）、压缩后多媒体信息的质量、压缩和解压缩的速度以及所需要的硬件和软件的开销，其中前三种是压缩算法最重要的三个性能指标。

1）信息压缩比

信息压缩比是指多媒体数字信息压缩前后所需的存储量之比。压缩比越大，数据量减少得越多。

2）压缩后多媒体信息的质量

压缩后多媒体信息的质量即解压缩后恢复的效果。无损压缩的压缩比小，但它能100%恢复。有损压缩的压缩比大，无法完全恢复，因此恢复效果越好的数据压缩技术就越好。

3）压缩和解压缩的速度

在压缩技术中，压缩速度和解压缩速度是两项单独的性能指标。速度越快的数据压缩技术就越好，但在大多数情况下，两项性能指标的重要性有所不同。

在有些应用中，如视频会议的图像传输，压缩和解压缩都需要实时进行，称为对称压缩；在更多的应用中，这两个过程是分开进行的，如多媒体CD-ROM的节目制作是提前完成的，可以采用非实时压缩，而播放时要求解压缩是实时的，称为非对称压缩，相比而言，解压缩的速度更为重要。

4）数据压缩处理的硬件和软件开销

从用户的使用角度来说，希望在数据压缩处理中硬件和软件的开销越小越好。数据压缩可以用硬件实现，也可以用软件实现。根据压缩算法复杂程度的不同，压缩和解压缩过程中，硬件和软件的开销也不相同。一般来说，硬件的执行速度比软件要快很多。

1.3.3 数据压缩方法

多媒体数据压缩方法根据不同的依据可产生不同的分类。

1. 根据压缩过程是否可逆划分

第一种分类方法根据解码后数据是否能够完全无损地恢复原始数据来划分，可分为无损压缩和有损压缩两类。

（1）无损压缩。

无损压缩又称可逆压缩、冗余压缩、无失真编码、熵编码等，其压缩过程完全可逆，解码后不产生任何失真，能够完全无损地恢复原始数据。无损压缩常用于原始数据的存档，如文本数据、程序以及珍贵的图片和图像等。其原理是统计压缩数据中的冗余（重复的数据）部分，其压缩比一般为2:1~5:1。常用的无损压缩技术包括行程编码、哈夫曼（Huffman）编码、算术编码和LZW编码，无损压缩文件格式有zip、arj等。

（2）有损压缩。

有损压缩在压缩过程中不能将原来的信息完全保留，解码后会产生失真，但不会导致误解，是不可逆压缩的方式，也称不可逆压缩、有失真压缩和熵压缩。图像或声音的频带宽，信息丰富，人类视觉和听觉器官对频带中某些频率成分不太敏感，有损压缩正是以牺牲这部分信息为代价，换取了较高的压缩比，其压缩比一般可达到几倍到上百倍不等。常用的有损压缩方法有PCM（脉冲编码调制）、预测编码、变换编码、矢量量化编码、子带编码、混合编码等。日常生活中遇到的音频、图片格式MP3、JPG都是有损压缩。

2. 根据压缩方法的原理划分

第二种分类根据压缩方法的原理进行分类，将数据压缩方法分为预测编码、统计编码、变换编码、行程编码、算术编码、量化与向量量化编码、信息熵编码、分频带编码、结构编码以及基于知识的编码等。

（1）预测编码。

预测编码的基本方法是，根据某一模型以往的样本值对新样本值进行预测，然后将样本的实际值与其预测值相减得到一个误差值，并对这一误差值进行编码。若模型选择得好，并且样本序列在时间上相关性较强，那么误差信号的幅度将远远小于原始信号，从而可以得到较大的数据压缩率。

例如，对1000个范围为0~255的心率数据进行编码，如果不进行压缩，1000个数据就需要1000B；如果使用预测编码，保存第一个测量值，对后续数值范围进行预测，预测值与测量值的差值范围为0~8，则1000个数据需要1+999×3/8=375.625B。

（2）统计编码。

统计编码通常根据信源符号出现频率的统计情况进行压缩。对于出现频率大的符号，用较少的位数来表示；而对于出现频率小的符号，用较多的位数来表示。这将减少位流中总的位数，达到压缩的目的。

最常用的统计编码是哈夫曼编码。统计编码的编码效率主要取决于需编码的符号出现的概率分布，分布越集中，压缩比越高。统计编码是一种无损压缩技术。也可以在使用某种编码方法之后再用统计编码进一步提高压缩率，如，语音和图像编码中，统计编码常常和其他方法结合使用。

（3）变换编码。

变换编码也是一种针对统计冗余进行压缩的方法，它是将图像光强矩阵（时域信号）变换到系数空间（频域）上进行处理的方法。在空间上具有强相关性的信号，反映在频域上，会表现为某些特定区域内的能量被集中在一起，或是系数矩阵的分布具有某些规律，可利用这些规律分配频域上的量化比特数，进而实现数据的压缩。因为正交变换的变换矩阵是可逆的，且可逆矩阵与转置矩阵相等，从而使得解码运算（反变换）一定有解且运算方便，所以变换编码通常都选用正交变换。

（4）行程编码。

行程编码又称为运行长度编码或游程编码。该压缩算法是将一个相同值的连续串用一个代表值和串长来代替（如，aaaaaaaaabcbbbb可用9abc4b代替）。它又分为定长行程编码和变长行程编码两种。定长行程编码是指编码的行，使用的二进制位数固定；变长行程编码是指对不同范围的行，使用不同位数的二进制位进行编码。

（5）算术编码。

在讲解算术编码前，请思考一个问题：如果要通过探测器与外星文明建立联系，应该如何传递信息？答案是将信息直接刻在一块不易损坏的板上，就能够使信息免受电磁辐射的破坏，保证信息的完整性。

在现实中，NASA（美国国家航空航天局）在"旅行者"1号和2号两艘宇宙飞船上各携带了一张名为"地球之音"的铜质镀金激光唱片，来传递信息。那么，要怎么在有限的空间中传递信息呢？算术编码就可以解决这个问题。

算术编码的原理是将需要编码的信息表示成实数0和1之间的一个间隔，并在此间隔中任选一个数来代表编码信息。算术编码要用到两个基本的参数：符号的概率和它的编码间隔。信源符号的概率决定了编码过程中间隔如何划分。初始间隔为0～1，各个信源符号将在此间隔中确定代表自己的间隔的位置和大小，间隔大小由信源符号的概率（按比例）决定。根据信源中读取的符号来选取对应的间隔作为编码的新间隔，最后一个信源符号对应的间隔就是信息的编码结果。信息越长，表示编码的间隔越小，所需的二进制位就越多。

下面看一个例子。信息算术编码后的结果是0.536，假设信息中可能包含A，B，C，D，它们出现的概率分别是0.6，0.2，0.1，0.1，图1-6展示了根据间隔来还原信息的过程。

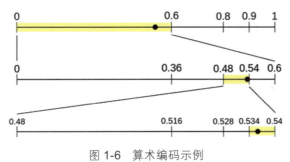

图1-6　算术编码示例

首先选定间隔0～1，根据符号出现概率划分间隔，0～0.6代表符号A，0.6~0.8代表符号B，0.8～0.9代表符号C，0.9～1代表符号D。0.536落在0～0.6上，由此恢复出第一个字母A。

接着选定区间0～0.6，根据比例划分出符号对应的段。0.536落在0.48～0.54上，由此确定第二个字母是C。

接着选定区间0.48～0.54重新划分。0.536落在0.534～0.54上，获得字母D，此时D所在的区间是最大值区间，最后的区间代表结束符，译码结束，获得信息ACD。

由此可见，如果加工精度足够高，就可以使用一根金属棒来存储海量信息，完成向地外文明传递信息的任务（这与另一类想法相反，例如著名科学家霍金的警告"不要回答！"，还有科幻作家刘慈欣的黑暗森林法则）。

（6）量化与向量量化编码。

量化过程就是将连续的模拟量通过采样，离散化为数字量的过程。对像素进行量化时，可以一次量化多个点，这种方法就是向量量化。向量量化的数据压缩能力与预测编码方法相近，本质上也是针对统计冗余的压缩。

（7）分频带编码。

分频带编码将图像数据变换到频域后，按频率分段，之后用不同的量化器进行量化，从而达到最优的组合。或者采用分步渐近编码。使用这两种方法压缩的图像，在解压缩开始时，先对某一频带的信号进行解码，再逐渐扩展到所有的频带。随着解码数据的增加，解码图像也就逐渐清晰。这种方法对于图像模糊查询与检索的应用比较有效。

（8）结构编码。

编码时首先将图像中的边界轮廓、纹理等结构特征求出，然后保存这些参数信息。解码时根据结构和参数信息进行合成，恢复出原图像。

（9）基于知识的编码。

对于人脸等可用规则描述的图像，可利用人们已知的知识形成一个规则库，据此将人脸等的变化用一些参数进行描述。这些参数和模型一起就可实现图像的编码和解码。

利用空间结构模型和知识模型的编码方法均属于模型编码，是宏观性的编码方法，称为第二代编码，有相当高的压缩比。

1.3.4 多媒体数据压缩标准

常用多媒体数据压缩标准分为四类：音频压缩标准、静止图像压缩标准、运动图像压缩标准和视频通信编码标准。

1. 音频压缩标准

一般来说，音频数据压缩比视频数据压缩要容易得多。音频信号的压缩编码技术有很多种，大体分为无损压缩和有损压缩两类。无损压缩采用各种冗余编码，如哈夫曼编码和行程编码等。而有损压缩在音频处理中应用最广泛，它主要分为波形编码、参数编码和混合编码几种分支。波形编码利用采样和量化过程来表示音频信号的波形，其特点是在较高码率的条件下可以获得高质量的音频信号，适用于高质量的语音和音乐信号。参数编码的原理是首先建立某种音频模型，提取模型参数和激励信号，然后对这些量进行编码，最后在输出端合成原始信号。其特点是压缩率大，但是所需运算量大，保真度不高，适合于语音信号编码。混合编码汲取了前两种编码的优点，因此应用较为广泛。

根据不同音频质量要求，相关的国际性组织颁布了不同的音频压缩编码标准，如ITU的G.711、G.721、G.728、G.7912标准，GSM标准，CTIA标准，NSA标准和MPEG标准。下面简要介绍最常用的MPEG标准。

MPEG标准是一个基于心理声学模型进行压缩的，第一个关于高保真音频数据压缩的国际标准，适用于音频信号20Hz～20kHz的宽频率范围，采样频率为32kHz、44kHz、48kHz，速率为32 448kbps，广泛应用于多媒体领域。它提供3个独立的压缩层次，供用户在复杂性和压缩质量之间权衡选择：

第一层（Layer Ⅰ）最为简单，压缩后的数据传输率为384kbps，主要用于数字录音机（Digital Compact Cassette，简称DCC）。

第二层（Layer Ⅱ）的复杂程度属于中等，压缩后的数据传输率为192kbps，包括数字广播（Digital Audio Broadcasting）的音频编码、CD-ROM上的音频信号以及CDI（CD-Interactive，交互式光盘）和VCD的音频编码。

第三层（Layer Ⅲ）最为复杂，但音质最佳，压缩后的数据传输率为64kbps，尤其适用于ISDN（综合业务数字网）上的音频传输。最流行的格式"MP3"就是在这一层进行压缩的语音或音乐文件格式。MP3的编码原理主要是从两方面压缩数据：从声音文件中除去人耳感觉不到的声音信号数据；删除声音文件中多余的或被大声音掩盖的微弱声音的信号数据。

无论是第一层、第二层还是第三层，现在都可以在一个芯片上实现实时压缩和解压。

2. 静止图像压缩标准

JPEG是国际标准化组织（ISO）和国际电报电话咨询委员会（CCITT）于1986年成立的联合图像专家组（Joint Photographic Experts Group）的英文缩写，其算法称为JPEG算法，并且成为国际上通用的标准，所以又称为JPEG标准。JPEG是一个适用范围很广的静态图像数据压缩标准，适用于连续色调、多级灰度、彩色或单色的静止图像。

该标准定义了两类基本压缩算法。一类是基于空间线性预测技术的无损压缩算法，这种算法的压缩比很低。另一类是基于离散余弦变换（DCT）的有损压缩算法，其图像压缩比很大但有损失，最大压缩比可达100:1，压缩比在8:1~75:1时，图像质量较好。在压缩比为25:1的情况下，将使用该算法压缩后还原得到的图像与原始图像相比较，若非图像专家，则难于找出它们之间的区别。该算法因此得到了广泛的应用。

为了在保证图像质量的前提下进一步提高压缩比，JPEG专家组制定了JPEG 2000（简称JP2000）标准。JP2000与传统JPEG不同，它放弃了JPEG所采用的以离散余弦变换（DCT）为主的区块编码方式，而采用以小波变换为主的多解析编码方式，其主要目的是要将影像的频率成分抽取出来。小波变换将一幅图像作为一个整行变换和编码，很好地保存了图像信息中的相关性，达到了更好的压缩编码效果。

3. 运动图像压缩标准

MPEG是国际标准化组织（ISO）和国际电报电话咨询委员会（CCITT）于1988年成立的运动图像专家组（Moving Photographic Experts Group）的英文缩写。专家组研究制定了视频及其伴音的国际编码标准，该标准称为MPEG标准。MPEG描述了声音电视编码和解码过程，严格规定声音和图像数据编码后组成位数据流的句法，提供了解码器的测试方法。其最初标准解决了如何在650MB光盘上存储音频和视频信息的问题，但又保留了可充分发展的余地，使得人们可以不断改进编码解码算法，以提高声音和电视图像的质量以及编码效率。

目前，已经开发的MPEG标准有以下几种。

- MPEG-1：1992年正式发布的数字电视标准。
- MPEG-2：数字电视标准。
- MPEG-3：于1996年合并到高清晰度电视（HDTV）工作组。
- MPEG-4：1999年发布的多媒体应用标准。
- MPEG-7：严格来说，MPEG-7并不是一种压缩编码方法，其标准名称为"多媒体内容描述接口标准"，目的是生成一种用来描述多媒体内容的标准，以便设备或程序查询。
- MPEG-21：多媒体框架（或数字视听框架），它的目的就是理解如何将不同的技术和标准结合在一起，需要什么新的标准，以及完成不同标准的结合工作。

4. 视频编码标准

视频编码标准主要应用于实时视频通信领域。国际电联（ITU-T）与ISO/IEC（国际标准化组织/国际电工委员会）是制定视频编码标准的两大组织，国际电联的标准包括H.261、H.263和H.264。

H.261主要针对64kbps的倍数的数据率设计，又称为P*64，其中64表示64kbps，P的取值范围为1~30的可变参数。它最初是针对在ISDN上实现电信会议应用，特别是面对面的可视电话或视频会议而设计的。实际的编码算法类似于MPEG算法，但并不能兼容。H.261在实时编码时，比MPEG所占用的CPU运算量少得多。为了优化带宽占用量，该算法引进了在图像质量与运动幅度之间的平衡折中机制，也就是说，剧烈运动的图像比相对静止的图像质量要差，但传输的画幅要多。因此，这种方法属于恒定码流可变质量编码而非恒定质量可变码流编码。

H.263是国际电联的一个标准草案，是为低码流通信而设计的，但实际上这个标准可用于很宽的码流范围，在许多应用中可以取代H.261。H.263的编码算法与H.261一样，但做了一些改善，以提高性能和纠错能力。H.263标准在低码率下能够提供比H.261更好的图像效果。

H.264和以前的标准一样，也是差分脉冲编码调制（DPCM）加变换编码的混合编码模式。但它采用"回归基本"的简洁设计，减少了众多的选项，获得了比H.263好得多的压缩性能，压缩比是MPEG-2的2倍，是MPEG-4的1.5倍；加强了对各种信道的适应能力，采用"网络友好"的结构和语法，有利于对误码和丢包的处理；H.264应用范围宽，可以满足不同速率、不同解析度以及不同传输（存储）场合的需求。

1.4 多媒体系统与技术

本节是对多媒体系统与技术的概览，内容包括多媒体系统构成、多媒体硬件系统、多媒体软件系统、多媒体技术特点和多媒体关键技术。

1.4.1 多媒体系统构成

多媒体计算机系统是可以交互式处理多媒体信息的计算机系统，是由复杂的硬件、软件有机结合的综合系统。它把视频、音频等媒体与计算机系统融合起来，并由计算机系统对各种媒体进行数字化处理。如图1-7所示，与计算机系统类似，多媒体计算机系统由多媒体硬件系统和多媒体软件系统组成。其中，多媒体硬件系统包括普通的计算机硬件和多媒体外设；多媒体软件系统包括多媒体操作系统、多媒体设备驱动程序、多媒体工作平台、多媒体制作工具、多媒体应用素材和多媒体应用系统等。

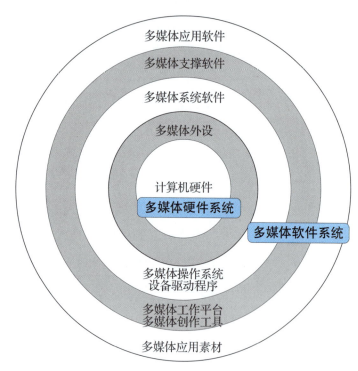

图 1-7 多媒体系统图示

1.4.2 多媒体硬件系统

多媒体硬件系统如图1-8所示，除了要有普通的计算机硬件，如主机、显示器、键盘、鼠标、光驱和打印机以外，通常还需要多媒体外设，如视频、音频处理设备，以及各种媒体输入/输出设备等。由于多媒体计算机系统需要交互式、实时地处理声音、文字、图像、视频信息，不仅处理量大，对处理速度的要求也很高，因此对多媒体计算机系统的要求比通用计算机系统更高。对多媒体计算机的高要求主要体现在以下几个方面：要求主机的基本结构功能强、速度高；有足够大的存储空间（内存和外存）；有高速显卡和高分辨率的显示设备。

1. 多媒体CPU

多媒体个人计算机即MPC（multimedia personal computer），是目前市场上使用最广泛的多媒体计算机系统。MPC的核心是主机，主机性能的关键是CPU。决定多媒体计算机CPU性能的关键点有两项，一项是运算速度，也称主频，即CPU内核工作的时钟频率（CPU clock frequency）。另一项是指令集，即CPU能够执行的命令的集合。指令的强弱是CPU的重要指标。指令集的改进是提高CPU效率的最有效方法之一。

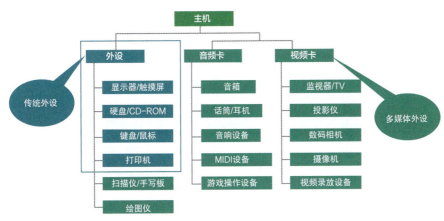

图 1-8 多媒体计算机硬件系统

2. 多媒体接口卡

根据多媒体系统获取、编辑音频或视频的需要，多媒体接口卡被插接在计算机上，以解决各种媒体数据的输入/输出问题。要建立制作和播放多媒体应用程序的工作环境，多媒体接口卡是必不可少的硬件设施。常用的多媒体接口卡包括声卡、显示卡、视频压缩卡、视频捕捉卡、视频播放卡、光驱接口卡等。

3. 多媒体外部设备

多媒体外部设备十分丰富，工作方式一般为输入和输出。按所处理的信息的不同，可分为音频类设备、视频类设备和图形图像类设备，见图1.2中的灰色部分。按其功能划分，可分为四类：视频、音频、图像输入设备（摄像机、数码相机、录像机、扫描仪、传真机、话筒等），视频、音频、图像输出设备（电视机、大屏幕投影仪、音响、绘图仪等），人机交互设备（键盘、鼠标、触摸屏、绘图板、光笔及手写输入设备等），存储设备（磁盘、光盘等）。

1.4.3 多媒体软件系统

多媒体计算机除了满足一定的硬件配置要求外，还必须有相应的软件来支持。多媒体软件系统也称为多媒体软件平台，是指支持多媒体系统运行、开发的各类软件和开发工具及多媒体应用软件的总和。硬件是多媒体系统的基础，软件是多媒体系统的灵魂。由于多媒体技术涉及种类繁多的硬件，又要处理形形色色、差异巨大的各种媒体信息，因此，有机地组织和管理这些硬件，方便合理地处理和应用各种媒体信息，是多媒体软件的主要任务。多媒体软件可以划分成不同的层次或类别，这种划分是在发展过程中形成的，并没有绝对的标准。一般来说，多媒体软件系统可分为多媒体系统软件（多媒体操作系统和相应的设备驱动程序)、多媒体支撑软件(多媒体素材编辑软件和多媒体制作工具软件)以及多媒体应用软件。

1. 多媒体系统软件

多媒体系统软件运行于硬件系统之上,属于多媒体软件的底层,一般包括具有多媒体特征的操作系统和相应的设备驱动程序。多媒体软件中直接和硬件打交道的软件称为驱动程序,它负责完成设备的初始化、各种设备的操作,设备的打开、关闭,基于硬件的压缩解压和图像快速变换等基本硬件功能的调用。这种软件一般随硬件提供。多媒体操作系统在通常的操作系统的基础上扩充了多媒体功能,内置了多媒体程序,为多媒体应用开发人员提供了媒体控制接口、应用编程接口和对象链接与嵌入等系统支持。常见的多媒体系统软件有Windows 11、iOS、Android以及国产操作系统"鸿蒙"等。

2. 多媒体支撑软件

多媒体支撑软件包括多媒体工作平台和多媒体创作工具。多媒体支撑软件运行于系统软件之上,它是多媒体软件系统的核心。它负责多媒体环境下多任务的调度,保证音频、视频同步以及信息处理的实时性;它提供多媒体信息的各种基本操作和管理;它应具有对设备的相对独立性与可扩展性。多媒体创作工具是多媒体专业人员在多媒体操作系统上开发的、供特定应用领域的人员组织编排多媒体数据并联接成完整的多媒体应用系统的工具。常见的多媒体支撑软件有Adobe Flash、Photoshop等。

3. 多媒体应用软件

多媒体应用软件是在多媒体工作平台上设计开发的面向应用的软件、素材等,例如常用办公软件PowerPoint。由于与应用密不可分,多媒体应用软件有时也包括用软件创作工具开发出来的应用,例如用Flash开发的游戏。多媒体应用软件种类十分繁多,广泛用于各行各业。它是推动多媒体应用发展的动力所在。

1.4.4 多媒体技术特点

多媒体技术有以下几个主要特点。

1. 集成性与控制性

多媒体技术以计算机为中心,对信息进行多通道统一获取、存储、组织、控制与合成,并按人的要求以多种媒体形式表现出来,同时作用于人的多种感官。

2. 交互性与实时性

交互性是多媒体应用区别于传统信息交流媒体的主要特点之一。传统信息交流媒体只能单向地、被动地传播信息，而多媒体技术则可以实现人对信息的主动选择和控制。实时性是指众多多媒体设备本身都具有实时要求，在用户操作时，相应的多媒体信息也应得到实时控制。

3. 非线性与灵活性

多媒体技术的非线性特点将改变人们传统循序性的读写模式。以往人们大都采用章、节、页的框架进行读写，循序渐进地获取知识；而多媒体技术借助超文本链接的方法，把内容以一种更具灵活性、更具变化性的方式呈现给读者。此外，用户还可以按照自己的需要、兴趣、任务要求和认知特点，灵活地使用图、文、声和视频等信息表现形式。

1.4.5 多媒体关键技术

多媒体技术的研究涉及诸多方面，包括多媒体数据的压缩、存储、处理、传输与展示。以下简要介绍几种重要的多媒体技术。

1. 多媒体数据压缩技术

由于多媒体信息的特点，为了使多媒体技术达到实用水平，除了采用新的技术手段增加存储空间和通信带宽外，对数据进行有效压缩将是多媒体发展中必须解决的最关键的技术之一。具体的数据压缩方法前面已经讲述，这里不再重复。总之，经过几十年的数据压缩研究，从PCM编码理论开始，到已成为多媒体数据压缩标准的JPEG和MPEG，已经产生了各种各样针对不同用途的压缩算法、压缩手段和用于实现这些算法的大规模集成电路或计算机软件。同时，新型编码理论也不断得到应用并逐渐成为编码压缩国际标准。

2. 多媒体数据库技术

多媒体数据具有数据量大、种类繁多、关系复杂和非结构性等特性，数据的组织和管理问题尤为突出。以什么样的数据模型表达和模拟这些多媒体信息空间，如何组织存储这些数据，如何管理这些数据，如何操纵和查询这些数据，是传统数据库系统的能力和方法难以胜任的。目前，人们利用面向对象方法和机制开发了新一代面向对象数据库（OODB），结合超媒体技术的应用，为多媒体信息的建模、组织和管理提供了有效的方法。同时，市场上也出现了多媒体数据库管理系统。但是，面向对象数据库和多媒体数据库的研究还很不成熟，与实际复杂数据的管理和应用要求仍有较大的差距。

3. 信息展现与交互技术

传统的计算机应用大多数都采用文本信息，所以对信息的表达和输入仅限于"显示"和"录入"。在多媒体环境下，各种媒体并存，视觉、听觉、触觉、味觉和嗅觉媒体信息进行综合与集成，此时就不能仅仅用"显示"和"录入"来完成媒体的展现与交互了。各种媒体的时空安排和效应，相互之间的同步和合成效果，相互作用的解释和描述等，都是表达信息时所必须考虑的问题。信息的这些表达方式可以统称为展现。因此，多媒体系统中各种多媒体信息的时空合成以及人机之间灵活的交互方法等，仍是多媒体领域需要研究和解决的棘手问题。

4. 多媒体通信技术

分布式多媒体系统已经成为当前多媒体的主流和未来发展的方向，其技术基础是计算机网络与通信。多媒体网络应用的基本要求是能在计算机网络上传送多媒体数据，所以，多媒体通信技术也是多媒体关键技术之一。多媒体通信技术中有许多特殊问题需要解决，如带宽问题，相关数据类型的同步，多媒体设备的控制，不同终端和网络服务器的动态适应，超媒体信息的实时性要求，可变视频数据流的处理，网络频谱及信道分配，高性能和高可靠性以及网络和工作站的连接结构等。

5. 虚拟现实技术

虚拟现实（virtual reality，VR）通常是指用立体眼镜、传感手套、三维鼠标等一系列传感辅助设施来实现的一种三维现实，人们通过这些设施以自然的技能（如头的转动、身体的运动等）向计算机送入各种动作信息，并通过视觉、听觉和触觉及嗅觉等设施，获得三维的视觉、听觉、触觉和嗅觉等感觉。虚拟现实能为人们提供接近真实的感受并控制人们对事物的看法，从而使人们能够身临其境地体验幻觉。虚拟现实技术是利用计算机生成模拟环境，通过各种传感设备，让使用者投身该环境中，实现用户与该环境直接进行自然交互的技术。

1.5 思考与练习

1. 请简述多媒体的定义与分类。

2. 电话、音乐、电影的音频数据量如何计算？

3. 请介绍自己经常用于拍摄照片和视频的设备（如设备不同则分别介绍），并分别计算一张照片和 5 分钟视频的数据量（无压缩），要求写出计算过程。

4. 请简述三类数据冗余的基本原理，并举例说明。

5. 请简述信息熵的含义与作用。

6. 请简述无损压缩与有损压缩的特点和差别，并举例说明。

7. 请介绍三种不同的数据压缩编码方法，并举例说明。

8. 请举例说明多媒体数据压缩标准（不少于三种）。

9. 请简述多媒体系统的构成。

10. 请简述多媒体技术的特点与关键技术。

第 2 章 多媒体技术基础

多媒体指的是在计算机应用系统中，组合两种或两种以上媒体的人机交互式资讯交流和传播媒体。在多媒体系统的开发制作过程中，多媒体素材的采集和制作是多媒体系统集成的基础。本章重点介绍多媒体素材及相关的硬件设施和接口，包括文字信息、音频信息、图像信息和视频信息采集所涉及的主要硬件和接口等。

2.1 多媒体相关素材

多媒体系统使用的媒体包括文字、音频、图像、视频等，通常称作多媒体素材。

2.1.1 文字素材的采集、制作和保存

1. 扫描输入

光学文字识别（optical character recognition，OCR）是指使用电子设备（例如扫描仪或者数码相机）对文本资料的图像文件使用字符识别的方法进行分析识别处理，从而获得其中文字及版面信息的过程。简而言之，就是利用光学技术和计算机技术将图像转换成计算机编码文字格式。

传统的计算机上的 OCR 软件一般提供与扫描仪的接口，通过软件来驱动扫描仪。手机上的 OCR 软件一般通过拍摄或其他途径（如读取 PDF 文件）得到图像，然后进行识别。OCR 软件的主要组成部分包括：

1）图像预处理

含有文本资料的图像文件经过扫描仪进入计算机后，会因为原纸张的质量、厚度和洁净程度等而与实际存在差异，所以需要对图像文件中可能对文字识别有干扰的噪声进行处理，即图像预处理。预处理包括二值化、噪声去除和倾斜校正等。

2）版面处理

在预处理工作完成之后，就需要对扫描的图像文件中所带的信息（如文本、图像、表格等）及其位置关系进行相应的分析、切割、识别和还原等工作。

3）后处理校正

根据特定的语言上下文关系，对识别结果进行校正的操作称为后处理校正。

图 2-1　扫描 OCR 软件

扫描输入的核心是 OCR 软件。直接在手机应用市场中输入"扫描"即可得到一系列扫描 OCR 的 App，如图 2-1 所示。

衡量一个 OCR 系统性能好坏的主要指标有拒识率、误识率、识别速度、用户界面的友好性、产品的稳定性、易用性及可行性等。

2. 手写输入

随着平板电脑、智能手机和其他手写设备的使用，人们有了比键盘输入更为方便的输入方式。其中用到的技术叫作手写识别（handwriting recognition），是计算机在触摸屏或其他设备中接收并识别手写的文字等信息的技术。

现在的输入法除了基本的键盘输入以外，还包括手写输入。手写输入应用到的就是手写识别技术。手写识别使得人们可以用最为自然的输入方式与计算机设备进行文字输入交互。手写输入还支持重叠书写操作，并且识别精确度较高，大幅增强了用户体验。

目前用于手写输入的设备包括手写板、触控屏、触摸板和超声波笔等。应用最广泛的智能手机手写输入便是通过内置的触控笔在手机屏幕上进行输入操作，进一步，只需用手指在屏幕上进行输入即可。

现在的输入法大多包含了手写输入，且操作比较简单，其主要功能包括全屏输入和半屏输入等，如图 2-2 所示。

3. 语音输入

语音输入是由计算机或其他计算机设备将操作者的讲话识别成相应文字的输入方法（又称声控输入），是最方便、自然、快捷的文本录入方式。通过语音识别技术处理，就可以把读入计算机的声音信息转换成计算机中的编码文本。语音输入技术包括命令控制和听写两个功能。命令控制是通过声音向计算机发出一个简单指令，控制计算机操作；听写就是由人来说，计算机来写。

在语音输入方面做得较好的应用为讯飞输入法，通用语音识别率达98%，其语音识别包含多种识别模式：25种方言，5种民族语言，24类随声译形式与12种外国语言；该应用还包含很多功能，具体如图2-3所示。

图 2-2　手写输入法

（a）语音识别种类　　　　（b）输入法功能

图 2-3　语音输入法

图 2-4 微信语音输入

一些社交软件也支持语音输入，如微信等，其语音输入功能如图 2-4 所示。

4. 文字素材的制作和保存

在多媒体中，文字仍然是一种重要的表现手段，其他媒体的表达往往需要文字的辅助。多媒体应用软件中呈现的文字有两种方式：文本方式及图像方式。在文本方式下，文字的处理主要设置文字的格式、字的定位、字体、字的大小、字的颜色等，以便得到较好的版面效果。图像方式先将文本转换为图像文件格式，再用图像处理软件对文字图像进行处理，然后在多媒体工具软件中以图像文件方式调用。

1）多媒体软件中的文字编辑与排版

大部分多媒体软件都具有文字录入与格式化的能力，其文字排版一般包括以下五项内容：

（1）文字的格式有普通、粗体、斜体、下画线、轮廓和阴影等；

（2）文字的定位有左对齐、居中、右对齐、两端对齐等；

（3）字体从 Windows 字库中选择，也可通过安装其他字库扩充字体类型；

（4）文字的大小通常以磅（中文以字号）为单位，磅值越大（字号数值越小）字就越大；

（5）文字的颜色可以指定调色板中的任何一种颜色。

2）常用艺术字和三维文字的制作

制作艺术标题的方法通常可分为两种：一种是将文字作为点阵图像来处理；另一种是矢量处理的方法。用于矢量艺术字处理的软件有很多，如 CorelDRAW、FreeHand、Illustrator 等。作为点阵图像艺术的典范，使用 Photoshop 制作美术字的方法与 Photoshop 中其他图像艺术处理并无不同。以下将简单介绍 Photoshop 中新增的 3D 功能，创建矢量三维文字的处理方法。

（1）利用文字工具输入文字。

新建画布（1920×1080 白色），用横排文字工具输入文字"中国人民大学信息学院"，字体为"华文行楷"，然后在属性栏中单击"创建文字变形"图标，在弹出的对话框中选择"扇形"，如图 2-5 所示。

图 2-5 文字变形

（2）增加三维效果。

在属性栏中单击"从文本创建3D"图标 3D ，将文本颜色改为RGB值"138,0,0"，"凸出深度"调整为20，"形状预设"设置为"膨胀"，三维效果如图2-6所示。

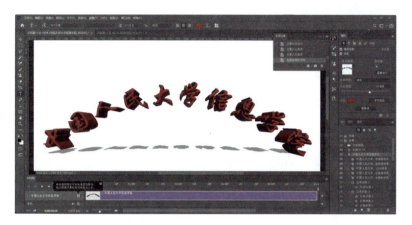

图 2-6 三维艺术字

制作完成的三维艺术字是矢量的，可以任意放大缩小，其打印效果要显著优于点阵图像处理的艺术字。Photoshop 软件窗口最下面为"时间轴"，单击后还可以制作 3D 动画效果，见图 2-6。

2.1.2 音频素材及相关硬件

在多媒体技术中，声音媒体可按声音自身用途和音频特点进行分类。按声音用途分类，声音可分为语音（如人的说话声）、音乐（如各种配乐）和声效（如自然界的各种声音）等。按声音音频特点分类，声音可分为波形声音、语音和音乐三类。声音是多媒体信息中重要的一部分。

1. 音频的基本概念

声音是一种模拟振动波，简单地说，人耳所感觉到的空气分子的振动就是声音。

1）声音的类型

声音主要分为以下 3 种类型：

（1）波形声音。

波形声音是声音最普通的形态。从声音是振动波的角度来看，波形声音实际上包含了所有的声音形式。任何声音都可以进行采样量化，并且根据采样量化的数据进行编码，从而可以转变成计算机可处理的二进制数字信号。

（2）语音。

人类的说话声实质上也是一种波形声音，但它包含有丰富的语言内涵。对于语音，可以经过抽象提取其特定的成分，从而理解其意义，所以常把语音作为声音中的一种特殊媒体。

（3）音乐。

音乐就是符号化的声音。和语音相比，音乐的形式更为规范，如，乐曲的乐谱就是乐曲的规范表达形式。

2）声音信号的基本特点

声音是随时间连续变化的模拟信号，声波可以近似地看成是一种周期性的函数，可以用模拟（连续）的波形表示。不同的声音，听起来有不同的感觉，这是由声音的基本特点决定的。声音有3个基本要素：基准线、周期、振幅，如图2-7所示。

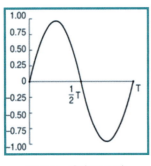

图2-7 声音三要素

从图2-7可以看出，声波类似于正弦波函数，其计算公式为

$$f(t) = A\sin(\omega t) + \Phi$$

其中包含了三个重要参数：频率 ω、幅度 A、相位 Φ；初相位 Φ 代表正弦波的起始位置，值为 $0 \sim 2\pi$。

（1）基准线。

基准线用来提供一个测量模拟信号的基准点。

（2）周期。

周期是指声波中两个相邻信号波峰（或波谷）之间的时间间隔，单位为秒（s），与时间单位相同。这种周期属性也可以用频率来表示。频率是周期的倒数，即每秒钟内的周期数，单位为赫兹（Hz）。

声音按频率可分为3类：次声波（频率低于20Hz）、可听声波（频率在20Hz与20kHz之间）和超声波（频率高于20kHz）。在多媒体计算机中处理的主要是可听声波。频率与声音的音调（即调子高低）有关，频率高则声音尖细，频率低则声音低沉。对于声音信号的处理，频率范围和声音的质量紧密相关，频率范围越宽，声音的质量就越好。

（3）振幅。

振幅是指波形顶峰（或波底）与基准线的距离，它表示声音信号的强弱程度。

响度用于衡量振幅的大小，又称为音量。振幅越大，声音信号的强度就越大，即声音的音量就越大。

分贝：除了三个基本特点以外，声音的强弱程度常以分贝（decibel，dB）为单位。分贝是指两个信号的强度比，即某个声音信号与参照声之间的强度差。如果某个声音信号的声强为 I（声源功率），参照声（基准声功率）为标准声强 I_0，则声强比 I/I_0 为 10 时，分贝数为 10dB；声强比 I/I_0 为 100 时，分贝数为 20dB；声强比 I/I_0 为 1000 时，分贝数为 30dB，等等。声强比的分贝数公式如下：

$$声音分贝数 = 10 \times \lg(I/I_0) \quad (单位：dB)$$

一般来说，参照声的国际标准为 0.000283dyn/cm^2。这是一种极低的声音，大约是人的听觉器官在一个 100Hz 的声音中所能察觉到的最弱音。各种噪音的分贝数如表 2-1 所示。

表2-1 噪音分贝数

噪音分贝数	环　境
0	勉强能听到的声音
20	低微的声音（距离 1m）
40	安静的公园、住宅、时钟（距离 1m）
60	办公室（平均）
80	隔音电车（车内）
100	地铁（车内）
140	飞机发动机

具体而言，长期在夜晚接受 50 分贝的噪音，容易导致心血管疾病；噪音达到 55 分贝，会对儿童学习产生负面影响；达到 60 分贝，会让人从睡梦中惊醒；达到 70 分贝，会使心肌梗死的发病率增加 30% 左右；超过 110 分贝，可能导致永久性听力损伤。

3）声音的质量特性

从听觉角度考虑，声音的质量特性主要体现在音调、音强和音色 3 个方面，常称为声音的三要素。

（1）音调。

音调与声音的频率有关，频率快则音调高，频率慢则音调低。人的听觉范围最低频率为 20Hz，最高频率为 20kHz。

（2）音强。

音强又称为响度，它和声音的振幅有关。如果频率不变，振幅越高则音强越强。

（3）音色。

音色又称为音质，由一个声音的基音和谐音的综合效果决定，依靠它可以辨别不同声音的特征，区分自然界不同的声源。例如，通过不同的音色，可以辨别出乐队中不同的乐器。人们之所以能够分辨出具有相同音高的钢琴和小提琴的声音，是因为它们的音色不同。其中，纯音是指振幅和周期均为常数的声音。而大多数声音都是由不同的周期和振幅组合而成的复音。

2. 数字音频基础

在计算机中，所有的信息都是用数字量来表示的。幅度连续变化的模拟物理量，要经过模拟量到数字量的转换（A/D 转换），即数字化的过程，才能在计算机里存储、处理、显示。因此，作为模拟物理量的声音信号也必须转换为数字的音频信号。数字音频信号具有保真度好、动态范围大、处理功能强的特点。

1）数字音频

数字音频技术中，将幅值连续的模拟电压信号（即模拟量表示的音频信号）按一定的频率（称为采样频率）进行采样，可以把时间上连续的信号，变成离散（时间上不连续）的信号序列，然后将采样得到的表示声音强弱的模拟电压信号用数字表示，这一过程称为数字化过程。在用数字表示音频幅度时，用有限个数字表示无穷多个电压幅度，即把某一幅度范围内的电压用一个数字表示，称为量化。

数字音频通过采样和量化把模拟量表示的音频信号转换成由二进制数 1 和 0 组成的数字音频信号，如图 2-8 中从模拟量（图 2-8（a））转换为数字量（图 2-8（c））。采样和量化过程所用的主要硬件是模/数（A/D）转换器，而在数字音频回放时，数/模（D/A）转换器会把数字音频信号转换成原始的模拟电信号。影响数字音频质量的参数有采样频率和量化级别，如图 2-8 所示。

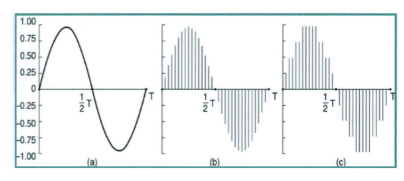

图 2-8 采样和量化

（1）采样频率。

每秒钟对原始模拟信号进行采样的次数称为采样频率，对应图 2-8（b）中 x 轴的划分。采样频率越高，采样的间隔时间越短，声音"回放"出来的质量就越好，但要求的存储容量也就越大。常用的音频采样率有 8kHz、11.025kHz、22.05kHz、16kHz、37.8kHz、44.1kHz 和 48kHz 等。其中最常用的两种采样频率是 22.05kHz 和 44.1kHz。

CD 音频采样率（采样频率）为 44.1kHz，原因是根据香农采样定理，听觉上限 20kHz 需要 2 倍采样率 40kHz 才能捕获完整（增加 4.1kHz 以避免"混叠"失真）；电影音频采样率为 48kHz，目的是实现音画同步，即与每秒 24 帧的画面长期保持同步。

（2）量化级别。

量化级别也称量化数据位数，对应图 2-8（c）中 y 轴的划分，是每个采样点能表示的数据范围，其常用的二进制位有 8 位、16 位和 32 位。以 8 位的量化级为例，每个采样点可以表示 2^8（256）个不同的量化值；量化级为 16 位，则对应有 2^{16}（65 536）个不同的量化值。量化级位数越多，则数据量越大，音质越好。

2）数字音频文件的格式

多媒体技术中存储声音信息的文件格式主要有 WAV、VOC、MIDI、MP3、RA 以及 WMA 等。

（1）WAV 格式。

WAV 格式是微软公司的音频文件格式，是最早的数字音频格式，被 Windows 平台及其应用程序广泛支持。WAV 文件来源于对声音模拟信号的采样。用不同的采样频率对声音的模拟信号进行采样，可以得到一系列离散的采样点，以不同的量化位数（8 位或 16 位）将这些采样点的值转化成二进制数，然后存入磁盘，就产生了声音的 WAV 文件，即波形文件。

WAV 文件由采样数据组成，它所需要的存储容量很大。由以下公式可以简单地推算出 WAV 文件所需的存储空间的大小。

WAV 文件的字节数 / 秒 = 采样频率（Hz）× 量化位数（位）× 声道数 /8

例如，用 44.1kHz 的采样频率对声波进行采样，每个采样点的量化位数选用 16 位，录制 1 秒的立体声节目，其波形文件所需的存储容量为：

$$44\,100 \times 16 \times 2 / 8 = 176\,400（字节）$$

由此可见，WAV 的音质虽然与 CD 相差无几，但文件所需的存储容量相当可观（每 1 分钟的 WAV 文件要占用大约 10MB），不便于交流和传播。

（2）VOC 格式。

VOC 是 Creative 公司的波形音频文件格式，也是声霸卡（Sound Blaster）使用的音频文件格式。每个 VOC 文件由文件头块（Header Block）和音频数据块（Data Block）组成。文件头块包含一个标识、版本号和一个指向数据块起始的指针。数据块分成各种类型的字块。

（3）MIDI 格式。

乐器数字接口（musical instrument digital interface，MIDI）是由世界主要电子乐器制造厂商建立的一个通信标准，规定了计算机音乐程序、电子合成器和其他电子设备之间交换音乐信息与控制信号的方法。MIDI 文件中包含音符、定时和 16 个声道的乐器定义，每个音符包括键、声道号、持续时间、音量和力度等信息。MIDI 文件记录的不是乐曲本身，而是描述乐曲演奏过程的指令。

由于 MIDI 文件记录的是一系列指令而不是数字化后的波形数据，它占用的存储空间非常少（每 1 分钟的音乐只占用约 5~10KB），所以装载 MIDI 文件比波形文件要容易得多。这样，在设计多媒体应用系统时，就可以灵活地指定何时播放音乐。但是，MIDI 文件的录制比较复杂，录制者要学习一些 MIDI 的专业知识，还必须有专门的设备，如键盘合成器等。

文件扩展名 .rmi 是微软公司的 MIDI 文件格式。

（4）MP3 格式。

MP3 的全称是 Moving Picture Experts Group Audio Layer Ⅲ，或称 MPEG Audio Layer 3。简单地说，MP3 就是一种音频压缩技术。MP3 的压缩比可达 10:1 甚至 12:1，而且还非常好地保持了原来的音质，这使得 MP3 格式几乎成为网上音乐的代名词。每 1 分钟 MP3 格式的音乐只有 1MB 左右。

MPEG 音频压缩格式为有损压缩。MPEG 音频层主要分为 3 个层次：layer 1、layer 2 和 layer 3 三层，分别对应 MP1、MP2、MP3 三种音频文件格式。其主要区别为层次越高，其编码器复杂度和压缩率也高。

（5）RA 格式。

RA 是 Real 公司开发的主要适用于网络上实时数字音频流技术的文件格式。因为它的面向目标是实时的网上传播，所以在高保真方面远远不如 MP3，但在只需要低保真的网络传播方面却无人能及。要播放 RA，需要使用 Real Player。现在 Real 的文件格式主要有以下三种：RA（Real Audio）、RM（Real Media，Real Audio G2）、RMX（Real Audio Secured）。

（6）WMA 格式。

WMA（Windows Media Audio）是微软公司针对 Real 公司开发的新一代网上流式数字音频压缩技术。WMA 格式以减少数据流量但保持音质的方法来达到比 MP3 压缩率更高的目的，其压缩比一般可以达到 18:1 左右。WMA 在录制时可以对音质进行调节，同一格式的文件，音质好的可与 CD 媲美，压缩比高的可用于网络广播。

（7）其他音频文件格式。

PCM（Pulse Code Modulation）文件格式由模拟的音频信号经模/数（A/D）转换直接形成的二进制序列组成，没有附加的文件头和结束标志。

CD 格式就是 CD 音轨（*.cda）。标准 CD 格式是 44.1kHz 的采样频率，16 位量化位数。因为 CD 音轨是近似无损的，所以它的声音基本上是忠于原声的。CD 光盘可以在 CD 唱机中播放，也能用计算机里的各种播放软件来重放。一个 CD 音频文件是一个 *.cda 文件，它只是一个索引信息，并不真正包含声音信息，所以，不论 CD 音乐的长短，在计算机上看到的 "*.cda 文件" 都是 44 字节长。

DVD-Audio 是新一代的数字音频格式，与 DVD Video 的尺寸和容量相同，是音乐格式的 DVD 光碟。DVD-Audio 拥有 192kHz/24bit 的最大取样频率（CD 为 44.1kHz/16bit），可选择的取样频率为 48kHz/96kHz/192kHz 和 44.1kHz/88.2kHz/176.4kHz，量化位数可以为 16、20 或 24bit，它们之间可自由地进行组合。由于频带扩大，DVD-Audio 的再生频率接近 100kHz（约为 CD 的 4.4 倍），能再现精细微妙的细节。DVD-Audio 最大量化比特为 24bit（CD 为 16bit），确保了约 100kHz 再生频率的最大动态范围可达 144dB（CD 为 103dB）。DVD-Audio 实现了比 CD 高约 1000 倍的高解析能力。DVD-Audio 不仅能够播放 2 声道的超高保真音响，还能播放线性 PCM 最多 6 个声道的环绕声音响（96kHz/24bit）。DVD-Audio 碟片可以添加图像信息，如照片、歌词、注解、静态图像、动画等，其容量约是 CD 的 7 倍以上。

APE 格式是流行的数字音乐无损压缩格式之一。无损压缩，就是只改变源文件数据记录方式，使其体积变小。目前常见的无损压缩数字音乐格式有 APE、FLAC 等。与 MP3 文件这类有损压缩通过删除数据减小体积不同，APE 以更加精炼的方式来缩减体积，并且还原后数据和源文件一样，从而保证了数据的完整性。APE 的压缩率为 55%，比 FLAC 高，且数据体积约为 CD 的二分之一，优势显著。

3. 多媒体声卡

声卡即音频卡，它是处理各种类型数字化声音信息的硬件，是普通计算机向多媒体计算机升级的一个主要部件。声卡多以插卡的形式安装在计算机的扩展槽上，也可以与主板集成在一起，它能使计算机具有较强的音频处理能力。声卡的主要功能包括录制与播放、编辑与合成处理、MIDI 接口等。

录制与播放是指通过声卡将外部的声音信号录入计算机，并以文件形式保存，需要时只需调出相应的声音文件播放即可。使用不同的声卡和软件录制的声音文件格式可能不同，但可以相互转换。

编辑与合成处理即对声音文件进行多种特技效果的处理，包括加入回声、倒放、淡入淡出、循环放音以及左右两个声道交叉放音等。

MIDI 接口主要用于外部电子乐器与计算机之间的通信，实现对多台带 MIDI 接口的电子乐器的控制和操作。MIDI 文件能被编辑和播放，甚至可被用于在计算机上作曲，可以通过喇叭播放或控制电子乐器演奏。

声卡除了具有上述功能之外，还可以通过语音合成技术使计算机朗读文本，通过语音识别功能让用户通过说话指挥计算机。

1）声卡的工作原理与组成

声卡的工作原理如图 2-9 所示。声卡主要由 DSP 数字信号处理器、MIDI（音乐）合成器、混音器（混合信号处理器）、模/数和数/模转换器、总线接口芯片、CD-ROM 接口、MIDI 接口和功率放大芯片等组成。

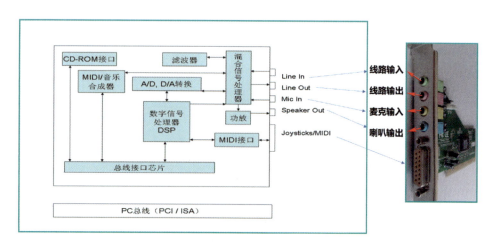

图 2-9 声卡原理示意图

（1）数字信号处理器 DSP。

声卡使用数字信号处理器 DSP 管理所有的声音输入、输出和 MIDI 操作。

DSP 带有自己的 RAM（Random Access Memory）和 EPROM，存放声音处理、编码译码程序和中间运算结果。DSP 传送方式有两种，一种是直接传送方式，即由应用程序直接将声音数据经由 DSP 输入输出；另一种是 DMA（Direct Memory Access）方式，在 DSP 中，输入输出数据流经计算机系统中的 DMA 控制器自动处理，对数据进行批量传输。

（2）MIDI（音乐）合成器。

标准的多媒体计算机通过 MIDI 合成声音。MIDI 合成器的类型目前有两种，一种是频率 FM 合成，即通过正弦波相互调制来模拟真实乐器声音；另一种是波形表合成，波形表中包含真实乐器声音波形的数组记录，在演奏时调用相应的波形，波形声音一般存储在声卡的 ROM（Read-Only Memory）芯片中。采用波形表合成音乐的效果更加逼真。

（3）混音器与滤波器。

声卡上的混音器芯片可以混合如下音源：数字化声音（DAC）、调频 FM 合成音乐、CD 音频（CD-ROM）、线路输入（AUX）、话筒输入（MIC）及 PC 声音输出（SPK）等。

混音器提供了可编程接口，可以通过软件控制音源音量，包括控制数字化声音输出的音量。由调频 FM 合成的音乐，可以设置成单声道、双声道或静音方式，控制 CD 音频音量；线路输入控制，是指外部声源经声卡输出的音量大小控制；话筒混音是指调整话筒输出音量大小。此外，通过混音器的总音量控制，可以控制音频媒体整体表现效果。

滤波器主要根据采样频率滤除可能引起混叠、噪声的频率。

（4）模/数和数/模转换器。

模/数和数/模转换器是声卡数据处理器件。模/数转换主要完成数字化录音的工作，在录音室通过声卡上的模/数转换器，可以将麦克风或线性输入的模拟信号转换成数字信号，并加以保存。模/数转换的质量取决于声卡对声音信号的采样频率和采样数据位数。数/模转换负责把保存在存储器中的数字音频文件转成模拟信号，使之变成连续变化的声音波形信号后回放出来。数/模转换的质量主要取决于数/模转换器的品质。

（5）总线接口芯片。

总线接口芯片决定声卡是属于 ISA 声卡还是 PCI 声卡。PCI 声卡数据传输率高，CPU 占用小，支持即插即用，目前主流声卡都为 PCI 声卡。

（6）CD-ROM 接口。

CD-ROM 接口提供了从 CD-ROM 输出信号到声卡音源输入的通路。CD-ROM 播放 CD 唱盘时，音频信号将通过声卡的功放送到音箱中，通过调节声卡的音量控制，即可控制 CD 唱盘的音量，无须进行额外的数字化处理。

（7）MIDI 接口。

声卡能接收、过滤及输出 MIDI 信号，MIDI 接口则完成电子音乐设备与声卡之间的信号传输。通过软件控制可以启动 MIDI 音乐设备进行演奏，也可以将电子音乐设备上演奏的音乐录制成 MIDI 数据文件，在计算机中进行模拟演奏或修改。MIDI 接口一般用于连接电子乐器或电子游戏杆。

（8）功率放大芯片。

功率放大芯片是廉价声卡常常省去的部分。声卡上的功放一般功率都不大（2~10W），由于电源功率不足和空间、散热等的限制，音质也不会太出色。但高档声卡上的功放并不比普通有源音箱（active speaker，又称为"主动式音箱"，通常是指带有功率放大器的音箱）内的功放差，所以可以外接高效率的优质无源音箱。

2）声卡的技术分类

CODEC 芯片也就是所说的模/数和数/模转换器。音频 CODEC 芯片一般分为 8 位单声道、8 位立体声、普通 16 位立体声、多通道 16 位立体声以及多通道 24 立体声（DVD 音频标准）。位数越高，取样频率就越高，精度也就越高。如果 CODEC 的位数相同，则由信噪比、动态范围以及时延抖动等指标来区分其档次。其他音效芯片处理的数据位数自然也应与之匹配。声卡按不同的标准有不同的分类方式：

（1）按声道数，可分为单声道、双声道和多声道声卡。

（2）按采用总线方式，可分为 ISA、PCI 总线两种声卡。

（3）按与 PC 接口类型，可分为板卡式、集成式和外置式三种声卡。

（4）按 MIDI 合成方式，可分为从简单地用几个单音（正弦波）模拟乐器声音的 FM 合成方式，软件波表合成方式，到由具有复杂频谱的接近真实乐曲声音的硬件波表合成方式的三种声卡。

（5）按立体 3D 音效和利用多声道进行 360°全方向、有距离感的音源定位来分，可分为 A3D 和 EAX（Environment Audio）两种音效标准声卡。

3）声卡的使用

声卡的使用比较简单，应主要注意与外设的连线正确。

线性输入（Line In）：用于外接辅助音源，如影碟机、收录机、录像机及视频卡的音频输出等。

线性输出（Line Out）：用于外接功放或有源音箱。

话筒输入（Mic In）：用于连接麦克风（话筒），进行录音。

扬声器输出（Speaker Out 或 SPK）：用于外接无源音箱或耳机。

游戏摇杆/MIDI 接口（Joysticks/MIDI）：几乎所有的声卡上均带有一个游戏摇杆接口来配合模拟飞行、模拟驾驶等游戏软件。这个接口与 MIDI 乐器接口共用一个 15 针的 D 型连接器（高档声卡的 MIDI 接口可能还有其他形式），可以配接游戏摇杆、模拟方向盘，也可以连接电子乐器上的 MIDI 接口，实现 MIDI 音乐信号的直接传输。

2.1.3 视频素材及相关硬件

视觉是人类感知外部世界的一个最重要的途径，而数字视频技术是带领人们最靠近真实世界的强大工具。数字视频技术的发展历史虽然不长，但应用范围已经非常广泛。最典型的例子就是：与 MPEG 压缩技术结合的家电/计算机一体化产品（如蓝光 DVD 及其相关产品）受到空前的重视，并已经迅速进入消费市场。在多媒体技术中，视频信息的获取及处理无疑占有举足轻重的地位，数字视频技术在目前以至将来都将是多媒体应用的核心技术。视频的数字化最为复杂，它相当于在时间轴上处理图像。

1. 视频的基本概念

视频（video）由一幅幅单独的画面序列所组成，这些单独的画面就是组成视频的基本单元，称为帧（frame）。当视频帧以足够的速度连续播放时，这些视频帧的画面效果会叠加在一起，以人眼的观察角度就会形成一种连续活动的效果，这就是"视觉暂留"现象。这一现象使人们看到了动态影像。

视频信号具有以下特点：

① 内容随时间而变化；

② 伴随有与画面动作同步的声音（伴音）。

图像与视频是两个既有联系又有区别的概念：静止的图片称为图像（image），运动的图像称为视频（video）。此外，两者的信源方式不同，图像的输入要依靠扫描仪、数字照相机等设备；而视频的输入只能依靠电视接收机、摄像机、录像机、影碟机以及可以输出连续图像信号的设备。

1）视频的分类

按照处理方式的不同，视频可分为模拟视频和数字视频。

（1）模拟视频（analog video）。

模拟视频是一种用于传输图像和声音，且随时间连续变化的电信号。早期视频的记录、存储和传输都采用模拟方式。例如，在传统电视上所见到的视频图像，是以一种模拟电信号的形式来记录的，它依靠模拟调幅的方法在空间或有线电视电缆中传播，可以再用录像机将它以模拟信号的方式录制在盒式磁带上。

传统的视频信号都以模拟方式进行存储和传送。然而，模拟视频不适合网络传输，在传输效率方面有先天的不足；而且图像随时间和频道的衰减较大，也不便于分类、检索和编辑。

（2）数字视频（digital video）。

要使计算机能够对视频进行处理，必须把视频源（来自于电视机、模拟摄像机、录像机、影碟机等设备）的模拟视频信号转换成计算机要求的数字视频形式，并存放在磁盘上。这一过程称为视频数字化过程（包括采样、量化和编码）。

数字视频克服了模拟视频的局限性，这是因为数字视频可以显著降低视频的传输和存储的开销，增加交互性（数字视频可通过光盘介质高速随机读取），带来精确再现真实情景的稳定图像（数字视频没有衰减）。数字视频的应用已经非常广泛，包括直接广播卫星（DBS）、有线电视、数字电视等在内的各种通信应用均采用数字视频，模拟视频将逐渐被淘汰。

2）电视的制式

电视信号是视频处理的重要信息源。电视信号的标准也称为电视的制式。由于政治、经济等原因，世界各国使用的电视制式有多种，不同制式之间的主要区别在于其帧频（场频）的不同、分辨率的不同、信号带宽和载频的不同、色彩空间的转换关系不同，等等。目前，世界上常用的电视制式有中国和欧洲使用的 PAL 制（phase alternation line，正交平衡调幅逐行倒相制）、美国和日本使用的 NTSC 制（national television system committee，正交平衡调幅制）及法国等国所使用的 SECAM 制（sequential couleur avec memoire，同时顺序制）。三种制式都是兼容制式。这三种制式的主要技术指标如表 2-2 所示。

表2-2 电视的制式

TV 制式	NTSC	PAL	SECAM
帧频（Hz）	30	25	25
行/帧	525	625	625
亮度带宽（MHz）	4.2	6.0	6.0
彩色幅载波（MHz）	3.58	4.43	4.25
色度带宽（MHz）	1.3（I），0.6（Q）	1.3（U），1.3（V）	>1.0（U），>1.0（V）
声音载波（MHz）	4.5	6.5	6.5

3）视频相关名词

视频相关名词解释如下。

（1）分辨率。

电视的分辨率也就是清晰度，包括垂直与水平两个方向。我国普通电视图像的垂直分辨率理论上为 575 行或称 575 线，实际上能有效显示的约 400 线；水平分辨率理论上约为 630。屏幕画面横向与纵向的比例，称为画面纵横比，一般为 16:9 或 4:3。

（2）隔行扫描与逐行扫描。

在电视技术的早期发展阶段，我国电视每秒放送 25 幅图像，帧频为 25。如果刷新次数大于 50 次/秒，人眼看到的才是流畅的画面。这么高的刷新频率需要高带宽，为了压缩带宽，将一帧画面分成两次传送，把每一帧图像通过两场扫描完成，这样，帧频就达到了 50 次/秒。这种扫描方式就是隔行扫描。两场扫描中，第一场只扫描奇数行，而第二场只扫描偶数行，即将一帧分成了两场图像。

每一帧图像由电子束顺序地一行接着一行连续扫描，这种扫描方式称为逐行扫描。逐行扫描和隔行扫描的显示效果主要区别在稳定性上面，隔行扫描时，视频采用 25Hz 屏幕刷新率会导致屏幕闪烁，50Hz 带宽又太高，所以将一帧图像一分为二，带宽降低为一半，行间闪烁比较明显；逐行扫描克服了隔行扫描的缺点，高带宽情况下，逐行扫描效果更好，画面平滑自然无闪烁。在电视的标准显示模式中，i 表示隔行扫描，p 表示逐行扫描，如图 2-10 所示。

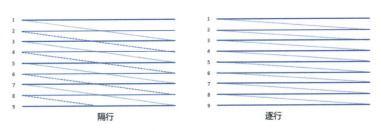

图 2-10 隔行扫描和逐行扫描

在 PAL 电视标准中，每秒 25 帧，电视扫描线为 625 线，采用隔行分为两场扫描，奇场在前，偶场在后；有效行数（可视扫描线）为 576 行，画面的宽高比为 4:3，576×4/3=768，标准的数字化 PAL 电视标准分辨率确定为：720×576。

（3）彩色与黑白电视信号的兼容。

黑白电视只传送一个反映景物亮度的电信号，而彩色电视除了传送亮度信号以外还要传送色度信号。黑白与彩色电视的兼容是指电视台发射一种彩色电视信号，黑白和彩色电视都能正常工作。兼容的实现方法为：用 YUV 空间表示法使亮度和色度信号分开传送，使黑白电视和彩色电视能够分别重现黑白和彩色图像，同时还可以利用人眼对色彩的不敏感性压缩色度信号带宽。我国规定的亮度信号带宽为 6MHz，而色度信号 U、V 的带宽仅为 1.3MHz。

（4）视频接口。

传统视频接口包括 VGA、复合视频、S-Video 视频和分量视频。

VGA（video graphics array，视频图形阵列）是 IBM 于 1987 年提出的一个使用模拟信号的计算机显示标准。它也是计算机使用时间最长、最广泛的显示器专用接口。虽然对于现在的计算机来说，VGA 的分辨率 640×480 很低，已经完全过时，但即便如此，VGA 仍然是所有显示设备制造商共同支持的标准。计算机在加载自己的独特驱动程序之前，都必须支持 VGA 的标准。例如，微软 Windows 系列产品的引导画面仍然使用 VGA 显示模式。VGA 接口共有 15 针，分成 3 排，每排 5 个孔。它是显卡上应用最为广泛的接口类型，绝大多数显卡都带有此种接口。它传输红、绿、蓝模拟信号以及同步信号（水平和垂直信号），如图 2-11 中①所示。

复合视频（composite video）：将构成视频的亮度和色度信号通过专门的调制方法组合成一个信号。由于复合视频接口传输的仍然是一种亮度/色度（Y/C）混合的视频信号，需要显示设备对其进行亮/色分离和色度解码才能成像，因此，这种先混合再分离的过程必然会造成色彩信号的损失，色度信号和亮度信号也会有很大的机会相互干扰，从而影响最终输出的图像质量。这种方式传输线路简单，应用最为广泛，但信号质量较差。复合视频信号中不包含伴音，故一般需要音频端口配套，配套的音频端口为输入（audioin）和输出端口（audioout），因此，有时复合式视频接口也称为 AV（audio video）接口，如图 2-11 中②所示。

S-Video 即分离电视信号，一种信号质量介于复合视频和分量视频之间的机制，其主要过程是将亮度信号 Y 和代表复合彩色的信号 C 分别传送。这种信号的亮度和色度都具有较宽的带宽，而且由于亮度和色度分开传输，可以减少互相干扰，因此水平分辨率可达 420 线。与复合视频信号相比，S-Video 可以更好地重现色彩。S-Video 主要用于连接高档摄像机、高档录像机、激光视盘 LD 机以及投影仪等，如图 2-11 中③所示。

分量视频（component video）是将构成视频的信号（如 Y、U、V 或 R、G、B）分别传输并分别记录的机制，它需要三个分量信号同步，且需要三倍带宽，可以提供质量最高、最精确的色彩重放。该机制有效减少了视频信息传输过程中的转换环节，因此图像质量最高，但传输过程复杂，设备造价高，目前仅限于专业应用领域，如图 2-12 所示。

图 2-11　VGA、AV、S-Video 接口　　　　图 2-12　分量视频接口

（5）Y、U、V 空间。

YUV 是一种颜色编码方法，常在各个影像处理组件中使用。YUV 在对照片或影片编码时，考虑到人类的感知能力，允许降低色度的带宽。

YUV 编译了真彩色颜色空间（color space）的种类。Y'UV、YUV、YCbCr、YPbPr 等专有名词都可以称为 YUV，彼此有重叠。Y 表示明亮度（luminance、luma），U 和 V 则是色度、浓度（chrominance、chroma）。用来描述 PAL 制视频的形成算法如下。

$$亮度分量\ Y=0.3R+0.59G+0.11B$$

$$色度分量\ U=0.493（B-Y）$$

$$色度分量\ V=0.877（B-Y）$$

采用 YUV 方式传输视频有利于黑白和彩色电视的兼容。与 YUV 对应，NTSC 制式是将 RGB 三色空间转换为 YIQ 空间，I、Q 分别表示两个色度分量；SECAM 制式采用的是 YDbDr 空间。

2. 数字视频基础

数字视频的来源有两种，一种源于对模拟视频的捕捉，另一种直接从数字视频设备中获取。

摄像机、录像机等模拟制式视频设备中的信号要传到计算机中处理，必须先将其数字化，这个过程称为捕捉。模拟视频的数字化涉及不少技术问题，如电视信号具有不同的制式而且采用复合的 YUV 信号方式，而计算机工作在 RGB 空间；电视机是隔行扫描，而计算机显示器大多逐行扫描；电视图像的分辨率与显示器的分辨率也不尽相同；等等。因此，模拟视频的数字化主要包括色彩空间的转换、光栅扫描的转换以及分辨率的统一。模拟视频一般采用分量数字化方式，先把复合视频信号中的亮度和色度分离，得到 YUV（PAL 制）或 YIQ（NTSC 制）分量，然后用三个 A/D（模/数）转换器对三个分量分别进行数字化，最后转换到 RGB 空间。

上述过程对模拟制式的视频设备是必需的。对于数字摄像机、数字录像机等数字视频设备来讲，虽然它们并不需要数字化过程，但仍需由一个计算机内置或外加的转换卡（如常见的 1394 卡）来将数字视频设备中的数字视频传送到计算机中去。

数字电视标准视频分辨率分为标清、增强标清、高清、特高清四个层次。标清（SD）的有 480i、576i；增强（ED）的有 480P、576P；高清（HD）的有 1080P、720P；特高清（UHD）的有 2160P、4320P。常用部分详细参数如表 2-3 所示。

表2-3 分辨率

标准名称	分辨率	显示纵横比	帧率
SDTV（NTSC）480i	640×480i	4:3	30
SDTV（PAL/SECAM）576i	720×576i	4:3	25
EDTV（PAL/SECAM）576P	720×576P	4:3	25/50
HDTV720P	1280×720P	16:9	24/25/30/50/60
HDTV1080P	1920×1080P	16:9	24/25/30/50/60
UHDTV2160P（4K）	3840×2160P	16:9	50/60
UHDTV2161P	4096×2160P	16:10	50/60
UHDTV4320P（8K）	7680×4320P	16:9	50/60

注：与 UHD4K 和 UHD8K 对应的还有数字电影标准 DCI4K 和 DCI8K，分辨率分别为 4096×2160 和 8192×4320，屏幕比例为 19:10。

1）视频信号的采样

（1）视频采样要求。

对视频信号进行采样时必须满足以下要求。

符合采样定理：PAL 制电视信号的视频带宽为 6MHz，根据奈奎斯特采样定理，采样频率至少要大于 2×6=12MHz，因此，按照 CCIR（国际无线电咨询委员会）601 标准，亮度信号的采样频率为 13.5MHz（>12），色度信号为 6.75MHz。

采样频率必须是行频的整数倍：这样可以保证每行有整数个取样点，同时要求每行取样点数目一样多，具有正交结构，便于数据处理。

适应两种扫描制式：数字视频信号的采样频率和格式必须适应现行的扫描制式。现行的扫描制式主要有 625 行/50 场和 525 行/60 场两种，它们的行频分别为 15625Hz 和 15734.265Hz。ITU（国际电信联盟）建议分量编码标准的亮度采样频率为 13.5MHz，这恰好是上述两种行频的整数倍。

（2）数字视频采样格式。

根据电视信号的特征，亮度信号的带宽是色度信号带宽的两倍。因此其数字化时，对信号的色差分量的采样频率低于亮度分量。如果用 Y:U:V 来表示 Y、U、V 三个分量的采样比例，则数字视频的采样格式分别有 4:1:1、4:2:2 和 4:4:4 三种。以 4:1:1 采样格式为例，其在每条扫描线上取四个连续像素点为一组，取亮度 Y 样本 4 个字节和 U、V 色度样本各一个字节，平均每个像素点用 1.5 个字节表示。

电视图像既是空间的函数，也是时间的函数，同时还采用隔行扫描方式，所以其采样方式比扫描仪扫描图像的方式要复杂得多。分量采样的是隔行样本点，要将隔行样本组合成逐行样本，然后进行样本点的量化，再将 YUV 转换到 RGB 色彩空间，最后才能得到数字视频数据。

2）视频信号的量化

采样过程把模拟信号变成了时间上离散的脉冲信号，量化过程则进行幅度上的离散化处理。因此，在大多数情况下，时间轴任意一点上量化后信号电平与原模拟信号电平之间总是存在一定的误差，量化所引入的误差是不可避免的，也是不可逆的。由于信号的随机性，这种误差大小也是随机的，其表现类似于随机噪声效果，频谱具有相当的宽度，因此通常又把量化误差称为量化噪声，但量化误差与噪声有本质的区别。

3）视频信号的压缩与编码

抽样、量化后的信号转换成数字符号才能进行传输和存储，这一过程称为编码。

视频的压缩编码算法分为有损、无损压缩（见 1.3.3 小节）。考虑对称和不对称编码，其中对称性（symmetric）是压缩编码的一个关键特征，对称意味着压缩和解压缩占用相同的计算处理能力和时间，对称算法适合于实时压缩和传送视频（如视频会议），不对称（asymmetric）或非对称意味着压缩时需要花费大量的处理能力和时间，而解压缩时则处理简单，能较好地实时回放（如电子出版的点播应用）。

在视频压缩中，除了采用有损和无损压缩外，还有视频特有的帧内和帧间压缩。帧内（intraframe）压缩也称为空间压缩。当压缩一帧图像时，仅考虑本帧的数据而不考虑相邻帧之间的冗余信息，这实际上与静态图像压缩类似。帧内压缩的压缩比一般不高。帧间（interframe）压缩是基于许多视频或动画的相邻帧具有很大的相关性进行压缩的。根据这一特性，压缩相邻帧之间的冗余量就可以进一步提高压缩量，减小压缩率。帧间压缩也称为时间压缩，它通过比较时间轴上不同帧之间的数据进行压缩。

4）数字视频标准

数字视频（digital video，DV）是定义压缩图像和声音数据记录及回放过程的标准。DV 格式是一种国际通用的数字视频标准，是由索尼、松下等 10 余家公司共同制定的标准。

DV 格式具有如下特点：

① 高清晰度，水平分辨率可达 500 线；

② 宽色度带宽，还原的图像色彩绚丽。

当前有三种常用 DV 格式：miniDV、DVCPro 和 DVCam。miniDV 最常见，是家用摄像机使用的格式，DVCpro 和 DVCam 为专业格式。

DV 格式数字摄像机对视频采用 4:1:1 数字分量采样标准，8bit 量化，基于离散余弦变换 DCT 的 5:1 帧内压缩，数据传输率为 24.948Mbps。对音频信号采用两种 PCM 脉冲调制编码方式，一种是采样频率 48kHz、16bit 量化的双声道立体声方式；另一种是采样频率为 32kHz、12bit 量化的四声道方式，这种方式可方便后期编辑中的配音配乐。

3. 视频采集卡

视频采集卡又称为视频捕捉卡，它可以汇集多种视频源的信息，如电视、录像机和摄像机的视频信息；可以对被捕捉和采集到的画面进行数字化、存储、输出及其他处理操作，如编辑、修整、裁剪、按比例绘制、像素显示调整、缩放等。视频卡为多媒体视频处理提供了强有力的硬件支持。

1）视频采集卡的工作原理

视频采集卡的工作原理如图 2-13 所示。视频卡一般具有多种视频接口，可接收来自摄像机、录像机、VCD 机的多种视频信号，通过视频软件可选择所需的视频源。

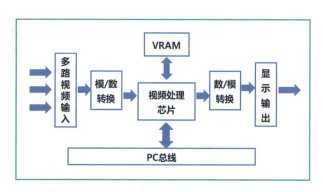

图 2-13 视频采集卡工作原理示意图

视频信号经视频接口送入视频采集卡,首先经过模/数转换并由多制式数字解码器进行解码。模/数转换器也是一个视频解码器,其任务是对视频信号解码和数字化。

视频信息可实时地存到 VRAM(帧存储器)中。计算机可以通过视频处理芯片对帧存储器的内容进行读/写操作。帧存储器的视频像素信息读入计算机后,通过编程可以实现各种算法,完成视频图像的编辑与处理。

视频采集卡输出的 RGB 信号与 VGA 显示卡上的 RGB 信号可以叠加。RGB 信号经过数/模转换器转换变成模拟信号后,可以在显示器的窗口中显示。

由于视频信息量巨大,视频卡还提供了对视频数字信号的压缩功能,并以压缩的图像文件格式进行存储。当然,在播放视频图像时,还得经过解压缩过程。

2)视频采集卡的主要功能

对应于不同的应用、不同的适用环境和不同的技术指标,视频采集卡有多种规格,其主要功能和技术指标如下。

(1)分类。

按照视频信号源划分,视频采集卡可以分为数字采集卡(使用数字接口)和模拟采集卡;按照安装链接方式划分,可以分为外置采集卡(盒)和内置式板卡;按照视频压缩方式划分,可以分为软压卡(消耗 CPU 资源)和硬压卡;此外,还可以按照输入输出接口来划分,按照功能作用和用途来划分,等等。

(2)接口。

视频采集卡的接口包括视频卡与 PC 的接口和与视频设备的接口:与 PC 的接口通常采用 32 位的 PCI(或 PCI-E)总线接口,将视频采集卡插到 PC 主板的扩展槽中,实现采集卡与 PC 的数据传输;与视频设备的接口一般分为模拟和数字两类。

模拟视频采集卡接口与前面介绍的视频接口一致,包括 VGA、AV、S 端子、色差分量（见图 2-11 和图 2-12）。

数字视频采集卡的接口主要包括 SDI、HDMI、DVI 等，如图 2-14 所示。

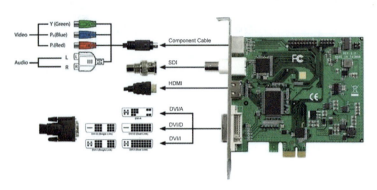

图 2-14　视频采集卡

SDI（Serial Digital Interface，串行数字接口）采用 BNC 接头（一种用于同轴电缆的连接器，全称是 Bayonet Nut Connector，卡扣配合型连接器）。它可以直接将数字视频信号接入系统，保证视、音频同步的同时，还允许不同取样频率的数字音频嵌入，从而利用数字化的手段对信号进行控制、传输和处理。按速率划分，标准清晰度 SD-SDI、高清标准 HD-SDI 和 3G-SDI 对应的速率分别是 270Mbps、1.485Gbps 和 2.97Gbps。最远传输距离为 100m。

HDMI（High Definition Multimedia Interface）是一种数字视频/音频接口技术。它是适合图像传输的专用数字接口，可以同时传输音频和视频信号，最大数据传输速度为 48Gbps。

DVI（Digital Video Interface）即数字视频接口，基于 TMDS 转换最小差分信号技术来传输数字信号。DVI 接头有三种，DVI/D（Digital）只支持数字显示设备，DVI/A（Analog）只支持模拟显示设备，DVI/I（Integrated=D+A）则支持数字和模拟两种显示设备。

（3）实时压缩功能。

软压卡和硬压卡对于视频压缩的处理方法是不同的。

软压卡也称视频采集卡，该电路板卡主要由 1 个或多个视频采集芯片及周边元件、电路组成，电路结构比硬压卡简单。这种卡只负责采集视频，而视频压缩、解压缩及其他视频的处理则由计算机 CPU 运算实现。软压缩视频采集卡的基本原理是视频采集后直接或通过 PCI 桥芯片进入 PCI，再传输到内存中，由计算机 CPU 执行 DVR（硬盘录像机）软件里的压缩算法，将庞大的视频信号压缩后存储到硬盘中。

硬压卡也称视频采集压缩卡，该电路板卡与软压缩卡不同的是，多了视频压缩与解压缩部分电路结构；视频压缩没有交给计算机 CPU 去处理，而是交给采集卡上面的 DSP 芯片去处理。硬压缩视频采集卡的基本原理为：视频信号输入 DVR 卡，由视频采集芯片将模拟信号转换成数字信号，然后传至板卡自带的临时存储器中，再由卡上自带视频压缩芯片执行压缩算法，将庞大的视频信号压缩变小。最后，这些压缩后的信号直接或通过 PCI 桥芯片进入 PCI，存储到硬盘。计算机的 CPU 基本不参与视频的压缩处理，因而节约了计算机的资源，配置也不需要太高。

（4）采集分辨率及帧频。

采集分辨率就是采集的每一帧图像的精密度，是指图像的像素有多少。可以把整个图像想象成一个大型的棋盘，而分辨率的表示方式就是所有经线和纬线交叉点的数目。视频采集卡的分辨率都是以乘积方式来表达的，如，1920×1080 中的"1920"表示图像水平方向的点数，"1080"表示垂直方向的点数。显而易见，视频采集卡分辨率就是指画面的解析度，构成的像素数量越大，图像也就越清晰。

视频采集卡中的帧频是非常重要的，帧频就是每秒的帧数，表示图形处理器处理时每秒钟能够更新的次数。高的帧率可以得到更流畅、更逼真的画面。一般来说 30fps 就是可以接受的，而将性能提升至 60fps 则可以明显提升交互感和逼真感，但是帧率超过 75fps 时，就不容易察觉到有明显的流畅度提升了。

3）视频采集卡的使用

视频采集卡一般都配有硬件驱动程序，以实现 PC 机对采集卡的控制和数据通信。由于不同的采集卡所要求的操作系统环境不同，其驱动程序也不同。使用过程主要包括如下步骤。

（1）设置音频和视频源，把视频源外设的视像输出与采集卡相连，音频输出与 MPC 声卡相连。

（2）准备好回测系统环境，如硬盘的优化、显示设置、关闭其他进程等。

（3）启动采集程序，预览采集信号，设置采集参数。启动信号源，然后进行采集。

（4）播放采集的数据。如果丢帧严重，可修改采集参数或进一步优化采集环境，然后重新采集。

（5）由于信号源不间断地送往采集卡的视频输入端口，根据需要，可对采集的原始数据进行简单的编辑。如剪切掉起始、结尾和中间部分无用的视频序列等，以减少数据所占硬盘空间。

在正确安装了驱动程序以后，视频采集卡就能正常工作了。

4. 显卡

显卡又称图形适配器（graphic adapter），是多媒体计算机实现视觉效果的重要部件，用于控制屏幕上字符和图像的像素显示，通过3种颜色像素（红、绿、蓝）亮度的不同搭配，来显示不同的颜色。

图 2-15 显卡与分辨率

目前，计算机一般都带有一个超过 VGA 标准（640×480 分辨率，16 位颜色）的显卡，例如，笔记本电脑能提供 800×600、1024×768、1280×1024、1920×1080、2048×1536 或 3000×2000 像素的分辨率，如图 2-15 所示。

需要注意的是：显卡上具有的像素分辨率并不能保证一定能显示这么高分辨率的图像，必须同时也配备支持这种分辨率的显示器，而且显卡上必须有足够容量的显示缓冲存储。

多显示器可通过笔记本电脑扩展坞上的显示端口连接，本例中，显示器 1 为笔记本显示器，显示器 2 通过扩展坞的 miniDP 连接，显示器 3 通过笔记本电脑的 type-C（USB）接口连接。这些显示器的信息如图 2-16 所示。

Windows 11 可以支持多显示器，并对各显示器进行设置，操作步骤为：首先在桌面单击鼠

图 2-16 多显示器信息

标右键弹出菜单，选择"显示设置"，如图 2-17（a）所示，多显示器排列窗口中可以调整多显示器的左右顺序位置，选中要设置的窗口，然后在右下角下拉框中，选择"将桌面扩展到此显示器"。在"缩放和布局 | 显示器分辨率"下拉框中，还可选择所需的分辨率设置。图 2-17（b）中，"多显示器（选择显示器的呈现模式）"

下勾选了"设置为主显示器",表示多个显示器中,显示器 3 被设置为主显示器,这也是显示器排列窗口中显示器 3 排列在中间的原因。

图 2-17 多显示器分辨率示例

1)显卡类型

独立显卡:独立显卡是一块独立的板卡,插在主板的相应接口上,具备单独的显存,不占用系统内存,能够提供更好的显示效果和运行性能。

集成显卡:指主板上的芯片组集成了显示芯片,主板不需要独立显卡就可以实现普通的显示功能。集成显卡不带显存,使用系统的一部分主内存作为显存。

2)主要参数

(1)GPU 图形处理器(显示芯片)主频。

显卡的主要作用之一是图形加速。早期显卡只起到数据传输的作用,但由于现在 CPU 已经无法对众多图像进行图形函数处理,因此最根本的解决办法就是采用图形加速卡。图形加速卡拥有自己的图形函数加速器和显存，专门执行图形加速任务。现在的显卡都用到图形加速卡，通常所说的图形加速能力，指加速卡芯片（被称为加速器或图形处理器）能够提供的图形函数的计算能力。芯片可以通过数据传输位宽来划分，最近的芯片多为128位、256位甚至512位，位宽越大可以带来越高的解析度和色深。

（2）显存容量与位宽。

显存也称缓存，是图形加速卡的重要组成部分，通常用来存储显示芯片的处理信息。显示芯片处理完数据后，输送至显存，然后由数/模转换器将数字信号转换为模拟信号输出。因此，显存的速度和位宽影响着加速卡的性能。有些3D显卡利用显存进行计算，只有在芯片完成对显存的写操作后，才能将信号输出。高解析度和色深会影响加速卡的速度，因为数据量越大所需等待的时间就越多。加速卡一般通过提高显存的位宽来增加数据的交换速度，以便减少等待时间。目前显卡显存容量多为512MB、1024MB、2GB、4GB甚至8GB，具体示例如图2-18所示。

图 2-18　显存容量示例

（3）刷新频率。

刷新频率是指向显示器传送信号时，每秒钟刷新屏幕的次数。它的标准单位是赫兹（Hz）。现在数/模转换器所提供的刷新率最高可以达到300Hz。影响刷新率的因素有两个，一是显卡每秒钟可以产生图形的数目，二是显示器每秒钟能够接收并显示的图像数目。刷新率可以分为 60Hz、80Hz 和 120Hz 等数个档次。过低的刷新率会使用户感到屏幕闪烁严重,时间一长人就会感到疲劳,所以刷新率应大于 75Hz。分辨率指的是在屏幕上所显示出来的像素数目,它由水平行的点数和垂直行的点数两部分来计算。高分辨率可在屏幕上显示更多的内容。色深决定屏幕上每个像素由多少种颜色控制。每一个像素都由红、绿、蓝 3 种基本颜色组成,亮度也可由它们控制。通常色深可以设定为 8 位、16 位、32 位和 36 位。色深的位数越高,所能得到的颜色就越多,屏幕上的图像质量就越好,但同时也增加了显卡所要处理的数据量,随之而来的是速度的降低或是屏幕刷新率的降低。

3)总线接口

随着图形应用软件的发展,在显卡和 CPU 及内存中的数据交换量越来越大。显卡的总线接口则是一种连接显卡和 CPU 的通道。常见的显卡总线接口有 AGP 接口和 PCI 接口两种。

PCI 接口是一种通用总线接口,以 1/2 或 1/3 的系统总线频率工作。如果要在处理图像数据的同时处理其他数据,那么流经 PCI 总线的全部数据就必须分别进行处理,这样势必存在数据滞留现象。在数据量大时,PCI 总线就显得很紧张。

AGP 是第一个为图形卡所设计的专用接口,严格来说,AGP 不能算是总线,因为总线应该支持多种设备。因为 PCI 显卡被迫同系统内其他 PCI 设备分享 133Mbps 的带宽,所以数据流量受到限制。而 AGP 提供了一种独占通道的方式同系统芯片组打交道,完全脱离了 PCI 总线的束缚。AGP 技术又分为 AGP8x、AGP4x、AGP2x 和 AGP1x 等不同的标准。由于 AGP 使用了更高的总线频率,极大地提高了数据传输率,最新的 PCI-E 总线标准传输速率可以达到 8Gbps。

4)3D 图形应用程序接口 API

当某一个应用程序提出一个绘图请求时,该请求首先要被送到操作系统中(以 Windows 为例),然后通过图形设备接口(CDI)和显示控制接口(DCI)对所要使用的函数进行选择。现在这些工作基本由 DirectX 完成,它的控制功能远远强于 DCI,而且还加入了 3D 图形应用程序接口 API 和 Direct3D。显卡驱动程序判断哪些函数可以由显卡芯片集运算,这些函数将被送到显卡进行加速。如果某些函数无法由芯片进行运算,就交给 CPU 进行(当然会影响速度)。

5. 其他视频输入输出设备

1)摄像机

数字摄像机(Digital Video Camera,DV)是一种记录声音和活动图像的数字视频设备。它不仅可以记录活动图像，而且能够拍摄静止图像——功能相当于数码相机，且记录的数字图像可以直接输入计算机进行编辑处理，从而使其应用领域大幅拓展，成为多媒体计算机的一种重要的输入设备。

从内部结构上讲，数码摄像机包括可变焦光学透镜系统、取景器、CCD（charged coupled device，光电耦合器件）摄像器件、A/D转换器、数字信号处理和存储单元、数字音频处理和记录系统、磁带加载和伺服机构、液晶显示器（LCD）以及信号输出控制单元。

"可变焦光学透镜系统"包括光学变焦和数字变焦两种方式。其作用是使被拍摄景物的光像清晰地到达感光摄像器件CCD上，使成像质量更高、图像更清晰。

"取景器"可以直观再现到达感光器上的光像效果，便于操作者及时调整光学透镜系统，使拍摄的图像效果达到最佳。此外，液晶显示器也可以代替取景器，真实再现图像的拍摄效果。

"CCD摄像器件"就是CCD光电转换器件，它具备光电转换、光电存储和固体扫描3个基本功能。其作用是将通过光学透镜系统的入射光像，经光电转换变成相应的"电子图像"存储下来，并在电路施加的扫描脉冲的控制下，将存储的图像电信号按一定顺序形成模拟视频图像信号，从CCD器件中输出。

"A/D转换器"的作用是将CCD器件输出的模拟视频图像信号转换成数字视频图像信号，送至数字信号处理和存储单元电路中。

"数字信号处理和存储单元"将数字视频信号按预先设定的模式进行压缩运算处理，并将处理后的压缩数字信号按规定的格式以磁记录形式存储到数码磁带上。

"数字音频处理和记录系统"将声音信号进行数字化处理后，以磁记录的方式存储到数码磁带上。

"磁带加载和伺服机构"是控制机械机构，加载微型数字磁带，带动磁带和记录磁头运动的电路控制系统。

"液晶显示器"可以实时地显示正在拍摄的景物图像画面，此时的功能相当于取景器。在重放记录在磁带上的图像信号时，又可用作显示器。

"信号输出控制单元"可以将已记录的或正在拍摄的图像和声音信号按规定的格式输出。其输出终端可以是电视机，也可以是计算机等设备。

除了上述使用Mini制式的磁带数字摄像机以外，最近几年，又出现了新的DVD介质数字摄像机以及硬盘式数字摄像机，后者在录制时间、可靠存储以及后期编辑与播放的方便性等方面有了重大突破。

2）光盘

VCD（Video-CD）和 DVD（Digital Video Disc）都是 CD-ROM 光盘家族中的新一代产品，是全数字的视频光盘。光盘中的声音和视频图像都以数字形式存储，并采用通用的动态视频压缩标准 MPEG。

（1）VCD。

VCD 是由 JVC、Philips、松下和索尼等公司根据联合制定的数字电视光盘的技术规格，于 1993 年推出的全数字化的影音光盘产品。它采用 CD-ROM 标准和 MPEG 动态视频数据压缩方式，存放数字化的视频和音频信息，被称为光盘 CD 家族的第三代成员。

一张 VCD 光盘可以存放约 70 分钟的电影（或电视）节目，图像质量符合 MPEG-1 标准，声音质量接近于 CD-DA 数字音频光盘的质量。VCD 盘可以在 CD-I 系统、CD-ROM 系统和 VCD 播放机上播放，也可以在多媒体个人计算机（MPC）上播放。

（2）DVD。

DVD 是新一代的数字视频光盘，较 VCD 具有更大的容量、更好的音质和画面，是 CD 家族的第四代产品。

DVD 的盘片与普通的 CD 外形区别不大，都是盘径为 120mm，厚度为 1.2mm。但是，DVD 盘片与普通的 CD 盘片结构不同：DVD 盘片由两张厚度为 0.6mm 的基片黏合而成，一来减少了盘片的翘曲度，二来可以制成双面以提高记录容量。除此之外，DVD 还采取了提高盘面利用率、减少纠错码长度、修改信号调制方式以及减少每个扇区的字节数等措施，使得 DVD 单面单层的容量达 4.7GB，是 CD 盘片 650MB 容量的 7 倍多。

DVD 采用 MPEG-2 压缩标准，实现了无明显失真的视频图像压缩。它的读取速度是普通 CD 盘的 9 倍以上。DVD 还具有高品质的声音，提供 5.1 个完全独立的声道。

（3）蓝光碟。

随着 DVD 产品的普及和技术的逐渐提高，下一代的高密度 DVD 标准也在悄悄浮出水面，它的产品面向的是下一代的高清晰度数字电视（HDTV），因而它的容量和画质将进一步得以提高。高密度 DVD 的标准有两个：HD DVD 和蓝光 DVD。现有的 HD DVD 产品单层容量可以达到 18GB。单层蓝光 DVD 的容量为 25 或 27GB，足够刻录一部时长近 4 小时的高解析度影片。蓝光光碟采用波长

405nm 的蓝紫色激光进行读写，通过三种写入模式实现了极高的存储容量：一是通过缩小激光点缩短轨距，从而增加容量；二是利用反射率实现多层写入效果；三是通过并写沟轨来增加记录空间。

蓝光碟最大的竞争者是 HD-DVD，又名 AOD，由东芝和 NEC 生产。HD-DVD 的优势在于其制造工艺和传统 DVD 是一样的，所以生产商可使用原 DVD 生产设备制造，不需要投资改建生产线。在存储容量方面，HD-DVD 和蓝光碟是差不多的。而且，HD-DVD 还提供交互模式。

3）1394 卡

1394 卡的全称是 IEEE 1394 Interface Card。这一接口技术是由苹果公司率先创立的，称为 Firewire，所以很多人也习惯叫 1394 卡为火线卡。开发 1394 卡的初衷是把它用作一种高速数据传输接口。1995 年，美国电气电子工程师协会（IEEE）正式把它作为新标准，编号 1394，这就是 IEEE 1394 这个名字的由来。IEEE 1394 作为一种外部串行总线标准，可以实现 400MB/s（或 800MB/s）的数据传输速率，十分适合视频影像的传输。1394 卡基本可以分成两类：带有硬解码功能的 1394 卡和用软件实现压缩编码的 1394 卡。

带有硬解码功能的 1394 卡，如 EZDV 采集卡，不仅能将电视机或者录像机的视频信号传输入计算机，还具备了硬件压缩功能，可以将视频数据实时压缩成 MPEG-1 格式的视频数据并保存为 .mpeg 文件或者 .dat 文件，从而可以方便地制作视频光盘。

用软件实现压缩编码的 1394 卡，其功能是将视频信号输入计算机，成为计算机可以识别的数字信号，然后在计算机中利用软件进行视频编辑。

1394 卡并不是视频捕捉卡，而是像 USB 一样只是通用接口。例如，可以连接一个高速外接硬盘到 1394 卡上。

4）非线性编辑卡

非线性编辑卡实质上是一块具有编辑功能的视音频输入/输出卡，如图 2-19 所示。它是非线性编辑系统的重要基础，系统中其他软、硬件都对非线性编辑卡强大功能起到辅助与增强的作用。纯软件实现视频编辑的速度较慢，并占用系统资源。非线性编辑卡的功能一般包括视音频的采集、视音频的压缩、视音频的回放及部分实时特技的实现。其工作过程为：首先将视频信号以未压缩的视频格式 AVI 存储到硬盘中，然后再进行视频编辑，例如，添加特技效果、转场、字幕、二维或三维动画等。以上视频编辑效果一般是实时实现的。大部分影视后期制作都是采用非线性编辑卡完成的。

图 2-19 非线性编辑卡

2.1.4 图像素材及相关硬件

图像是人类视觉器官所感受到的形象化的媒体信息，如周围的环境、景物、光学照片、图画等。在自然界中，这些信息都是模拟的图像信号。它们的亮度、彩色信息的变化都是连续的，即图像的亮度和颜色随位置连续变化，称为模拟图像。模拟图像在图像信息的存储、处理、重现等方面受到很大限制。要利用计算机技术来处理图像信息，首先要解决如何对图像进行数字化处理的问题。图像的数字化相对复杂，它是在二维像素点阵上处理数值，即 x、y 平面上取颜色值。

1. 图像处理基础

1）图像的基本概念

图像一般指自然界中的客观景物通过某种系统的映射而形成的信息，如照片、图片等，能够使人们产生视觉感受。在计算机中，图像是用像素点进行描述的，是一组数据的集合。有序排列的像素点表达了自然景物的形象和色彩。图像的每个像点采用若干个二进制位进行描述，因此，图像又叫作"位图"。位图图片使用一种可以实现有损压缩的编码方式——索引颜色，基于 RGB、CMYK 等基本颜色编码方法，通过限制图像内的颜色总数实现有损压缩。具体的做法是选取图片中最具有代表性的有限位颜色（最多不超过 8 位，即 256 种颜色），编制成颜色表，图片中不存在于颜色表中的颜色信息在保存的时候就以与该颜色最相近的颜色索引内容保存。在表示一张图片的时候，不使用颜色的具体信息，而是使用索引信息。索引颜色能够保持图片所需的视觉品质，同时缩小文件。使用索引颜色模式的图片由于具备良好的表现性与体积的精简性，广泛应用于网络图形、游戏制作中。索引颜色图像可以被存储为 GIF、PNG 或 TIFF 等格式。

图像的关键技术包括图像的扫描、编辑、压缩、快速解压和色彩一致性再现等技术。图像处理时一般要考虑三个因素。

（1）分辨率。

显示分辨率：一幅图像（或一个显示器）包含的像素点数之和，一般用每行点数乘以每列点数来表示，如，Nikon Z7 相机拍摄的照片分辨率为（4500万）8256×5504。

图像分辨率：单位英寸中所包含的像素点数，单位为 DPI（dot per inch，每英寸可产生的点数）或 PPI（pixel per inch，每英寸可产生多少像素），如，显示器图像分辨率为 72（或 96）dpi，打印机图像分辨率为 300dpi。

（2）颜色深度。

颜色深度是指图像的最大颜色数，屏幕上每个像素都用1位或多位描述其颜色信息。如单色图像的颜色深度为1位二进制码，表示亮与暗；若每个像素用4位码表示，则表示支持16色；8位表示支持256色；若颜色深度为24位，则颜色数目达 1677 万余种，通常称为真彩色。

（3）图像文件大小。

用字节（B 或 Byte）为单位表示图像文件的大小时，计算方法为：

图像文件大小=（垂直方向分辨率×水平方向分辨率×颜色深度）/8（字节）

其中，垂直方向分辨率是指垂直方向的像素值，水平方向分辨率是指水平方向的像素值。例如，一幅 800×600 的 24 位图像，其大小为：（800×600×24）/8=1 440 000B。图像文件大小会影响图像从硬盘或光盘读入内存的传送时间。为了减少该时间，应缩小图像尺寸或采用图像压缩技术。

在图像压缩技术中，采用多种压缩标准，其中常用的有 BMP、PNG、JPG 等，其主要区别如表 2-4 所示。JPG 采用 24 位真彩色，不支持动画与透明色，采用的是不可逆的破坏性资料压缩；PNG 的颜色深度可选，有 8 位、24 位与 32 位三种形式，其中 8 位与 32 位支持透明形式，采用无损数据压缩形式；BMP 可选图像深度有 1 位、4 位、8 位与 24 位，采用位映射存储格式，除可选图像深度外，不采用任何其他压缩形式。

表2-4 压缩格式对比

格　　式	压缩模式	透明支持
JPG	有损压缩	不支持
PNG	无损压缩	支持
BMP	无损压缩	不支持

对图像文件的处理包括改变图像尺寸，编辑修改图像，调节调色板等。必要时可用软件减少图像的颜色深度，用较少的颜色描绘图像，并力求达到较好效果。

2）数字图像的处理

图像处理的内容极为广泛，如放大、缩小、平移、坐标变换、坐标轴旋转、透视图制作、位置重合、几何校正、灰度反转、二值图像、灰度变换、伪彩色增强、平滑、边缘加强和轮廓线抽取、等灰度线制作、图像复原、图像重建、局部图像选出或去除、轮廓周长计算、面积计算以及各种正交变换等。图像处理的目的是使图像更清晰或者具有某种特殊效果，从而使人或机器更易于理解。因此，为了实现不同的目的就要采用不同的处理方法，有时还要将几种处理方法综合使用。下面是几种重要的图像处理方法。

（1）图像增强。

图像增强技术是多种技术的综合效果，它用于改变（或改善）图像的视觉效果，或把图像转换成某种适合于人工或机器分析的图像形式。在针对机器的用途中，图像增强目前还停留在信息抽取的阶段，如高频增强、抽取边缘与轮廓等，都是为了抽取计算机需要的信息，使计算机能计算轮廓的大小、形状以及进行模式识别。

（2）图像恢复。

在图像的形成、传输、存储、记录和显示过程中不可避免地存在着程度不同的变质和失真。图像恢复就是从所获得的变质图像中恢复出真实图像。与图像增强相类似，图像恢复的目的也是改善图像质量，但图像恢复力求保持图像的本来面目，以其保真度为前提。图像恢复必须首先建立图像变质模型，然后按照其退化的逆过程恢复图像。

（3）图像识别。

图像识别也称为模式识别，就是对图像进行特征抽取，如抽出图像边缘、线和轮廓，进行区域分割；然后根据图形的几何及纹理特征，利用模式匹配、判别函数、决定树、图匹配等识别理论对图像进行预处理，包括滤除噪声和干扰、提高对比度、增强边缘、几何校正等。

（4）图像编码（图像压缩）。

图像信息的传输和存储要解决的问题是：如何保持图像的质量或在允许的保真条件下压缩存储及传输量。数字图像需要编码成计算机能处理的信号，通常用标准二进制编码。数字信号，特别是数字图像信号，主要的问题是数据量太大，无论是输入计算机还是保存其数据都非常困难；尤其是传输图像时数字信号占用的频带太宽，例如使用 BMP 这种无压缩格式图像进行传输的数据量极大，这通常称为信息容量问题。

2. 扫描仪

扫描仪是获取数字图像的必备工具，是一种可将静态图像输入计算机的图像采集设备。它可以把各种图片信息转换成计算机图像数据并传送给计算机，再由计算机进行图像处理、编辑、存储、打印输出，或传送给其他设备。扫描仪对于桌面排版系统、印刷制版系统都十分有用。如果配上文字识别（OCR）软件，用扫描仪就可以快速方便地把各种文稿录入计算机。

1）扫描仪原理

扫描仪基于光的反射和吸收原理工作。在扫描仪内部有一个光源，扫描仪工作时，光源会发出强光照射在图片原件上。图片原件上不同区域反射的光线强度和颜色是不同的，被反射的光线照射到感光元件上，感光元件就会将所接收到的反射光转换成电信号；然后，扫描仪内部电路再将感光元件产生的电信号进一步处理，主要是进行 A/D 转换；再经过其他处理电路传送到计算机内部，就形成了数字图像文件。

扫描仪内部主要由光学系统、机械系统和电路三部分组成。

（1）机械系统。

机械系统结构简单，它的功能主要是通过步进电机、皮带等机构带动扫描头做往返运动。一般地，扫描仪每次都是扫描一条线，然后移动到新的位置，扫描另外一条线。经过多次转换，就完成了一个图片画面的扫描。

（2）光学系统。

光学系统主要由光源和透镜系统组成。光源的功能是产生足够的光照射到被扫描的图片上，产生反射光。目前扫描仪使用的基本上都是低压辉光放电管光源，这种光源具有无灯丝、发光稳定、寿命长等特点。笔记本计算机中的液晶显示器也使用这种光源。透镜系统的作用是将反射光会聚于感光元件上，以产生清晰的图像。很多普及型的扫描仪使用的都是单定焦镜头，而高品质的扫描仪常使用多组镜头，它的好处是能够产生均匀清晰的图像，边缘不会产生像差和色散现象。还有些高档的扫描仪采用可变焦镜头来适应不同的扫描对象。透镜系统的质量与扫描影像最终的质量密切相关。

（3）电路。

电路部分由以下几部分组成。

感光元件：扫描仪常用的光学读取装置有 CCD 和 CIS。CCD 的中文名称是电荷耦合器件，CIS 的中文名称是接触式图像感应装置。现在扫描仪使用的主流感光元件有硅氧化物 CCD、半导体隔离 CCD，以及光电倍增管和接触式感光器件（CIS）等其他元件。CCD 是一种使用集成工艺制造的感光元件，是由在一块半导体芯片上做出的成千上万的光电三极管构成的一个扫描器件。这些光电三极管排成三列，分别用红、绿、蓝色的滤光镜罩住，从而实现彩色扫描。CCD 除了应用于扫描仪以外，在数码相机、摄像机内也都有广泛的应用。

A/D 转换器：经 CCD 器件产生的电流是一种模拟信号，要能被计算机所识别，还需要经过 A/D 转换器转变成二进制数字信号。

图像处理器：由 A/D 转换器产生的二进制数字信号，经过运算处理，在输入计算机以前，还要进行亮度、白平衡和对比度等参数的校正。图像处理器是一种专门用于完成上述处理功能的电路。

扫描仪的硬件接口：现在市场上的主流扫描仪中，使用的接口电路主要有 USB 接口、SISC 接口和 EPP 并行接口三种形式。

2）扫描仪分类

扫描仪一般分为滚筒式、平板式、手持式、胶片式和底片式扫描仪等，如图 2-20 所示，另外还有专门用于工程图纸扫描的大幅面扫描仪。

图 2-20　各类型扫描仪

（1）滚筒式扫描仪。

滚筒式扫描仪长期以来一直被认为是数字化高精度的彩色印刷品的最佳选择，如广告宣传品、年度报告以及一些精美的艺术复制品等。它采用的是灵敏的 PMT 传感技术，能够捕捉到任何类型原稿的最细微的色调。它具有较高的颜色深度，能够以数字化方式反射和透射原稿（负片除外），并能够获得很高的分辨率。它允许将很小的原稿在不降低层次的情况下放大很多倍。

（2）平板式扫描仪。

平板式扫描仪是现在的主流产品，它的扫描范围从 A4 到 A3 都有。平板式扫描仪扫描图片的质量比较好,但体积较大,占用较大的空间。中高档平板式扫描仪能够扫描透射原稿和反射原稿。

(3)手持式扫描仪。

这种扫描仪比较小巧,携带方便,但它的性能较差。如果扫描比较大的图片(A4 大小),需要分几次扫描。这种扫描仪采用性能较差的光敏电阻等感光元件,实际分辨率也比较低。

(4)胶片式扫描仪。

胶片/透光片扫描仪虽然也与平板式扫描仪一样,以 CCD 传感器为基础,但由于应用环境的原因,需要有足够宽的动态范围和很高的分辨率。这种扫描仪通常应用于广告、出版等专业应用领域。

(5)底片扫描仪。

底片扫描仪,顾名思义就是用来扫描底片的扫描仪,它和数码相机、平板扫描仪同为图像数字化的重要工具,常用于对图像要求较高的专业领域。

3)扫描仪的使用

扫描仪的用途是将原始图片转换成计算机能够识别的数字图像。在使用扫描仪之前,要确定以下几个问题。

(1)确定扫描分辨率。

扫描分辨率的单位是 dpi,指图像每一英寸中有多少个像素。现在的扫描仪都支持多种分辨率,可以灵活选定,要根据扫描的原稿质量和生成的文件要求来设定扫描仪的分辨率。为了在计算机屏幕上观看或者进行网页制作,将分辨率设为 100dpi 即可,因为显示器的分辨率仅为 96dpi(在 1024×768 状态下);如果用于视频制作,则要十分了解 R、G、B 三色通道的理论和视频编辑软件的性能才能确定分辨率;如果是用于打印输出,则分辨率应设置在 150dpi 左右;如果扫描尺寸不太大的普通照片,将分辨率设置为 300dpi 就可以了;如果用于图片输出和广告领域,则需要将分辨率设置在 600dpi 以上。

(2)确定扫描模式。

扫描仪的常见扫描模式有以下几种:①黑白(B/W)模式,这种模式下图片只被识别成黑和白的信息,扫描形成的文件最小。这种模式只能用来扫描文本或线条画,不能用来扫描图片、图像等含有连续变化的灰度信息对象。②256 级灰度模式,该模式常被用于处理黑白照片,将灰度识别在 0~255 之间,产生一个连续的灰度值。③彩色模式,该模式需要产生的文件较大。对于彩色图像来说,需要将原始图片分解成红、绿、蓝（RGB）三种基色，因此颜色的位数为每种颜色的位数之和，有24位、30位、36位（颜色越多，表示扫描仪的颜色分辨能力越强）。

4）扫描仪的操作步骤

利用扫描仪扫描图像的操作步骤如下。

① 安装好扫描仪的驱动程序，如，在Photoshop中选择File→Import→Select命令。

② 启动扫描仪。

③ 进行预扫。

④ 图像出现后，设置图像参数，调整扫描图像范围。

⑤ 设置图像大小及分辨率等参数，扫描分辨率包括75dpi、100dpi、200dpi、300dpi、600dpi、1200dpi；在高级设置中可以设置扫描图像的亮度和对比度，扫描图像文件的质量（大小），以及文件名和存放位置等，如图2-21所示。

⑥ 单击"扫描"，即可将图像扫描到Photoshop窗口中，如图2-22所示。

图2-21 选择扫描参数

图2-22 调整图像区域

3. 数码相机

数码相机（digital camera）又称数字相机，是利用电子传感器把光学影像转换成电子数据的照相机。数码相机的电子传感器是一种光感应式的电荷耦合器件（CCD）或互补金属氧化物半导体（CMOS）。被摄景物通过镜头将光线照射到CCD或CMOS感光元件上。感光元件会产生与景物光亮度相对应的电信号，然后再通过A/D转换器转换成数字信号，经过压缩等一系列相关处理，传送到计算机中得到可以识别的图像文件。

1）数码相机原理

数码相机的感光部分之前与传统相机的结构基本相同，如机身、镜头和光腔等，但感光之后的部分则是传统胶片相机不具备的。数码相机独有的部分包括 CCD 或 CMOS 感光元件、A/D 转换、图像处理单元、存储器、液晶显示器以及输出接口等。具体相机原理如图 2-23 所示，结构从左二至最右依次为镜头、感光元件、A/D 转换器、图像处理器、存储器与液晶显示器。

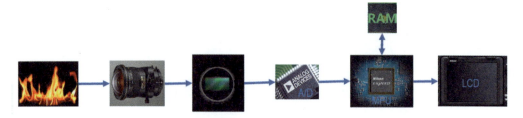

图 2-23　数码相机原理

（1）镜头。

镜头的作用是将客观环境的影像所反射的光线会聚到感光元件表面进行成像。镜头的质量对拍摄的效果有很大的影响。

（2）感光元件。

CCD 也是决定数码相机拍摄质量的一个重要部件。CCD 面积越大，像素越多，将光信号转换为电信号的像素单元也就越多，即，图像的分辨率越高，所拍摄的图像质量也就越好。

CMOS 早期存在噪声大、动态捕捉能力不强等缺陷，但随着工艺的改进，已逐渐达到或超过了 CDD 的水平。与 CCD 相比，CMOS 还具有一些优点，如功耗低、容易集成和可以实现很高的分辨率等。不同类型数码相机的感光元件尺寸如表 2-5 所示。

表2-5　数码相机感光元件尺寸

格式	宽度	长度	对角线	面积	焦距乘数	代表机型
中画幅	44.0	33.0	55.0	1452	0.7	宾得中画幅
全画幅	24.0	36.0	43.4	864	1.0	全画幅单反
APS-C	15.0	22.0	27.3	329	1.5	APS-C 格式单反
4/3	13.5	18.0	22.4	243	2.0	4/3 及 M4/3 相机
1 寸底	8.8	13.2	15.8	116	2.7	索尼黑卡 RX100、尼康 1 系
1/1.7"	5.6	7.4	9.5	42	4.6	高端便携相机、手机
1/2.5"	4.3	5.8	7.2	25	6.0	低端便携相机、手机

（3）A/D 转换器。

A/D 转换器即模/数转换器，它是数码相机中将感光元件产生的电信号量化成数字信号的关键器件。常见的 A/D 转换器有电压频率式、脉冲宽度调制式以及双斜率积分式。

（4）图像处理器。

图像处理器也称为数字信号处理器（DSP），是数码相机的心脏。它通过一系列数学算法对数字图像信号进行优化处理，如白平衡、彩色平衡和伽马校正等。

（5）存储器。

存储器用于保存数码相机中的数字图像，通常采用存储卡的形式。数码相机使用较多的存储卡包括 SD 卡、CF 卡、XQD 等。

（6）液晶显示器。

液晶显示器（LCD）是数码相机配备的可以即时观看影像的彩色显示器，可供用户非常方便直观地观看拍摄的图像效果，也可以显示数码相机的其他状态信息。

（7）输出接口。

数码相机一般都使用 USB 接口，也有部分数码相机使用红外接口和 SCSI 接口等。

2）数码相机主要性能指标

数码相机的主要性能指标如下。

（1）分辨率。

分辨率是数码相机的一个比较重要的指标，现在都用数码相机 CCD（或 CMOS）的像素值来标称。比如，数码相机的分辨率为 3882×2592，则称之为 1000 万像素的数码相机。相机的分辨率还直接反映出可打印的照片的大小。分辨率越高，在同样的输出质量下可打印的照片尺寸越大。

（2）存储能力及存储介质。

数码相机除了内置存储器外，还使用扩充的存储卡。虽然这两个部件都可反复使用，但在一个拍摄周期内相机可保存的数据却是有限制的，它决定了在未下载信息之前相机可拍摄照片的数目。相同的存储容量下，所能拍摄照片的数目还与分辨率有关，分辨率越高则存储的照片数目越少。通常数码相机都使用某种算法压缩图像数据，以便在同样的存储容量下保存更多的照片，JPEG 有损压缩算法是用得最多的。为了得到极高保真度的图像，有些数码相机使用无压缩形式，文件格式为 RAW，其含义如其名，即未经任何处理或编辑的图像文件格式。现在越来越多的手机也能拍出 RAW 格式图像文件。

（3）液晶显示屏（LCD）。

目前许多数码相机都带有液晶显示屏，既可用于取景也可用于监视相机的状态，还可用于预览已拍图像。数码相机所用液晶显示屏的尺寸多在 1.6~2.5 英寸之间。

（4）连拍速度。

因为数码相机在工作过程中需要将拍摄的图像数字化并传输到存储器，另外还需执行测光、对焦等一系列操作，所以连续拍摄不是它的强项。低档相机通常不具备连续拍摄的能力，高档数码相机连续拍摄速度可达每秒 5 幅。

（5）接口方式。

现在大多数数码相机采用的是 USB 接口。有些高级相机使用 1394 接口，这种接口速度更快，但要求计算机内置或者额外配置 1394 卡。

（6）镜头结构。

现在高级数码相机都采用性能良好的单反镜头结构，可以使用标准镜头或可更换镜头，扩展功能强大；而普通的数码相机镜头固定，不能附加，不允许外接闪光灯。

2.2 常见计算机接口

计算机接口是电子设备与计算机连接常用的接口，计算机需要通过多媒体接口才能实现数据传输、图像显示等功能。本节主要对常见的数据和显示接口进行介绍。

2.2.1 数据接口

微机与多媒体设备连接的常用接口包括串行接口、并行接口、SCSI、USB 接口和网线接口等。

1. 串行接口

串行接口简称串口，其特点是数据和控制信息一位接一位地串行传送出去。虽然这样速度会慢一些，但传送距离比较长。串口通常使用的是 9 针 D 形连接器，也称为 RS-232 接口。串口常用于连接鼠标、手写板、Modem 等，目前已经很少使用。串行接口如图 2-24"COMA"所示。

2. 并行接口

并行接口简称并口，主要作为打印机端口，采用的是 25 针 D 形接头、并行传输方式，最常用的是通过接口一次传送 8 个数据位。所谓"并行"是指 8 位数据同时通过并行线进行传送。这样，虽然数据传送速度大幅提高，但并行传送的线路长度受到限制。并行接口如图 2-24 "Parallel"所示。

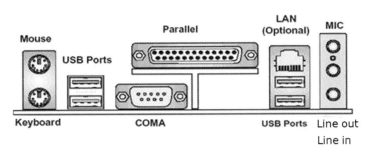

图 2-24　数据接口

3. SCSI

SCSI（small computer system interface）即小型计算机系统接口，在服务器和图形工作站中被广泛采用。除了硬盘使用这种接口以外，SCSI 还可以连接 CD-ROM 驱动器、扫描仪和打印机等。SCSI 可同时连接 7 个外设，传输速度通常可以达到 5MB/s；FAST SCSI（SCSI-2）能达到 10MB/s；最新的 SCSI-3 甚至能够达到 40MB/s。SCSI 如图 2-25 所示。

图 2-25　SCSI

4. USB 接口

USB（universal serial bus）称为通用串行总线，是应用在 PC 领域的接口技术，由 Intel 等多家公司于 1994 年底联合推出。USB 用一个 4 针插头作为标准插头，采用菊花链形式把所有的外设连接起来，最多可以连接 127 个外部设备，并且不会损失带宽。USB 接口还可以通过专门的 USB 连机线实现双机互连，并可以通过集线器（hub）扩展出更多的接口。USB 具有传输速度快、使用方便、支持热插拔、连接灵活、独立供电等优点，可以连接鼠标、键盘、打印机、扫描仪、数码相机、数字摄像机、闪存盘、移动硬盘、外置光软驱、MP3 机和手机等，目前已成为使用最多的接口。USB 的版本有 3 个：1996 年推出的 USB 1.0/1.1 的最大传输速率为 12Mbps；目前常用的 USB 2.0 的最大传输速率高达 480Mbps；USB 3.0 的速率理论上可达 5Gbps。不同版本 USB 接口速率如表 2-6 所示。

表2-6　USB接口速率

USB 版本	最大传输速率	最大输出电流	推 出 时 间
USB 1.0	1.5Mbps（192KB/s）	5V/500mA	1996 年 1 月
USB 1.1	12Mbps（1.5MB/s）	5V/500mA	1998 年 9 月
USB 2.0	480Mbps（60MB/s）	5V/500mA	2000 年 4 月
USB 3.0	5Gbps（500MB/s）	5V/900mA	2008 年 11 月
USB 3.1	10Gbps（1280MB/s）	20V/5A	2013 年 12 月

不同 USB 接口类型包括 Type A/B/C、Mini、Micro 等，如图 2-26 所示。

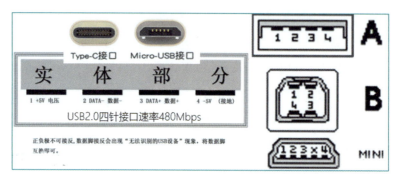

图 2-26　USB 接口类型

（1）USB 1.0 接口。

USB 1.0 是 1996 年出现的，速度只有 1.5Mbps，1998 年升级为 USB 1.1，速度提升到 12Mbps，在部分旧设备上还能看到这种标准的接口。USB 1.1 是较为普遍的 USB 规范，其高速方式的传输速率为 12Mbps（12Mbps=1.5MB/s），低速方式的传输速率为 1.5Mbps，大部分 MP3 为此类接口类型。

（2）USB 2.0 接口。

USB 2.0 规范是由 USB 1.1 规范演变而来的。它的传输速率达到了 480Mbps，即 60MB/s，足以满足大多数外设的速率要求。USB 2.0 中的"增强主机控制器接口"（EHCI）定义了一个与 USB 1.1 相兼容的架构。它可以用 USB 2.0 的驱动程序驱动 USB 1.1 设备。也就是说，所有支持 USB 1.1 的设备都可以直接在 USB 2.0 的接口上使用而不必担心兼容性问题，而且原来的 USB 线、插头等附件也都可以直接使用。

（3）USB 3.0 接口。

由英特尔、微软、惠普、德州仪器、NEC、ST-NXP 等业界巨头组成 USB 3.0 Promoter Group，该组织制定了新一代 USB 3.0 标准。USB 3.0 宣称速度为 5Gbps，其实只能达到这个值的 5 成，那也是接近于 USB 2.0 的 10 倍了。USB 3.0 的物理层采用 8b/10b 编码方式，这样算下来，理论速度约为 4Gbps，实际速度还要扣除协议开销，在 4Gbps 基础上再少一些。USB 3.0 可广泛用于 PC 外围设备和消费电子产品。USB 3.0 在实际设备应用中称为 USB SuperSpeed，对应此前的 USB 1.1 FullSpeed 和 USB 2.0 HighSpeed。

（4）USB 3.1 接口。

USB 3.1 Gen2 是最新的 USB 规范，该规范由英特尔等公司发起。数据传输速度可提升至 10Gbps。与 USB 3.0（即 USB 3.1 Gen1）技术相比，新 USB 技术使用一套更高效的数据编码系统，并提供一倍以上的有效数据吞吐率。它完全向下兼容现有的 USB 连接器与线缆。USB 3.1 Gen2 兼容现有的 USB 3.0（即 USB 3.1 Gen1）软件堆栈和设备协议、5Gbps 的集线器与设备、USB 2.0 产品等。

USB-IF 是最新的 USB 命名规范，根据该规范，原来的 USB 3.0 和 USB 3.1 名称将不再使用，所有的 USB 标准都将重新命名为 USB 3.2。考虑到兼容性，USB 3.0 至 USB 3.2 分别被重命名为 USB 3.2 Gen 1、USB 3.2 Gen 2、USB 3.2 Gen 2x2。

5. 网口（RJ45）

RJ45，也称 8P8C，是以太网使用双绞线连接时常用的一种连接器插头。8P8C（8 position 8 contact）的意思是 8 个位置（position，指 8 个凹槽）、8 个触点（contact，指 8 个金属接点），如图 2-27 所示。

图 2-27　RJ45 插头

网口 RJ45 是布线系统中信息插座（即通信引出端）连接器的一种。连接器由插头（也称为水晶头）和插座（又称为模块）组成，插头有 8 个凹槽和 8 个触点。RJ 是 Registered Jack 的缩写，意思是"注册的插座"，计算机网络的 RJ45 是标准 8 位模块化接口的俗称。网络传输线分为直通线和交叉线。直通线用于异种网络设备之间的互连，如计算机与交换机；交叉线用于同种网络设备之间的互连，如计算机与计算机。

如图 2-28 所示，笔记本电脑拥有 USB 接口、两个 Type C 接口和耳机接口。

扩展坞通过 USB Type C 接口与笔记本电脑连接，扩展坞与显示器的接口将在下面小节介绍。

图 2-28　笔记本电脑与扩展坞的数据接口

2.2.2　显卡接口

显卡接口包括 HDMI、DVI、DP 与 MiniDP、雷电接口等。显卡接口如图 2-29 所示。

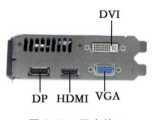

图 2-29　显卡接口

1. HDMI

HDMI 即高清多媒体接口（high definition multimedia interface），是一种全数字化视频和声音发送接口，可以发送未压缩的音频及视频信号。HDMI 可用于多种电子多媒体设备，它可以同时发送音频和视频信号，是一种集成信号。由于音频和视频信号采用同一条线材，因此大幅简化了系统线路的安装难度。其中，HDMI 1.4 支持 4K，HDMI 2.1 支持 8K。不同版本 HDMI 的速率如表 2-7 所示。

表2-7　HDMI速率

版　　本	传　输　速　率	推　出　时　间
HDMI 1.3	10.2Gbps（1.275GB/s）	2006 年 6 月
HDMI 2.0	18Gbps（2.25GB/s）	2013 年 9 月
HDMI 2.1	48Gbps（6GB/s）	2017 年 1 月

2. DVI

DVI 即数字视频接口（Digital Visual Interface），是 1998 年 9 月，由在 Intel 开发者论坛上成立的数字显示工作小组（Digital Display Working Group，简称 DDWG）发明的一种用于高速传输数字信号的技术，有 DVI/A、DVI/D 和 DVI/I 三种不同类型的接口形式（图 2-14 有介绍）。目前应用主要以 DVI/D 为主，其最大分辨率为：单通道 1920×1200，双通道 2560×1600。

3. DisplayPort 接口

DisplayPort，简称 DP，是一个由 PC 及芯片制造商联盟开发，视频电子标准协会（VESA）标准化的数字式视频接口标准。该接口主要用于视频源与显示器等设备的连接，也支持携带音频、USB 和其他形式的数据。DP 1.4 兼容 Type-C，支持 8K，如图 2-30 所示。

图 2-30　DP 与雷电接口

4. 雷电接口

Thunderbolt 一般俗称雷电接口，如图 2-30 所示。Thunderbolt 连接技术融合了 PCIExpress 数据传输技术和 DisplayPort 显示技术，可以同时对数据和视频信号进行传输，并且每条通道都提供双向 10Gbps 带宽。最新的雷电 3 速率达到了 40Gbps，同时使用 USB Type-C 接口形态。

2.3　多媒体部件与存储卡

在对音频、视频和图像相关硬件及计算机接口进行介绍之后，下面补充介绍其他多媒体相关部件以及在计算机数据存储时常用到的存储卡类型。

2.3.1 多媒体部件

1. CD-ROM 驱动器

CD-ROM 驱动器（Compact Disc Read-Only Memory Driver）称为"只读光盘驱动器"，或简称为"光驱"。CD-ROM 是多媒体计算机的基本外设，它解决了大量数据的存储问题。光盘（又称 CD 盘）是一种存储介质，用来存储压缩后的视频、音频等数字信息。一片标准光盘的容量是 650MB，其成本低、价格便宜，因此以 CD-ROM 为存储介质的各种软件和多媒体电子读物的发展十分迅速。

1）CD-ROM 的基本原理

标准的 CD-ROM 盘片在外观和数据刻录技术上与常见的激光唱片是一样的，即采用压模方法在塑料盘基上形成不同形状的凹坑而组成螺旋形光道，只是两者的刻录格式有所不同。CD-ROM 盘片的无字光面是有数据的，有字的一面没有数据。光盘的中心圈标明了数据的起始记录位置，之后是文件目录表，记录了文件目录与结构信息（即 FAT 表）。文件数据紧接着目录表由内向外螺旋状放置，最后一条数据道标志数据结束。为了提高读出数据的可靠性，减少误码率，存储数据采用 EFM 编码，即一个字节的 8 比特数据经过编码变成 14 比特的光轨道数据。

光盘驱动器主要由光头、读通道、聚焦/跟踪伺服、主轴电机伺服和微处理器等硬件部分组成，如图 2-31 所示。

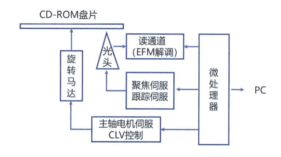

图 2-31　光驱基本结构示意图

（1）光头。

光头通过光束与高速旋转的光盘接触，其作用是读取数据。光头系统包括半导体激光器和光探测器。半导体激光器发射微小的激光束，而光探测器接收反射光束并进行光电转换。

（2）读通道。

读通道主要进行 EFM 解调，即将 14 比特的光轨道数据经过解编码变成一个字节的 8 比特数据。

（3）聚焦/跟踪伺服。

聚焦/跟踪伺服系统根据光电检测的读取光点与信息轨道的跟踪误差信号，由放置于光头上的二维移动装置，在垂直于光盘的方向上移动聚焦透镜，实现聚焦伺服；沿光盘径向移动透镜，使聚焦光束准确落在光盘的光道上，实现跟踪伺服。

（4）主轴电机伺服。

主轴电机伺服系统利用旋转编码器产生的伺服信号，控制光盘以一定的角速度旋转，按照标准格式读取数据。由于 CD-ROM 盘片要以恒定线速度（CLV）旋转，这意味着激光头在内圈时，光头的转动速率要比在外圈时快。CD-ROM 的标准线速度为 1.2m/s，光头从最内圈到最外圈时，光盘旋转马达的速度从 500r/min 降到 200r/min。

（5）微处理器。

微处理器执行上述功能的时序和控制操作，并通过数据接口与 MPC 传递数据。

2）CD-ROM 外部接口

常用的标准光驱都是内置式的，安装在计算机机箱内。光驱的操作画板上有光盘托盘、托盘开关、耳机插孔、音量控制、快速键等控制按钮，背面有三组接口和一组跳线。

（1）电源接口。

一个四针电源接口与计算机电源相连，提供 5V 和 12V 电压。

（2）数据传输接口。

传输数据的扁平电缆接口共 40 针，可将光盘里的数据传输至计算机，或将计算机的控制信号传向光驱。扁平电缆与计算机的连接方式有以下几种：接至声卡、接至 IDE 口、接至 SCSI 卡。

（3）音频接口。

还有一个小型四针接口用于和声卡相连，这条线称为 CD 音频线，它的四根针分别是左、右声道和两根地线。通过这条四芯线可将模拟信号的 CD 音乐传至声卡，并可与其他音源混合输出。

（4）跳线组。

用于设定光驱的物理地址，即将光驱设为主驱动器、从驱动器或网络设备。一般标准设置下光驱作为从驱动器，而计算机的硬盘作为主驱动器。

光驱的接口标准有两种：IDE 接口或 SCSI 接口。IDE 接口或 E-IDE（增强型 IDE）接口是目前最流行的光驱接口，由于主板都配有两个 IDE 接口，因此可以很方便地并行安装硬盘和光驱。硬盘接在主 IDE 接口，而光驱接在从 IDE 接口，可以提高硬盘和光驱的信息读取速度。SCSI 接口在前面已有介绍。

3）CD-ROM 的主要指标

（1）数据传输速率。

数据传输速率就是通常所说的光驱倍速，即每秒钟从光驱送至 CPU 处理的数据量的大小。单倍速的光驱读取的最大数据量为 150KB/s，这是一个基准值，实际上是按 74 分钟读取 650MB 数据计算而来。光驱的数据传输速率约等于倍速乘以 150KB/s。光驱处理光盘数据的总体能力不仅依赖于读取速率，还要受高速缓存区大小的影响。目前 40 倍速以上的高速光驱的缓存可达 256KB。

（2）平均搜寻时间。

平均搜寻时间指光头移动到某一数据块并读取该块数据所需的时间。读取数据包括三个过程：一是光头定位；二是光头从光驱读入单位数据；三是把数据载入光驱内部缓存。多媒体第三代标准（MPC 3.0）规范的指标是：平均搜寻时间 $\leqslant 250$ms。

（3）高速缓存。

目前光驱的高速缓存速率至少都能达到 128KB，一般可达 256KB。

（4）平均无故障时间。

平均无故障时间一般在 25000 小时左右。但是，在频繁读质量很差的盘片时，光驱的寿命会缩短。

（5）误码率。

在采用了复杂纠错编码技术，硬件性能提高以后，误码率目前已降到很低的程度了。

（6）兼容性。

现在的光驱在支持多种模式的光盘制作技术方面有了很大的提高。注意，光驱一般都有"Multi"标志，表示可支持多种光盘制作模式。

2. DVD 驱动器

DVD（Digital Video Disc）即数字视频光盘。计算机上使用的 DVD-ROM 驱动器近年来发展迅速。与 CD-ROM 一样，DVD 驱动器也支持多模式，如 DVD-ROM、DVD-Video、DVD-Audio、DVD-RAM 等，并且与 CD-ROM 驱动器兼容。

最大 DVD 读取速度是指光存储产品在读取 DVD-ROM 光盘时，所能达到的最大光驱倍速。该速度是以 DVD-ROM 的单倍速为单位来定义的，单倍速 DVD-

ROM 的读取速度可按 1 小时读取 4.7GB 来计算，约为 1369KB/s（归整后约为 1350KB/s）。目前 DVD-ROM 驱动器所能达到的最大 DVD 读取速度是 16 倍速；DVD 刻录机所能达到的最大 DVD 刻录速度是 24 倍速。

与 CD-ROM 采用 CLV（恒定线速度）技术不同，现在 DVD 驱动器一般采用 CAV（恒定角速度）技术，这样可以降低成本，并且提高读取不同 DVD-ROM 盘片的容错率。

在播放 DVD 影碟时，与播放 VCD 一样，也有硬解压和软解压两种方法。硬解压采用 MPEG-2 的解码芯片。随着计算机整体处理能力的不断提高，软解压效果越来越理想，尤其是新一代的 3D 显示卡都集成了 MPEG-2 的解压电路，因此对 DVD 影像有很强的处理能力。

3. 蓝光驱动器

蓝光驱动器（Blue-ray Disc，缩写为 BD）利用波长较短的蓝紫色激光（405nm）读取和写入数据，并因此而得名；而 DVD 光碟需要使用红色激光（650nm）读取或写入数据，CD 则使用裸眼不可见的近红外（780nm）激光进行读写操作。通常来说，波长更短的激光能够在单位面积上记录或读取更多的信息。因此，蓝光光盘极大地提高了光盘的存储容量。对于光存储产品来说，蓝光光盘提供了一个跳跃式发展的机会。

迄今，蓝光是最先进的大容量光盘格式，蓝光技术的巨大进步，使得一张单碟能够存储 25GB 的文档文件，这是 DVD 容量的 5 倍。在速度上，蓝光可实现 4.5～9MB/s 的记录速度。

蓝光驱动器具有存储安全有保障，兼容性高等特性。蓝光驱动器分为标准光盘和迷你光盘两种类型，二者在直径和容量上具有区别。

4. 投影机

数码投影机有时也称为多媒体投影机，它是计算机的大屏幕显示装置。计算机内容的大屏幕显示有着广泛的应用，包括信息发布、讲演汇报、员工培训、商品展示以及多媒体课件演播等。

1）投影机原理与分类

投影机主要有 LCD 投影机、DLP 投影机和 CRT 投影机三大类型。在这三种类型的投影机中，占主流地位的是 LCD 投影机，也就是大家常说的液晶投影机；少量的为 DLP 投影机、CRT 投影机，其中 CRT 投影机已经很少见到了。

(1) LCD 投影机。

LCD（liquid crystal display）液晶投影机采用目前最为成熟的透射式投影技术。它利用液晶的光电效应工作：液晶分子的排列在电场作用下发生变化，影响其液晶单元的透光率或反射率，从而影响它的光学性质，产生具有不同灰度层次及颜色的图像。LCD 投影机投影画面色彩真实鲜艳、色彩饱和度高、光利用效率很高，并且体积小、重量轻、操作携带方便，因此成为投影机市场上的主流产品。

(2) DLP 投影机。

DLP（digital light processor）是数字光路处理器的意思，其核心元件和技术来自著名的美国德州仪器公司。DLP 投影机以 DMD（digital micromirror device，数字微镜设备）作为成像器件。DLP 投影机采用反射式的投影技术。其特点是图像灰度等级提高，成像器件总的光效率大幅提高（这对投影机是非常重要的），对比度非常出色，色彩锐利。采用激光光源，配备专业抗光增益屏，可以收看广电节目，点播互联网内容的第四代电视——激光电视就是将使用了激光光源的 DLP 数字电影放映技术和电视技术结合而形成第四代电视显示技术的。

(3) CRT 投影机。

CRT（cathode ray tube，阴极射线管）投影机采用的技术与 CRT 显示器类似，是最早的投影技术。这种投影机可把输入信号源分解成 R、G、B 信号，分别作用于三个 CRT 投影管上。红、绿、蓝三种颜色的荧光粉在高电压作用下构成了肉眼看到的千变万化的颜色。CRT 投影机操作复杂，特别是会聚调整烦琐，机身体积大，已经被淘汰。

2）投影机性能指标

投影机的性能指标有很多，具体如图 2-32 所示，主要指标如下。

(1) 光通量。

光通量（light out）是指投影机输出的光能量，单位为流明（lm）。采用 ANSI 标准的 9 点测试方法得出的投影机产品的亮度值的单位为 ANSI 流明。与光通量有关的一个物理量是亮度，指屏幕表面受到光照射发出的光能量与屏幕面积之比，亮度常用的单位是勒克司（lx，1 勒克司 =1 流明 / 平方米）。当投影机输出的光通量一定时，投射面积越大亮度越低，反之则亮度越高。

(2) 分辨率。

分辨率是指投影机投出的图像的物理分辨率（解析度）。物理分辨率越高，可接收分辨率的范围越大，投影机的适应范围越广。

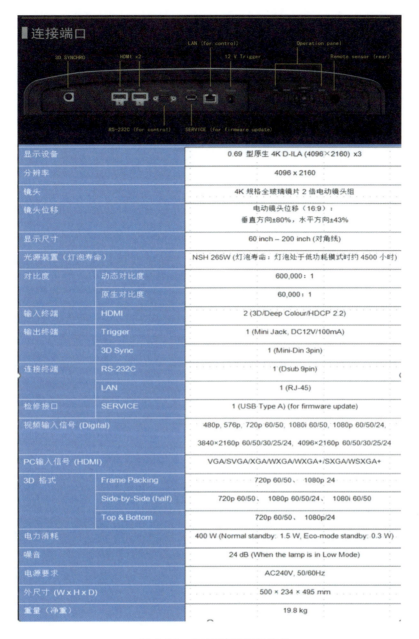

图 2-32 4K 高清投影机信息

（3）对比度。

对比度是黑与白的比值，也就是从黑到白的渐变层次。比值越大，从黑到白的渐变层次就越多，从而色彩表现越丰富。

（4）屏幕纵横比。

屏幕纵横比是显示设备中显示图像的横向尺寸与纵向尺寸的比例。目前的高清晰度电视和一些新型显示设备采用了 16:9 的纵横比。

3）LCD 和 DLP 投影机的技术特点

LCD 投影机：红、绿、蓝三原色由 3 片分离的液晶板投射，可以对每一种颜色的亮度和对比度进行单独控制，并且三色光几乎同时到达屏幕。图像色彩饱和度好，色彩层次丰富，但在文本边缘大都有阴影和毛边，在近距离观察大尺寸图像时，可以明显分辨出像素点间隙。

DLP 投影机：色彩分离是由一个分色轮实现的。三色光使用同一微镜调制反射，因此三色光分时到达屏幕。DLP 投影机投影的图像对比度高，黑白图像清晰锐利，暗部层次丰富，细节表现丰富；在表现黑白文本时，黑色黝黑纯正、文本清晰，尤其是一些小字号文本非常清晰，但色彩饱和度不好，色彩表现不够生动。

二者有如下几点不同：①结构方面，DLP 投影机使用单片结构，光学结构简单，体积重量更有优势；②色彩方面，DLP 投影机受分色轮转速和微镜偏转速度的限制，而 LCD 投影机色彩重现更具优势；在显示动态视频图像时，LCD 投影机显示的彩色图像更加清晰，色彩更加生动；③层次方面，由于采用反射式原理，DLP 投影机可以实现更高的黑白对比度，灰度层次更加丰富，在显示一些暗部场景时更加清晰，细节更加丰富；④清晰度方面，LCD 由三色光会聚成一个像素点，而单片 DLP 投影机的三色光都由同一个微镜反射到同一像素点，因此不存在会聚问题，成像更加清晰。

2.3.2 常用存储卡

存储卡是用于数码相机、便携式电脑、手机、MP3 和其他数码产品的独立存储介质。它具有体积小巧、携带方便、使用简单的优点。大多数存储卡都具有良好的兼容性，便于在不同的数码产品之间交换数据。常用存储卡包括 XQD、CFexpress、CF、SD 和 NM 等，如图 2-33 所示。

图 2-33　常用存储卡

1. XQD 卡

XQD 是一种采用快闪存储器的记忆卡格式，使用 PCI Express 作为资料传输的界面。此格式最初由闪迪（SanDisk）、索尼和尼康在 2010 年 11 月发布，并立刻被 CompactFlash 协会采用作为发展目标，最终的规范在 2011 年 12 月发布。XQD 是用来取代 CF 规格的产品。如图 2-34 所示，图中 XQD 卡的读取速度为 440MB/s，写入速度为 400MB/s。

XQD 外观尺寸为 38.5×29.8×3.8mm，采用可升级的高性能接口，并且支持无线传输技术。第一个发布该产品的是索尼，宣称其产品速度可达 1Gbps。第一台支持 XQD 格式的相机是尼康 D4。

2. CFexpress 卡

CFexpress 卡是 CompactFlash 协会在 2019 年 2 月末制定的新一代存储卡标准，如图 2-35 所示。

图 2-34　XQD 存储卡　　图 2-35　CFexpress 存储卡

CFexpress 2.0 规范中包含有 Type A、Type B 和 Type C 三种尺寸标准，如图 2-36 所示。

	Type A	Type B	Type C
Dimension	20mm × 28mm × 2.8mm	38.5mm × 29.8mm × 3.8mm	54mm × 74mm × 4.8mm
PCIe Interface	Gen3, 1 lane	Gen3, 2 lanes	Gen3, 4 lanes
Stack	NVMe™ 1.3	NVMe™ 1.3	NVMe™ 1.3
Maximum Theoretical Performance	1000MB/s	2000MB/s	4000MB/s

图 2-36　CFexpress 存储卡规格

上述三种尺寸中，A、C 型卡目前较少使用，因此重点介绍 B 型卡。以下描述中，CFexpress 卡就是指 CFexpress Type B 卡。

相比于 XQD 卡的 400MB/s 的传输速度，CFexpress 卡的速度理论上最高可达到 2000MB/s，而且不同于 XQD 的半开放协议，CFexpress 的协议是完全开放的。CFexpress 卡的尺寸和物理接口与 XQD 卡相同，因此早期支持 XQD 卡的设备可以通过固件升级使用 CFexpress 卡。支持 CFexpress 卡的相机机型如图 2-37 所示。

品牌	型号	支持的存储卡
佳能	C300 Mark III	CFexpress存储卡；SD存储卡
	C500 Mark II	CFexpress存储卡；SD UHS-II存储卡
	1D X Mark III	CFexpress存储卡
	EOS R5	CFexpress存储卡；SD UHS-II存储卡
尼康	Z6II	CFexpress存储卡；SD UHS-II存储卡
	Z7II	CFexpress存储卡；SD UHS-II存储卡
	Z6	CFexpress存储卡（相机必须具有固件版本3.0或更高版本）
	Z7	CFexpress存储卡（相机必须具有固件版本3.0或更高版本）
	D6	CFexpress存储卡
	D5/D500/D850	CFexpress存储卡（相机必须更新到新固件版本）
松下	DC-S1	CFexpress存储卡；SD UHS-II存储卡（相机必须具有固件版本1.5或更高版本）
	DC-S1R	CFexpress存储卡；SD UHS-II存储卡（相机必须具有固件版本1.5或更高版本）

图 2-37 支持 CFexpress 存储卡的相机

3. CF 卡

CF（Compact Flash）卡是 1994 年由闪迪公司最先推出的。CF 卡具有 PCMCIA-ATA 功能，并与之兼容。CF 卡的重量只有 14g，其外形尺寸为 43mm×36mm×3.3mm，只有 PCMCIA 卡的 1/4，外形如图 2-38 所示。CF 具有超高速 UDMA 7 接口，读写最高速率理论数值在 160MB/s 左右。

图 2-38 CF 存储卡

由于将闪存存储模块与控制器做在了一起，CF 卡的外部设备可以做得比较简单而没有兼容性问题，特别是升级换代时也可以保证与旧设备的兼容性，保护了用户的投资，而且几乎所有的操作系统都支持它。CF 卡无论是在笔记本电脑中还是其他数码产品中都得到了非常广泛的应用。CF 卡接口采用 50 针设计，有 CF Ⅰ 与 CF Ⅱ 型之分，后者比前者厚一倍。CF Ⅱ 卡设备向下兼容 CF Ⅰ。佳能和尼康的数码相机都是 CF 存储卡的固定用户，而数码单反相机几乎都使用 CF 卡作为存储介质。

在数码相机采用的 CF 存储卡中，存取速度的标志为 ×（其中"1×"=150KB/s），例如 4×（600KB/s）、8×（1.2MB/s）、10×（1.5MB/s）、12×（1.8MB/s）等，现在已经有了最高 40× 的 CF 存储卡。相对而言，采用更快的 CF 卡会改善数码相机的拍摄效果，但实际应用中，一些中、低端的数码相机产品即使使用了更高速度的 CF 存储卡，速度方面的优势也很难体现。

4. SD 卡

SD（secure digital）卡，从字面理解，就是安全数据卡，它比 CF 卡以及早期的 SM 卡在安全性能方面更加出色。SD 卡是由日本的松下公司、东芝公司和闪迪公司共同开发的一种存储卡产品，最大的特点就是通过加密功能，保证数据资料的安全保密。SD 卡从很多方面都可看作 MMC 的升级。两者的外形和工作方式大体相同，只是 MMC 卡的厚度稍微要薄一些，但是使用 SD 卡设备的机器都可以使用 MMC 卡。SD 卡的外形尺寸为 32mm×24mm×2.1mm，如图 2-39 所示。

SD 卡对于手机等小型数码产品略显臃肿，因而 SD 卡阵营研发了体积更小的存储卡，名为"mini SD"。其外形尺寸为 20mm×21.5mm×1.4mm，封装面积是原来 SD 卡的 44%，体积是原来 SD 卡的 63%，具有 11 个"金手指"（即内存条导电触片，而 SD 卡只有 9 个）。mini SD 卡通过转接卡也可以当作 SD 卡使用，如图 2-40 所示。

micro SD 卡标准是由 SD 协会在 2005 年参照 T-Flash 的相关标准制定出来的，T-Flash 卡和 micro SD 卡是相互兼容的，手机一般使用 TF（micro SD）卡。与 mini SD 卡相比，micro SD 卡体积更为小巧，尺寸为 11mm×15mm×1.4mm，仅为标准 SD 卡的四分之一左右，是目前市场上体积仅大于 NM 卡的存储卡，如图 2-41 所示。

图 2-39　SD 卡

图 2-40　mini SD 卡

图 2-41　SD 卡与 TF（micro SD）卡的尺寸

5. NM 卡

NM（Nano Memory Card）存储卡，如图 2-42 所示，是华为公司推出的一种超微型存储卡，其体积比传统 micro SD 卡小 45%，大小规格与 Nano SIM 卡完全相同，可以与 Nano SIM 卡共享卡槽，是目前尺寸最小的存储卡；其数据读取速度可达 90MB/s。NM 卡目前主要用于华为旗下移动终端产品。

图 2-42　NM 存储卡

华为在设计 NM 存储卡之初，就设立了严格的标准——不低于 SD U3（最低写入速率 30MB/s）的读写速度。NM 存储卡是基于 JEDEC（电子器件工程联合会）的内存存储协议开发的。经华为实验室测量，华为 NM 存储卡的顺序读取速率可达 90MB/s，顺序写入速率达 70MB/s，远超 SD U3 标准。华为 NM 存储卡推出之后，华为公司正式加入了 SD 协会，并开始以协会成员的身份发起了 Nano SD 卡技术标准的讨论。

6. 其他存储卡

其他存储卡还有很多，图 2-43 列举了几种，包括记忆棒、XD 图像卡、SM 卡与 MMC 卡等。这些卡均已淘汰，此处就不再一一介绍了。

图 2-43　其他存储卡

2.4 思考与练习

1. 微机内的中英文是如何编码的（编码标准）？

2. 声音与声音信号的三要素是什么？

3. 声音的强弱程度如何表达？

4. 数字音频如何将模拟信号转化为数字信号，其文件格式有哪些？

5. 请描述视频接口 VGA、HDMI 和 DP，并举例说明其使用场景。

6. 同一图像分别存储为 BMP、JPG、PNG 格式文件，文件大小有何不同？

7. 为什么说图像的数据量与颜色深度是正比关系？

8. 简单介绍三种微机接口。

9. 简述投影机的主要性能指标。

10. 简单介绍几种存储卡的技术指标和使用场景。

第 3 章 图像与图像处理软件

本章首先介绍图像的基本原理,然后介绍Photoshop的基本功能,最后结合实例介绍Photoshop的高级功能。通过本章的学习,读者不仅可以了解到图像的基本知识,而且能够熟练使用Photoshop进行图像的编辑和处理。

3.1 图像的基本原理

人类感知客观世界时,有70%以上的信息是通过视觉来进行获取的。图形、动画、图像和视频是人们容易感知和理解的媒体,具有比文字更直观的特点,是文字所不可比拟的,正如常言所说的"一幅画胜过千言万语"。

为了进一步了解图像,我们首先来认识图形和图像的区别。

图形,是对客观实体的模型化,是对客观实体的局部特性的描述。比如,看到一个排球,用笔在纸张上画出一个排球的基本轮廓,这就是图形,如图3-1所示。图形处理技术,是利用计算机进行图形的生成、处理、渲染和显示的技术。

图像,则是对客观实体的真实再现,反映的是客观实体的整体特性。比如,用照相机拍摄了一张排球的照片,这张照片称为图像,如图3-2所示。图像处理技术,是将客观世界中的实体进行数字化以后,在计算机里用数学的方法对数字化图像进行处理。

图 3-1　图形实例

图 3-2　图像实例

随着计算机技术的发展，图形处理技术和图像处理技术日益接近和融合。利用真实感渲染算法，可以把计算机图形转换成逼真的图像；利用模式识别技术，可以从图像中提取几何特征，从而将图像转换为图形。

为了利用计算机进行图形和图像的处理，必须首先对图形和图像进行数字化。数字化以后的图形和图像，称为数字化图形和数字化图像。在不引起混淆的情况下，仍然简称为图形和图像。

3.1.1　图形与图像、图像的分类

从存储格式来看，图形一般存为矢量图，图像一般存为点位图。

1. 矢量图

矢量图（vector graphics）用一系列的计算机绘图指令来描述，这些指令包括定位、绘制不同的图元（包括直线段、圆弧、多边形等），以及改变颜色，进行填充等。通过在目标计算机上重新解释和执行这些绘图指令，就可以再现图形的原貌。

矢量图形适用于线画的图画、工程制图等场合。因为矢量图在存储的时候只需要保存绘图的指令，所以矢量图的文件一般占用很少的空间。矢量图一般也称为图形，或者说图形一般采用矢量图的存储方式。

2. 位图（点位图）

点位图（bitmap image）利用平面上具有不同颜色的一系列点（点的方阵）构成一幅图像。换个角度说，点位图将一幅图像在平面空间上进行离散化，将图像分割成平面的一系列点（点的方阵），每个点称为像素（pixel），每个像素具有不同的颜色。点位图一般也称为图像，或者说，图像一般用点位图的存储方式。在车站、广场等场所，大型的广告牌就是利用发光二极管阵列显示点位图的。

根据分辨率的要求，点位图适合于表现明暗层次和色彩丰富的细腻的图像。

为了表现图像的细节，点位图一般采用比较高的分辨率（或者大量的点）来表示图像。而为了表示丰富的颜色，每个像素必须用比较多的比特数（16bit或者24bit，甚至32bit）来表示。由此可以看出，高分辨率的彩色图像需要的存储空间是很大的。

3. 矢量图和点位图的比较

矢量图和点位图具有不同的特点，因而表现力不同，适用于不同的应用场合，并且具有各自的优点和缺点。

矢量图绘制的图形比较简单，而点位图可以表示逼真的自然场景。一幅真实世界的照片，难以用一系列的绘图指令来描述，而是采用点位图来表示。

矢量图在文件里保存的是一系列的绘图指令，占用的存储空间较小，而点位图必须根据一定的分辨率要求，为构成图像的每个像素在文件里保存其颜色信息。每个像素的颜色需要用若干比特来表示，所以点位图一般占用较多的存储空间。但是，每次显示矢量图的时候，需要重新根据绘图指令生成画面，如果画面比较复杂，重画的过程就会变慢；而对于点位图来讲，加载过程不需要重新计算和绘制，只需要把每个像素的颜色信息装载到计算机（显示卡）内存就可以了。所以无论是复杂的图像还是简单的图像，只要其分辨率和颜色空间大小相同，装载的时间就是一样的。

矢量图记录了图元的坐标信息，放大、缩小和旋转等操作本质上是利用数学方法进行处理，都不会使矢量图发生失真。点位图则容易发生失真：对点位图进行放大，容易出现严重的色块；而进行缩小，则有可能丢失很多的细节信息。

矢量图的应用侧重于绘制，也侧重于模型化，更多地用来表现人为的画面（当然，原型来自于客观世界）；而点位图则侧重于客观世界的场景的采集、处理和复制。

矢量图和点位图之间可以利用软件进行转换。把矢量图转换成点位图采用光栅化技术，而由点位图转换成矢量图则采用跟踪技术（矢量化软件）。

依据图像的色彩表现力划分，图像可以分为单色图像、灰度图像和彩色图像。

（1）单色图像。单色图像的每个像素一般用一个比特来表示，每个像素只有黑白两种颜色。

（2）灰度图像。灰度图像的每个像素只有灰度信息，没有颜色信息。当像素的R、G、B三个分量相同时，图像就由一系列介于白色和黑色之间的不同灰度的像素组成。

（3）彩色图像。彩色图像的每个像素都具有颜色信息。为了理解和把握彩色图像，需要了解颜色的相关知识。

3.1.2 颜色与颜色空间

绚丽多彩的画面，看起来赏心悦目，含有丰富的信息。不管是图形或者是图像，只要给画面上的对象赋予颜色，画面的表现力就得到加强。颜色是理解图像的基础，为了更好地进行图像的处理，必须了解颜色的基本原理。

颜色是人的眼睛感受到不同成分的、波长380～780nm的电磁波而形成的。颜色既是一个客观的量，也包含主观的感觉。颜色的形成过程大致包含如下几个步骤。

（1）从光源发出具有不同波长成分的光，到达物体的表面。

（2）物体表面吸收了一部分光线，而其余的部分被反射出来，到达人的眼睛。

（3）人的眼睛有两类视觉神经细胞，一类是对亮度敏感的杆状细胞，另一类是能够区分颜色的锥状细胞。通过这两类神经细胞的感应和神经系统的感知和处理，人就感受到某种颜色。

由此可以看出，颜色与光源、物体属性、观察者都具有紧密的联系。

基色是相互独立的颜色，任何一个基色都不能由其他的基色混合产生。根据对颜色进行的大量实验表明，颜色空间是一个三维的空间。要表示任何一种颜色，可以从空间中选取三个基色，进行一定比例的混合，产生所要的颜色。

一般选择红、绿、蓝三种颜色作为基色，其他颜色可以由这三种颜色混合产生。

3.1.3 色彩模型

色彩模型（color model）是用来标定和生成各种颜色的规则。某个色彩模型所能表示的所有色彩构成其颜色空间。在不同应用场合，人们使用的色彩模型也不一样。下面介绍几种主要的色彩模型，分别是面向显示设备的RGB模型、面向用户的HSL模型、面向打印设备的CMYK模型，以及面向电视信号传输系统的YUV模型。

1. RGB色彩模型

计算机显示器显示颜色的原理和电视机一样，都是通过不同强度的红、绿、蓝三种颜色的混合来产生某种颜色。阴极射线管发出不同强度的电子束，轰击荧光屏幕，分别发出不同强度的红光、绿光和蓝光。由于人的眼睛具有一定分辨精度，离远一些观察屏幕，红、绿、蓝三个点就好像是一个点，其颜色是不同强度的红、绿、蓝混合的效果（图3-3）。

在RGB色彩模型中，任何一种颜色（C）都可以用不同比例的R、G、B三色混合产生，即C=rR+gG+bB。式中R、G、B表示红色、绿色和蓝色，r、g、b表示混合比例。RGB混色效果如图3-4所示。

RGB色彩模型简单直观，其物理意义清楚明了，方便据此进行设备的制造和调整。

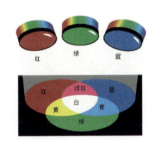

图 3-3　RGB 色彩模型原理

红	绿	蓝	颜色
0	0	0	黑
0	0	1	蓝
0	1	0	绿
0	1	1	青
1	0	0	红
1	0	1	洋红
1	1	0	黄
1	1	1	白色

图 3-4　RGB 混色效果

2. HSL色彩模型

人们在日常生活中选择颜色的时候，是不习惯通过指定红色、绿色、蓝色的比例来指定某种颜色的。画家作画时，一般是从颜料盒里选择某种色调的颜料，然后通过加水或者加入其他颜料来调整其色调、亮度、饱和度，从而得到所要的颜色。如果需要指定某个颜色，通过指定色调、亮度和饱和度，即便这个颜色还没有显示出来，仍然能够知道它应该是什么样的颜色。而指定一定强度的红色、绿色和蓝色后，其混合的效果将会是什么样，一般不容易得知。

HSL（Hue, Saturation, Lightness）色彩模型。就是以人们熟悉的色调、亮度、饱和度作为色彩的三个要素，对颜色进行标定的色彩模型。这是一个面向用户的色彩模型。HSL色彩模型可以用三维空间的一个纺锤立体图形来表示，如图3-5所示。在图中，垂直轴表示光的亮度变化，顶部表示白色，底部表示黑色，中间是介于黑色和白色之间的不同灰度级别；与垂直轴垂直的水平圆形平面上，圆周上各个点代表光谱上的不同色调，而从圆心到圆弧的不同距离则表示某个色调的不同饱和度的

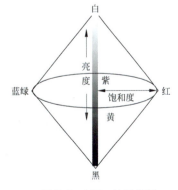

图 3-5　HSL 色彩模型

变化。当颜色在纺锤形立体图的同一个水平面上变化时，只是色调和饱和度发生变化，而亮度没有改变。不同水平面上的颜色，则有亮度的区别。通过HSL色彩模型，人们可以用直观的方式来指定某种颜色。值得指出的是，HSL色彩模型和RGB色彩模型可以相互转换。

3. CMYK色彩模型

彩色印刷或者彩色打印的纸张一般是白色的，能够反射入射的大多数光波。彩色打印的原理是，在纸张上印上某种油墨，使得纸张吸收某些光线的成分，反射其他光线的成分。这些被反射的光线的成分到达人的眼睛就形成颜色的感觉。彩色打印和显示器的成色原理是不一样的。显示器是发光的设备，采用RGB色彩模型，通过相加混色产生新的颜色。打印机使用的纸张则不是发光体，一般采用CMYK（Cyan青色、Magenta洋红、Yellow黄色、Black黑色）色彩模型（图3-6），通过相减混色产生新的颜色。相减混色的原理是在纸张上印上不同的油墨后，纸张的表面就会吸收某些成分的光线，而反射其余的光线。比如，在入射的白光中，其红色成分被吸收掉，绿色和蓝色被反射出来，混合就会产生青色的效果。

受颜料的化学特性影响，用等量的C、M、Y三色混合不能得到纯正的黑色，因此在实际应用中，一般加上一个黑色的墨盒，以便打印纯正的黑色，并节省成本。

通过对RGB色彩模型和CMYK色彩模型的了解，我们可以看出这两个色彩模型具有互补的关系。对照图3-7和图3-4，可以发现，以110方式进行RGB基色的混合，和以001方式进行CMY基色的混合效果是一样的，110和001具有互补的关系。同样，具有互补关系的编码（比如101和010，011和100，111和000等）混合的效果也都一样。

青	洋红	黄	颜色
0	0	0	白
0	0	1	黄
0	1	0	洋红
0	1	1	红
1	0	0	青
1	0	1	绿
1	1	0	蓝
1	1	1	黑

图3-6 CMYK色彩模型　　　　图3-7 CMY混色原理

4. YUV色彩模型

彩色电视技术是在黑白电视技术的基础上发展起来的。彩色电视推向市场的时候，已经有大量的黑白电视机存在。为了充分利用这些已有的电视接收终端，科研人员在信号传递系统的设计中，把彩色电视信号和黑白电视信号统一进行编码传输。黑白电视接收到信号后，只解码灰度信息，显示黑白图像；而彩色电视接收到信号后，不仅解码灰度信息（亮度信息），还解码色彩信息，还原彩色图像。一套统一的电视信号发射传输系统可以兼容黑白和彩色电视接收终端，既充分利用了遗留的黑白电视机，也节省了建设电视信号发射传输系统的费用。

实现黑白和彩色电视信号的兼容，必须依赖于特殊的编码方式，这种编码方式的基础是YUV色彩模型。在YUV色彩模型中，Y分量表示亮度，U和V分量表示色差，所谓色差是三基色信号分量和亮度信号之差。任何一种用R、G、B三个分量表达的颜色，都可以转换成用Y、U、V三个分量表达的颜色，也可以做相应的逆变换。

使用YUV色彩模型，不仅可以合并黑白、彩色电视信号，兼容黑白、彩色电视接收终端，而且具有节约传输带宽的优势。人的眼睛有两类视觉神经细胞，分别是杆状细胞和锥状细胞。杆状细胞对亮度敏感，没有颜色感觉；而锥状细胞能够分辨颜色，它对颜色的分辨能力比杆状细胞对亮度的分辨能力低。利用人的这种视觉特点，可以对色差信号进行"插值"处理，也就是在传输信号的时候，不用传输精细的色差信号，而是丢弃一部分；在目的地的信号接收端重新建立图像的时候，再利用相邻像素的色差，来拟合构造丢弃的色差信号。由于人的分辨能力有限，并不会觉察出来，因此节省了传输的带宽要求。

3.1.4 图像的主要参数

采用点位图进行表示和存储的图像，其主要参数有两个：分辨率和颜色深度。

1. 分辨率

图像的分辨率，指的是图像的真正尺寸，一般用横向的像素数量乘以纵向的像素数量来表示。比如，分辨率是1920×1080，表示图像的尺寸是横向有1920像素宽，纵向有1080像素高，总的像素数量是1920×1080（2 073 600像素）。

我们平时还经常接触到另外一种分辨率，即屏幕分辨率。屏幕分辨率指的是屏幕范围内显示区域的大小，用横向的像素数量乘以纵向的像素数量表示，如1024×768、1920×1080、3840×2160等。当屏幕分辨率小于图像分辨率的时候，只能观察到图像的局部,或者通过缩小图像才可以看到全貌。当屏幕分辨率大于图像分辨率的时候,就可以在屏幕上轻松地观察到整个图像,甚至可以放大图像再进行观察。

由此可以看出,图像的分辨率是图像的固有属性,而屏幕分辨率体现的是显示设备的显示能力。当利用屏幕对图像进行观察的时候,两者的大小关系会影响对图像全貌的观察,但是并不影响图像本身。

2. 颜色深度

图像的颜色深度指的是图像的每个像素用多少个比特来表示。表示每个像素的比特数越多,每个像素所具有的颜色的可能值就越多,其关系如表3-1所示。

表3-1 颜色深度与颜色数量关系表

颜色深度	颜色数量
1bit	2^1=2 种颜色,一般是黑和白
4bit	2^4=16 种颜色,VGA 显示器一般只支持 16 种颜色
8bit	2^8=256 种颜色,一般配合调色板技术显示颜色,同一时间屏幕上只能显示 256 种颜色
24bit	2^{24}=16.7M 种颜色,分别用 3 字节(每字节 8bit)分别表示 R、G、B 分量,总的颜色数量超过了人的眼睛分辨的能力,一般称为真彩色
32bit	同 24bit 颜色深度表示的颜色数量是一样的,分别用 3 字节(每字节 8bit)分别表示 R、G、B 分量,另外 1 字节(8bit)表示透明度

3. 图像的色彩类型

阴极射线管显示器通过3个电子束轰击荧光屏幕,生成不同强度的红色、绿色和蓝色荧光发光点。这三个发光点靠得很近,我们看到的效果就是混合以后的颜色。这是根据RGB色彩模型生成的颜色。

根据颜色深度的不同,生成色彩的类型可以分为以下两类。

(1)真彩色:图像中的每个像素分解成R、G、B三个分量,分别用若干二进制位(一般是1字节8bit)来表示,每个分量直接决定电子束的强度,也就是决定其基色的强度。比如,分别用8bit表示R、G、B分量,那么表示一个像素就需要24bit,图像的颜色数量可以达到2^{24}种。如果R、G、B三个分量分别用5bit来表示,那么图像的颜色数量可以达到2^{15}种。

(2)调色板:当使用8个比特表示一个像素的时候,可以表示2^8=256种颜色。显示颜色的时候需要查找一张表,这张表称为调色板。调色板有256个入口,每个入口存储一个颜色的R、G、B(分别是8bit)分量。通过对应像素的8bit,可以找到调色板的某个入口,取出某个颜色的R、G、B三个分量,然后用这三个分量控制RGB基色的强度，合成某个颜色。

真彩色和调色板的区别如图3-8所示。

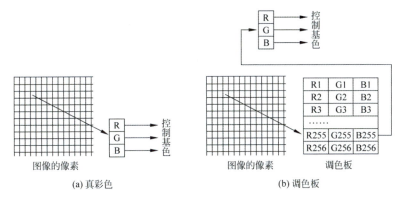

图 3-8　真彩色和调色板的区别

3.1.5　图像的处理过程

图像的处理过程，主要涉及图像的采集、表示、处理和显示等几个环节。

（1）图像的采集。图像的采集就是图像的数字化过程。数字化涉及成像和A/D转换等技术，其中成像技术需要光电耦合器件（CCD）的支持才能完成，CCD的功能是把来自物体的光线的强弱转换成电信号的强弱，与采集声音的时候，需要使用麦克风把声波的强弱转化成电压的强弱类似。在采集图像的过程中，CCD部件是最关键的设备。近年来，数字照相机、数字摄像机技术发展迅猛，其性能的好坏主要取决于CCD的规格和尺寸，这是评价数字照相机和数字摄像机最重要的指标。对于已有的照片，需要借助扫描仪进行数字化。

（2）图像的表示。图像的表示，是针对采样后的每个像素，用若干个比特来表示其颜色信息。这些比特进行适当的编码，然后保存起来。

（3）图像的处理。图像处理包括图像的转换、图像的基本处理和图像的分析理解。图像的转换主要是对图像进行格式的转换。图像的基本处理包括对图像进行几何处理，进行代数处理，进行积分运算，进行压缩，几何校正，以及对颜色信息进行调整等。图像的分析理解则侧重于对图像进行检测、特征提取，对图像进行模式识别，以及进行三维建模等。

（4）图像的显示。图像的显示是通过适当的设备（比如屏幕、打印机），把图像由内在的存储形式，转换成人们容易观察、理解和使用的形式。目前，图像的显示一般通过显示设备来进行。我们也可以用打印机将图像打印出来以供查看。

3.1.6 图像数据量的计算

在平面空间上对客观的场景进行横向和纵向的离散化以后，形成数字化图像，存储为具有一定分辨率和颜色深度的图像文件。对于没有经过任何压缩的图像，可以根据其分辨率和颜色深度，计算其占用的存储空间大小。计算图像数据量的公式为：

$$图像数据量（单位是Byte）=图像的横向分辨率×图像的纵向分辨率×图像的颜色深度/8$$

比如，分辨率是800×600的真彩色图像，其数据量在没有压缩之前，计算如下：

$$数据量=800×600×24/8=1\,440\,000(Byte)$$

3.1.7 主要的图像文件格式

随着图像技术的发展，图像在不同的领域得到了广泛的应用，也衍生了不同的图像文件格式。几乎每种图像文件都采用简化的名字作为扩展名，通过扩展名可以知道图像是以什么格式进行存储的。

在了解具体的格式之前，我们首先来考察一下，在图像文件当中，需要存储什么信息才能从文件中正确地回放该图像。首先必须保存图像的描述信息（元数据），包括图像的分辨率和图像的颜色深度信息（如果图像使用调色板，必须保存调色板到文件中）；另外需要在文件中保存图像数据本身，也就是每个像素的颜色信息。

1. BMP文件格式

BMP是Bitmap的缩写。BMP是广泛应用的位图文件格式，是Windows操作系统下的标准图像文件格式。该文件完整保存图像数据，没有采用任何压缩方法，所以文件一般比较大。在需要保留原始图像的场合，采用BMP格式是最好的选择，因为图像不会产生失真。

2. PSD文件格式

PSD是Adobe公司的图像处理软件Photoshop专用的图像文件格式。除了基本的图像信息之外，文件里面还存放图层、通道、蒙版等信息，方便对图像进行处理。

3. JPEG文件格式

JPEG是一种高效的压缩文件格式，压缩比可以达到1:5~1:50。但是，JPEG采用的压缩算法是"有损压缩"，也就是图像经过压缩以后，其信息有一部分丢失了，恢复不回来。当选择较高的压缩比时，失真更为严重。根据不同的应用场合，可以选择不同的压缩比。比如，在网页上显示图片，在保证图像质量的前提下，应该尽量使用高压缩比，这样文件就可以很容易地从网络上下载。JPEG是互联网上最流行的图像文件格式之一。JPEG的新版本JPEG 2000采用新的编码方法（基于小波变换），可以针对图像不同区域的重要程度采用不同的压缩比率。JPEG 2000支持渐进显示方式，也就是可以先显示图像的轮廓，如果需要继续查看，则需要等待浏览器进行图像细节的下载；否则可以停止等待并转到其他网页上，从而节省了下载高分辨率的图像需要的时间。

4. GIF文件格式

GIF是网页上常用的图像文件格式。GIF有两个版本，一个是1987年版本，一个是1989年版本，新版本是对老版本的扩充。GIF文件采用无损压缩技术进行存储，不会丢失信息，同时减少图像占用的存储空间。GIF文件有一个特性，可以指定透明色，通过透明色可以看到该图像下面的网页信息。网页上很多不规则的广告图片，采用的正是GIF文件格式。1989年版的GIF文件格式通过在一个文件中保留多幅图像，让这些图像按照一定的速率顺序播放，形成动画的效果。

5. PNG文件格式

PNG文件格式是新兴的网络图像文件格式，结合了GIF和JPEG两种图像格式的优点。PNG文件格式采用"无损压缩"方法来缩小文件，可以通过渐进的方式来显示图像，也就是只需下载文件的1/64的信息就可以显示低分辨率的图像。PNG文件格式目前不支持动画，这是其主要的缺点。

6. TIFF文件格式

TIFF文件格式由Aldus和微软公司开发，最初是为满足跨平台文件交换的需要而设计的。这个图像文件格式的特点是格式复杂、存储的信息多，图像的质量高，有利于保留原稿。TIFF支持RGB和CMYK等色彩模型，还提供了很多高级功能，包括透明度、多个图层和不同的压缩模式等。

7. TGA文件格式

TGA文件是Truevision公司开发的图像文件格式，获得广泛应用。TGA文件格式结构简单，适用于图形和图像的保存，是一种通用的图像文件格式。

8. PCX文件格式

PCX文件格式是Z Soft公司在开发Paint Brush图像处理软件的时候开发的一种文件格式，采用了行程编码方法。对于规则图像，其占用的存储空间较少。但是由于行程编码的固有局限，当用PCX文件格式保存细节很复杂的自然图像的时候，其压缩效果并不好，目前该格式已很少使用。

9. DXF文件格式

DXF文件格式是AutoCAD设计软件的矢量文件格式，以ASCII编码方式进行存储，方便进行文件的交换。因为AutoCAD是行业的事实标准，所以其文件格式也得到了广泛的支持，很多软件都支持DXF文件的输入和输出功能。

10. WMF文件格式

WMF文件格式是Windows系统中使用的矢量文件格式。WMF文件占用的空间小，图案由各个独立的部分构成。Word软件里面的剪贴画，就是用WMF格式进行存储的。在Word里面插入剪贴画的时候，可以进行任意的放大和缩小以及旋转等操作，而不影响其显示的质量，这就是矢量图的优点。

11. SVG文件格式

SVG（scalable vector graphic，可缩放矢量图形）文件格式是W3C联盟开发的基于XML的图像文件格式，是一个开放的标准SVG文件，下载到浏览器以后，须由浏览器进行解释和重新生成。SVG图像文件一般很小，很容易下载，一般用于在网页上显示图形，如各类统计图形。

3.2 图像处理软件Photoshop概述

Photoshop是图像处理领域最负盛名的软件，如图3-9所示。新版本的Photoshop命名为Photoshop CC，CC的意思是Creative Cloud（创意云）。正如其名，Photoshop CC给设计师提供了强大的功能，发挥设计师的无限创意。

简单来说，Photoshop的主要功能包括：

- 支持多种图像文件格式；
- 支持多种色彩模式；
- 强大的图像处理功能；
- 开放式的体系结构，支持其他处理软件和多种图像输入输出设备；
- 提供灵活的图像选区选定功能；
- 可以对图像的颜色进行灵活调整，可以对色调、饱和度、亮度、对比度单独进行调整；

图 3-9　Photoshop 启动画面

- 提供自由的手工绘画功能；
- 完善了图层、通道、蒙版、路径等传统的功能；
- 滤镜功能得到增强，可以制作很多匪夷所思的图像效果。

除了以上提到的主要功能之外，Photoshop CC还提供了很多方便用户进行图像浏览和编辑的小功能，用户可以在使用中不断熟悉。

Photoshop CC目前广泛应用于平面设计和数码照片的后期处理。借助于Photoshop CC的强大图像处理能力，普通的用户也能够把自己的奇思妙想在计算机里实现出来。

3.2.1　基本界面

Photoshop的主界面由如下几部分构成，如图3-10所示。

- 标题栏：显示文件的基本信息，包括文件名、显示比例以及色彩模式等。
- 菜单栏：通过菜单可以执行所有的Photoshop命令，实现图像处理功能。
- 编辑窗口：显示图像，是进行图像处理的工作界面。
- 工具箱：集中了Photoshop的常用功能。通过工具箱可以快速选择某项功能，进行图像的处理。
- 工具属性栏：大多数工具都有其属性栏。当选择工具箱中的某个工具的时候，工具属性栏自动显示出来，方便进行参数的设定。比如，选择画笔工具后，可以在工具属性栏中设置画笔的形状、流量、透明度等参数。
- 浮动面板：Photoshop提供了15种浮动面板，根据需要可以对面板分组。面板的功能是使用户对图像的某个方面（图层、颜色、通道、路径等）进行全局的观察和操作。

- 状态栏：显示图像处理的状态，显示目前打开的文件的信息、当前工具的信息，以及一些操作方面的提示等。

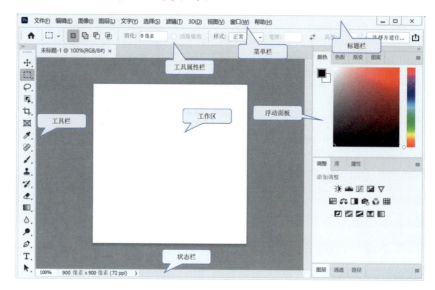

图 3-10 Photoshop 的主界面

3.2.2 Photoshop工具介绍

工具箱一般默认与整个Photoshop软件系统一起打开，是进行图像操作处理的基础（也可以通过菜单进行操作，但是没有这么方便）。在本节中，我们将通过一系列的实例，了解每种工具的主要功能，为后续的高级功能的学习打下基础。

要对图像进行处理，必须明确要处理的图像区域，即指定图像区域或者选区。这些功能可以由Photoshop工具箱的基本工具，包括选框工具、套索工具和魔棒工具实现。

1. 选框工具

选框工具包括矩形选框工具、椭圆选框工具、单行选框工具、单列选框工具等工具，如图3-11所示。矩形选框工具和椭圆选框工具用于在当前图层中选择矩形的区域和椭圆区域。而单行选框和单列选框工具分别用于在被编辑的图像或者当前图层中选取1个像素宽的横向区域或者纵向区域。为了得到正方形的选区或正圆形的选区，应当在选择的时候按住Shift键进行选择。如果按住Alt键选择椭圆形选框，就表示从圆心开始选择椭圆形。

选框工具的工具属性栏如图3-12所示。

图 3-11 选框工具

图 3-12　选框工具的工具属性栏

通过工具属性栏，可以设置选择方式、羽化参数、样式参数。

- 选择方式：选择方式有四种，分别是新建选区方式、向当前选区添加选区方式（并运算）、从当前选区减去选区方式（差运算）、与现有选区取交集方式（交运算）。当需要建立比较复杂的选区的时候，可以通过若干个简单选区的并、交、差运算来实现。
- 羽化参数：建立选区和选区周围的过渡转换边界，把边界模糊化，以免边界太锐利，画面效果不好。通过例3-1可以看到相应的效果。
- 样式参数："正常"方式表示通过拖动鼠标来指定选区；"固定长宽比"设置高度与宽度的比例；"固定大小"方式通过指定选框的高度值和宽度值来指定选框的大小。

例3-1：使用选框工具。

（1）执行菜单"文件"→"打开"命令，打开如图3-13所示的图像。

（2）在工具箱中选择椭圆选框工具，设置羽化参数为20。

（3）在当前画面中选择一个椭圆的区域，如图3-14所示。

图 3-13　原图　　　　图 3-14　一个选区

（4）在工具属性栏中，设置选择方式为"向当前选区添加选区"，在已有选区的旁边选择另外一个椭圆的区域，如图3-15所示。

（5）执行菜单"选择"→"反转"命令，这时候选区成为刚才选取的区域以外的部分。

（6）按Delete键删除当前选区的内容，得到如图3-16所示的效果。

图 3-15 两个选区的并集

图 3-16 效果图

2. 套索工具

套索工具包括套索工具、多边形套索工具和磁性套索工具等。

- 套索工具：用来选择极其不规则的形状，因此一般用于选择外形复杂、毫无规则的图形区域。使用鼠标拖动形成选区即可。
- 多边形套索工具：用来选择不规则的多边形。一般用于选择复杂的、棱角分明的、边缘为直线的图形对象。
- 磁性套索工具：磁性套索工具是一个功能强大的选区选择工具，用于选择与背景颜色反差较大的对象，比如，把一个人从景物中选择出来。用户可以将鼠标的指针移至所要选择的区域的边缘附近，沿着边沿移动鼠标，边缘选择曲线自动吸附在不同色彩的分界线上。最后可以通过双击鼠标左键来完成选区的选取工作。

如图3-17所示是磁性套索工具的属性栏。"消除锯齿"的目的是消除选区边缘的锯齿，使边界变得柔和。"宽度"用于指定检测范围，磁性套索工具将在这个范围内选择反差较大的边缘。"对比度"表示磁性套索工具对图像边界不同对比值的反应。"频率"指的是增加边缘线条的节点的速度。

图 3-17 磁性套索工具的工具属性栏

例3-2：使用磁性套索。

（1）打开一张花朵图片，用磁性套索工具选择其中的一朵花，如图3-18所示。

（2）按Ctrl+C组合键复制选区的图片。

（3）打开另外一张背景图片，然后按Ctrl+V组合键进行粘贴，如图3-19所示。

图 3-18 花朵　　　　　图 3-19 效果图

通过上述操作，可以把原图片中比较突出的对象选择出来，并且粘贴到目标图像上。

通过这个实例，我们看到磁性套索工具在图像区域的选择上具有强大的功能，能够自动寻找反差最大的边缘线，帮助用户把感兴趣的对象抠出来。这个技术可以用在不同照片的合成上，比如让你自己和某个历史名人进行合影。

3. 魔棒工具

魔棒工具是一个神奇的工具，可以用来选择具有相近颜色的连续和不连续的区域。图3-20是魔棒工具的工具属性栏。

图 3-20 魔棒工具的工具属性栏

魔棒工具的"选择方式"和选框工具的"选择方式"是一样的。"容差"表示利用魔棒工具可以选择的颜色的范围。容差越大，表示可以选择的颜色范围越宽；容差越小，就只能选择和某个颜色比较接近的颜色区域。如果选中"连续的"选项框，就表示只选择相邻的连通的区域，否则可以选择不连通的区域。"消除锯齿"和"所有图层"的含义不言自明。

例3-3：使用魔棒工具。

（1）执行菜单"文件"→"打开"命令，打开如图3-21所示的图像；

（2）利用魔棒工具把背景选择出来，可以通过调整容差的值（重新选择），使得选择的区域符合要求，如图3-21所示；

（3）执行菜单"选择"→"反转"命令，这时选区成为刚才选取的区域以外的部分，也就是想要的图像对象，如图3-22所示。

（4）抓取的图像区域可以复制到其他的文件当中，进行图像的合成。

图 3-21 原图　　　　　　　　图 3-22 效果图

通过这个实例，我们发现，要选择一个不规则的，与周围反差比较大的图像区域，有两个策略：如果图像区域的背景比较复杂，就可以使用磁性套索进行选取；如果图像区域的背景颜色比较接近，就可以像例3-3一样使用魔棒工具选择背景，然后通过选区的反转选择所需要的区域。

4. 移动工具

移动工具可以将当前图层中的整幅图像或者选定的区域移动到指定的位置。移动工具的工具属性栏如图3-23所示。

图 3-23 移动工具的工具属性栏

在工具属性栏中，"自动选择图层"表示选择离鼠标最近的图层。"显示变换控件"表示对选择的图层进行放大、缩小、旋转等变换；工具属性栏的右边是一系列排列和分布按钮，用来对多个图层或者选择区域进行排列、对齐和等距离分布等操作。

5. 裁切（裁剪）工具

裁切工具可以从图层中裁剪下所需要的区域。使用裁切工具选定图像的区域以后，在选区的边缘会出现8个控制点，可以通过鼠标拖动控制点改变选区大小。也可以旋转选区，操作方式是把鼠标光标移动到四角控制点之外半厘米处，当鼠标光标变成拐弯的双向箭头时，就可以进行选区旋转。选区确定以后，双击选区即可进行最后的裁剪。

裁切工具的工具属性栏如图3-24所示。

图 3-24 裁切工具的工具属性栏

"比例"用于设定长宽比例，"宽度"和"高度"用来设定选区的宽度和高度。"清除"表示清除已有的设定。

例3-4：使用裁切工具。

（1）打开图像文件，如图3-25所示。

（2）使用裁切工具选择感兴趣的区域，可以对裁剪区域进行旋转，如图3-26所示。

（3）双击裁剪区域，得到裁剪以后的图片，如图3-27所示。

图 3-25　原图　　　　　图 3-26　裁剪区域　　　　图 3-27　裁剪效果

6. 切片工具

切片工具包括切片工具和切片选取工具。

切片工具用于对图像进行切片，切片选取工具用于对切片大小进行调整，或者改变切片的位置。对图像进行切片的目的是把一张大的图片切割成一系列的小图像，在网页上显示的时候，每个切片的显示速度就得到提高。还可以给不同的切片设置不同的超级链接，把不同的切片连接到不同的网页，实现图像的"热点"区域功能。

例3-5：使用切片工具。

（1）打开图像文件。

（2）使用切片工具设置两个切片，如图3-28所示。

（3）使用切片选取工具，双击左上角的切片，打开"切片选项"对话框，如图3-29所示。

（4）在"切片选项"对话框中设置目标网页的地址，也就是在URL文本框中输入一个网络地址，比如http://www.ruc.edu.cn。

（5）完成切片设置以后，执行"文件"→"导出"→"存储为Web所用格式"命令，输入文件名保存。单击"存储…"按钮后，在对话框中指定格式为"HTML和图像"。

图 3-28　切片　　　　　　　　图 3-29　"切片选项"对话框

保存完毕，在目标文件夹里面有一个网页文件和一个images文件夹，images文件夹里面保存的就是原来图像的不同的切片。打开该网页，可以通过单击"热点"区域打开超级链接到达目标网页（http://www.ruc.edu.cn，即中国人民大学主页）。

7. 修复画笔工具

修复画笔工具包括污点修复画笔工具、修复画笔工具、修补工具和红眼工具等，如图3-30所示。污点修复画笔工具用于把图像中一些孤立的斑点利用周围的颜色来覆盖而消除掉；修复画笔工具可以轻松地消除图像中的划痕、脏点、褶皱等，同时保留图像的纹理效果。修补工具可以把一块图像区域复制到目标区域，并且这块区域的边缘和周围的图像能够很好地进行融合。红眼工具用于消除数码相片中的红眼问题。传统的数码相机在阴暗的场合对人物进行拍照的时候，打开闪光灯，一般会产生红眼的现象，而使用红眼工具可以很容易地消除红眼。

图 3-30　修复画笔工具

使用污点修复画笔工具时，首先按住Alt键，选择一个希望以其区域图像来涂抹的范围，然后松开按键，接着在目标区域进行涂抹即可。图3-31中的人物嘴角有一颗痣，图3-32为经过污点修复画笔工具的处理以后，这颗痣去掉了，脸部得到了美化。

使用修补工具的时候，首先选择一个区域，然后把该区域拖动到目标图像的区域。根据工具属性栏上用户的选择，可以改变目标区域，也可以改变源区域。修补工具的工具属性栏如图3-33所示。"源"表示用目标改变源选择区域，"目标"表示用源区域改变目标区域。所谓目标区域，就是选定修补区域以后，鼠标拖动到的目标位置。而"透明"选项表示是进行透明混合还是完全覆盖。

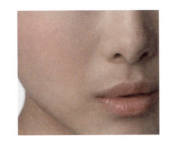

图 3-31　原图　　　　　　图 3-32　污点修复画笔工具的效果

图 3-33　修补工具的工具属性栏

例3-6：使用修补工具。

（1）打开图像文件。

（2）使用修补工具，拖动鼠标，选择修补的源区域，如图3-34所示。

（3）把源区域拖动到目标区域（需要被覆盖掉的区域），注意在操作的过程中，一定要进行纹理对齐，修补的效果如图3-35所示。

图 3-34　原图以及修补用的选区　　　　图 3-35　修补工具的效果

通过上述实例可以看到，修补工具类似于日常生活当中找一块颜色相近的布来补已经破掉的衣服。

8. 画笔工具

画笔工具包括画笔工具、铅笔工具和颜色替换工具等，如图3-36所示。

图 3-36　画笔工具

画笔工具可以绘制出比较柔和的笔触，类似于日常生活中使用毛笔的效果；

而铅笔工具则用于绘制比较硬的线条，两者的笔触颜色都是当前的前景色。两者的属性工具栏的选项很类似。下面来了解画笔工具的工具属性栏，如图3-37所示。

图 3-37　画笔工具的工具属性栏

"画笔"下拉列表框用于选择画笔的大小和线条的柔和度。"模式"选项用于选择混合的模式。"不透明度"可以设置不同的透明度，使得画笔下面的图像可以透过画笔显示出来。"流量"指定画笔的深浅程度，模仿使用毛笔的时候，是否蘸满墨水。如果需要绘制直线段，在绘制的时候按住Shift键就可以了。

颜色替换工具用当前的前景色替换画笔绘制的区域。用户可以用该功能来改变图像某个区域的颜色，如，把一个人的衣服从红色变成绿色。在操作之前应利用前面介绍的选区工具选择所感兴趣的选区再进行操作，以避免破坏图像的不相关区域。

9. 图章工具

图章工具包括仿制图章工具和图案图章工具，如图3-38所示。

图 3-38　图章工具

仿制图章工具把图像上采集的样本应用到本图像或者其他图像上。操作的时候，首先选择合适的画笔，按住Alt键选择一个区域（称为采样），然后在目标图像区域内涂抹即可。

仿制图章工具的属性栏如图3-39所示。"画笔"选择框用于选择画笔的宽度和画笔的类型；"模式"用于选择不同的混合模式；"不透明度"用于设置透明度；"流量"用于控制墨水流量；"对齐"用于控制复制的时候是否使用对齐功能。图3-40是使用仿制图章工具对图像进行操作以后的效果。

图3-39　仿制图章工具的工具属性栏

图案图章工具可以用于绘制各种图案，可以从图案库中选择图案，也可以定制。其属性栏的选项和仿制图章工具的属性栏类似，但是多了一个选择图案的下拉列表框。下面通过实例来了解如何使用图案图章工具。

例3-7：使用图案图章工具。

（1）新建文件pattern-1.psd，把图像的大小定为128×128像素，如图3-41所示。

（2）使用画笔工具，进行绘制。在绘制之前，先进行画笔大小和画笔类型的选择，在本例中选择使用如图3-42所示的画笔类型，并设定合适的画笔大小。主要的画笔类型包括常规画笔、干介质画笔、湿介质画笔、特殊效果画笔等。

图 3-40　仿制图章工具的效果

（3）执行菜单"选择"→"全选"命令，把整幅图像全部选中。

（4）执行菜单"编辑"→"定义图案"命令，弹出"图案名称"对话框，输入图案的名称。

（5）新建一个文件，选择图案图章工具，设置图案图章工具的属性，设置"画笔"大小为300。

（6）按住鼠标在当前图像上进行涂抹，直到得到如图3-43所示的效果。

10. 历史画笔工具

历史画笔工具包括历史记录画笔工具和历史记录艺术画笔工具，如图3-44所示。

历史记录画笔工具和历史记录艺术画笔工具都必须和"历史记录面板"配合使用，"历史记录面板"可以通过"窗口"→"历史记录"命令来打开。

图 3-41　新建图案文件

在Photoshop中，利用Undo只能做上次动作的反悔。使用历史记录面板结合历史记录画笔工具，可以返回的历史状态为20步（这个参数可以进行定制）。

使用历史记录画笔工具进行操作的基本步骤如下：

图 3-42　绘制图案的画笔类型

图 3-43　图案图章工具的效果

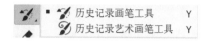

图 3-44　历史画笔工具

（1）选择历史记录画笔工具。

（2）设置历史记录画笔工具的属性，包括不透明度、混合模式、画笔的选项。

（3）在历史记录面板内，选择历史状态（或者快照），用作历史记录画笔工具的源。历史记录面板列表框的左边会出现一个历史记录画笔的图标。

（4）拖动历史记录画笔工具进行绘画就可以了。

历史记录艺术画笔工具用于创作具有油画质感的图像。历史记录艺术画笔工具也用指定的历史记录状态或者快照作为源数据。图3-45（a）是原图，图3-45（b）是对原图使用历史记录艺术画笔工具处理以后的效果。

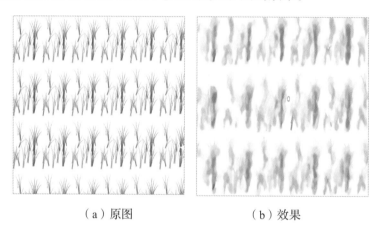

（a）原图　　　　　　　　（b）效果

图 3-45　历史记录艺术画笔工具效果

11. 橡皮擦工具

橡皮擦工具包括橡皮擦工具、背景橡皮擦工具和魔术橡皮擦工具。

橡皮擦工具用于擦除图像的不同区域。当它在背景图层中或者在被锁定的透明图层中工作的时候，被涂抹的区域更改为背景色，否则被涂抹成透明。橡皮擦工具的工具属性栏如图3-46所示。"画笔"用于选择橡皮擦的形状和大小，"模式"用于选择擦除的笔触方式，"不透明度"用于设置透明度，"流量"用于设置画笔的油墨流动速率，"抹到历史记录"用于使用历史记录面板中确定的图像状态来擦除图像。

图 3-46　橡皮擦工具的工具属性栏

背景橡皮擦工具采集画笔中心的像素颜色，并且删除在画笔内的任何位置出现的该颜色，利用该功能可以制作特殊的效果，比如透过一根圆筒看物体。背景橡皮擦工具的工具属性栏如图3-47所示。"画笔"用于选择橡皮的大小和形状；"限制"用于选择擦除的界限，包括不连续擦除、连续擦除、寻边擦除；"容差"用于设置容差值；"保护前景色"表示不允许抹掉前景颜色；"取样"表示抹除颜色的方法，包括连续、一次和背景色板等。

图 3-47 背景橡皮擦工具的工具属性栏

魔术橡皮擦工具自动更改相似的像素，可以很方便地擦除选定的图像。如果是在背景图层中或者锁定的透明图层中工作，像素会被改为背景色，否则被透明化处理。魔术橡皮擦工具的属性栏如图3-48所示。"容差"用于设置容差值，"消除锯齿"用于平滑边界，"连续"表示选择连续区域，"对所有图层取样"表示作用于所有图层，"不透明度"用于设置透明度。

图 3-48 魔术橡皮擦工具的工具属性栏

例3-8：使用魔术橡皮擦工具。

（1）打开文件，如图3-49所示。

（2）使用魔术橡皮擦工具在不需要的背景上用鼠标单击一下，一些不需要的图像区域被擦除，如图3-50所示。

图 3-49 原来的图片　　　　　　图 3-50 使用魔术橡皮擦工具的效果

通过使用魔术橡皮擦工具，我们发现这个工具和魔棒工具的相同之处为，可以利用容差值，选择颜色相近的图像区域，形成选区进行后续操作。不同点在于，魔棒工具仅仅选择选区，而魔术橡皮擦工具则在选择选区的基础上进行删除。

12. 填充工具

填充工具包括渐变工具和油漆桶工具等，如图3-51所示。

图 3-51 填充工具

渐变工具用于在整幅图像上或者选区里面填充从一种颜色到另外一种颜色的渐变颜色。渐变工具的工具属性栏如图3-52所示。"模式"用于选择渐变色的混合模式，"不透明度"用于设置透明度，"反向"用于反转颜色顺序，"仿色"用于使颜色渐变更加平滑，"透明区域"用于产生透明区域。▭▭▭▭▭等按钮用于选择不同类型的渐变，分别是线性渐变、径向渐变、角度渐变、对称渐变和菱形渐变。

图 3-52 渐变工具的工具属性栏

油漆桶工具使用前景色或者图案进行填充，填充的区域可以事先指定，并且通过指定油漆桶工具属性栏的容差选项来进一步设定该工具操作的范围。油漆桶工具的工具属性栏如图3-53所示。

图 3-53 油漆桶工具的工具属性栏

"模式"用于选择着色的模式；"不透明度"用于设置透明度；"容差"设定色差的范围，容差越小，填充的区域越小；"消除锯齿"进行边缘的平滑；"连续的"表示填充方式是连续的区域；"所有图层"表示作用到所有可见的图层。

例3-9：使用渐变工具。

（1）新建文件。

（2）选定圆形的区域，用渐变工具进行填充。在该圆的内部再画一个小圆，小圆里面又画一个更小的圆，三者使用的都是径向渐变，而方向是相反的，如图3-54所示。请参考前文，回顾如何通过指定圆心和半径来选择圆形的区域。

（3）该图可以用作音箱的喇叭，进而绘制一套完整的音响。

例3-9显示，渐变工具可以用来制作一些简单而具有一定表现力的图形元素。

13. 调焦工具

调焦工具包括模糊工具、锐化工具和涂抹工具，如图3-55所示。

图 3-54 渐变填充的效果

图 3-55 调焦工具

模糊工具通过笔刷把图像变模糊。在数学上，模糊是一种邻域运算，原理是参考周围像素的对比度，将边缘柔化，使图像变得柔和。模糊工具的工具属性栏如图3-56所示。"画笔"用于选择画笔的形状和大小，"模式"用于设定不同的模糊模式，"强度"用于指定画笔的压力，"对所有图层取样"表示模糊工具是否对所有可见的图层起作用。

图 3-56 模糊工具的工具属性栏

锐化工具可以用来增加相邻像素的对比度，将边缘凸显出来，使图像具有类似聚焦的效果。锐化工具的功能和模糊工具正好相反，但是模糊处理以后的图像不能通过锐化操作恢复回来，锐化处理以后的图像也不能够通过模糊操作恢复回来，因为这两个操作都是有损伤的操作。图3-57和图3-58分别是对图3-49施加模糊和锐化操作以后的效果。

图 3-57 图 3-49 模糊以后的效果

图 3-58 图 3-49 锐化以后的效果

涂抹工具的效果类似于用笔刷在油墨还没有干的图画上擦过，笔触周围的像素会跟着流动。涂抹工具的工具属性栏和模糊工具的属性栏是类似的，但多了一个手指绘画选项，用于指定是否按照前景色进行涂抹。如果按照前景色进行涂抹，其效果就类似于用某种颜色（前景色）在墨迹未干的图像上进行涂抹的效果。图3-60是对图3-59进行涂抹操作以后的效果。

图 3-59　原图　　　　　　　　　图 3-60　涂抹以后的效果

14. 色彩微调工具

色彩微调工具包括减淡工具、加深工具和海绵工具，如图3-61所示。

图 3-61　色彩微调工具

减淡工具也称为加亮工具，作用是对图像进行加光处理，可以用于处理曝光不足的照片。减淡工具的工具属性栏如图3-62所示。"画笔"用于选择画笔的形状和大小，"范围"用于指定图像中需要提高亮度的区域，其中的"中间调"选项表示要提高中等灰度区域的亮度，"暗调"选项表示要提高阴影区域的亮度，"亮调"选项表示要提高高亮区域的亮度。这些范围选项可以帮助进行区域的选择，手工选择则没有这么方便，也很容易出错。"曝光度"用于指定曝光的强度，建议使用的时候首先设置一个较小的数值，然后逐渐调整，观察效果，直到满意为止。图3-64、图3-65和图3-66分别是对图3-63的暗调、中间调和高亮区域进行减淡操作以后的效果。

图 3-62　减淡工具的工具属性栏

图 3-63 原图

图 3-64 暗调部分减淡处理的效果

图 3-65 中间调部分减淡处理的效果

图 3-66 高亮部分减淡处理的效果

加深工具，也可以称为减暗工具，其原理和减淡工具正好相反，主要功能是对图像进行变暗以加深图像的颜色。其工具属性栏和减淡工具是类似的。图3-67、图3-68和图3-69分别是对图3-63进行加深处理以后的效果。

图 3-67 暗调部分加深处理的效果

图 3-68 中间调部分加深处理的效果

图 3-69 高亮部分加深处理的效果

海绵工具的主要作用是调整颜色的饱和度，也就是颜色的浓淡。其工具属性栏如图3-70所示。"画笔"用于选择画笔的大小和形状；"模式"用于指定进行饱和度处理的模式，其中的"加色"表示对颜色进行饱和化处理，"去色"表示对颜色进行非饱和化处理；"流量"用于指定油墨的速度。图3-72和图3-73分别是对图3-71进行去色和加色处理以后的效果。

图 3-70　海绵工具的工具属性栏

图 3-71　原图　　　　　　图 3-72　去色效果　　　　　　图 3-73　加色效果

15. 文字工具

在Photoshop里面输入文字以后，系统会自动增加一个文字图层。这时候文字还是矢量文字，可以随时对文字进行编辑和处理。文字工具包括横排文字工具、直排文字工具、直排文字蒙版工具以及横排文字蒙版工具，如图3-74所示。

图 3-74　文字工具

横排文字工具和直排文字工具都可以进行文字的输入，其区别只是文字排列的方向不一样，而横排文字蒙版工具和直排文字蒙版工具的作用是添加文字，然后把文字转化成蒙版或者选区。文字工具的工具属性栏如图3-75所示。

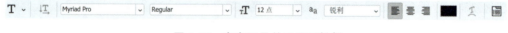

图 3-75　文字工具的工具属性栏

通过属性栏可以指定文字的"字体""字号""对齐方式""颜色"等属性，还可以设置文字的边缘效果，包括无效果、锐利、犀利、浑厚和平滑等。"创建变形字体"能够实现文本的多种变形，变形的效果列表如图3-76所示。

例3-10：使用文字蒙版工具。

（1）打开图像文件（大楼图片），如图3-77所示。

（2）使用横排文字蒙版工具，设定字体属性为60像素。在当前图层中输入Good，然后选择其他工具，就可以得到一个选区。

（3）执行"选择"→"反选"命令，然后使用Delete键进行图像区域的删除，再执行"选择"→"反选"命令重新选择文字图案。按Ctrl+C组合键进行复制，然后打开另外一个文件（瀑布图片）进行粘贴，如图3-78所示。

图 3-76　"变形文字"对话框

图 3-77　原来的图像

图 3-78　具有图像纹理的文字

16. 路径工具

将在"3.2.6　路径"一节中介绍。

17. 钢笔工具

将在"3.2.6　路径"一节中介绍。

18. 几何图形工具

几何图形工具用于手工绘制规则的几何图形。几何图形工具包括若干子工具，如图3-79所示。

几何图形工具的工具属性栏以矩形的工具属性栏为例，如图3-80所示。其中，"填充"表示用什么颜色进行填充；"描边"表示用什么颜色以及几个像素的边缘大小进行描边；其他属性可以在使用中熟悉。

19. 辅助工具

辅助工具包括注释工具、吸管工具、抓手工具以及缩放工具。

图 3-79 几何图形工具

图 3-80 矩形工具的工具属性栏

注释工具用于对图像进行注释，起到说明和提示的作用。该工具包括文本注释工具和语音注释工具，如果要使用语音注释工具，需要在计算机里配置声卡和麦克风。

吸管工具包括三个子工具，分别是吸管工具、颜色取样器、度量工具。吸管工具可以把鼠标单击位置的像素的颜色作为当前颜色；颜色取样器可以在图像中最多定义四个取样点，颜色信息将在信息面板中进行保存；度量工具主要用于测量两点或者两线之间的距离信息。

抓手工具可以在图像窗口中移动整个画布，双击抓手工具可以将图像的大小设置为最佳大小。注意，抓手工具和移动工具是有区别的（请读者通过实际使用来区分其不同的用途）。

缩放工具对图像进行缩小和放大。选择缩放工具以后，单击图像则对图像进行放大处理；按住Alt键单击则对图像进行缩小处理；而双击缩放工具，图像以正常大小显示。

20. 色彩控制工具

色彩控制工具可以用来指定前景色和背景色，如图3-81所示。单击色彩控制工具（前景色/背景色），系统弹出"拾色器"对话框，可以通过鼠标在颜色面板上进行单击选择某种颜色，也可以通过指定HSB或者RGB的具体数值来指定和调整颜色。

图 3-81 拾色器

21. 模式工具

模式工具包括标准模式工具和快速蒙版模式工具。标准模式工具用于由快速蒙版模式转回标准模式状态，而快速蒙版模式工具用于迅速建立一个选区，以便选择不太规则的图像区域。请读者通过实际操作学习运用，在此不展开介绍。

22. 屏幕显示工具

屏幕显示工具用于指定不同的屏幕显示模式，包括正常显示模式工具、带菜单栏的全屏幕显示模式、满屏幕显示模式。用户可以根据需要选择不同的模式，以便在随时存取菜单和更多的图像显示空间之间做出折中。

至此，Photoshop的基本功能介绍完毕。接下来我们将结合实例介绍Photoshop的高级图像处理功能，包括图层、通道、路径、蒙版、滤镜等。

3.2.3 图层

图层就像一张透明的纸张，用户可以在纸张上作画，没有绘画的地方保持透明。把各个图层叠加在一起，就可以组成一幅完整的画面。在进行图像操作的时候，某些图层可以隐藏起来，以便用户专注于当前图层上要操作的对象，而不会被不相关的图层所干扰。Photoshop保证当前图层上的操作不影响其他图层，这些图层的特点帮助用户把握复杂的图像的构造过程。通过把一系列简单的图层拼在一起，就可以构造复杂的图像。

对图层的操作一般通过图层面板进行，如果图层面板没有打开，那么可以通过执行"窗口"→"图层"命令把该面板打开。我们来了解一下图层面板上几个主要的操作对象。如图3-82所示，图层面板的左上角，是本图层与后面的其他图层混合的不同模式，右上角是不透明度的选择框。图层面板的最下部，从左到右，有一系列按钮，分别是图层样式按钮、图层蒙版按钮、创建新的填充或者调整图层按钮、创建新组按钮、新建图层按钮和删除图层按钮。图层面板的中间是从上到下排列的各个图层的列表，列表的最左边有一个眼睛图标，可以通过单击对某个图层进行显示和隐藏。在图层的名字上单击右键可以弹出关联菜单，对该图层进行操作。

例3-11通过把简单的图层叠加在一起，制作一张生动活泼的小卡片。

例3-11：使用图层。

（1）新建图像文件，图像的大小是500×500，背景颜色设定为白色，颜色模式设定为RGB颜色模式。

图 3-82　图层面板

（2）新建图层，命名为"矩形"。

（3）使用矩形工具，设置前景色为红色，绘制一个红色的矩形区域（图3-83）。

（4）再建立一个图层，命名为"树叶"。

（5）选择画笔工具，设置画笔的形状为特殊效果画笔的"树叶"，设置前景色为绿色，在新建的图层上进行绘画，新图层上出现一系列的树叶（图3-84）。

（6）选择横排文字工具，设置文字的字号为72，文字颜色为黄色，输入文字"新年快乐"。

（7）用右键选择文字图层，在弹出的菜单中选择"栅格化图层"命令，把文字图层转化为普通图层。

（8）按住Ctrl键并单击图层面板中的文字图层，Photoshop会沿着文字边缘构造一个选区，执行"编辑"→"描边"命令，把描边颜色设置为红色，描边的像素数量设定为3像素（图3-85）。

（9）最后按住Ctrl键，选择所有的图层，然后再单击右键，在弹出的菜单中选择"拼合图层"，把所有的图层拼在一起，形成完整的图像（图3-86）。

图 3-83　背景　　　图 3-84　加上树叶　　　图 3-85　文字与描边　　　图 3-86　拼合图层

3.2.4 蒙版

图层蒙版就是构造简单的遮挡关系。利用蒙版技术可以很容易地把图层的某些图像区域显示出来或者隐藏掉。当然，通过把需要显示的图像区域复制下来，在新建的图层里面进行粘贴，也可以达到相同的目的，但这种方法的操作复杂得多，没有图层蒙版这么方便，对原图像也造成了破坏。

下面通过例3-12来学习蒙版的使用。

例3-12：使用蒙版。

（1）打开"湖泊"图像（图3-87）。

（2）新建立一个图层，打开另外一幅图像"飞鸟"，然后使用Ctrl+A组合键进行全选，使用Ctrl+C组合键进行复制，在"湖泊"图像上，使用Ctrl+V组合键粘贴这个图层（图3-88）。

（3）用魔棒工具选择鸟以外的区域，然后执行"图层"→"添加图层蒙版"→"隐藏选区"命令（图3-89）。

（4）使用移动工具，把飞鸟移动到适当的位置。

（5）在图层面板上设置混合模式为叠加，不透明度为80%（图3-90）。

图 3-87　湖泊

图 3-88　叠加飞鸟图层

图 3-89　蒙版

图 3-90　最终效果

3.2.5 通道

通道主要用于存放不同的颜色分量信息以及选区信息。通道面板如图3-91所示。通道面板的下部有四个按钮,分别是"将通道作为选区进行载入"、"将选区存储为通道"、"新建通道"和"删除通道"。

图 3-91　通道面板

例3-13:利用通道"撕裂"照片。

(1)打开照片"劳拉",用Ctrl+A组合键全选图像,用Ctrl+C组合键进行复制。

(2)新建一个文件,选择默认的大小,背景为白色,颜色模式为RGB,使用Ctrl+V组合键把刚才复制的图像粘贴进来。

(3)在通道面板上,单击新建通道按钮,建立新的通道,名字默认为Alpha1,图像现在变成黑色。

(4)执行"编辑"→"填充"命令,填充白色。

(5)使用铅笔工具,在图像的中间画一条线(黑色),用作撕裂的边缘。

(6)使用油漆桶工具,把图像的左边填充成黑色,如图3-92所示。

(7)执行"滤镜"→"画笔描边"→"喷溅"命令,构造毛边的效果,如图3-93所示。

(8)执行"图像"→"画布大小"命令增加图像的大小。

(9)按住Ctrl键,单击通道面板上的Alpha1通道,将白色部分选中。

(10)单击图层面板,回到图层面板,选择图层1为当前图层。

(11)执行"编辑"→"自由变换"命令,移动和旋转图像(选区部分),使之呈现图3-94的撕裂的效果。

(12)选择图层1,单击图层面板上的图层样式按钮,打开图层样式对话框,选择投影选项,给图像增加阴影效果,最终效果如图3-95所示。

图 3-92 绘制曲线　　　图 3-93 填充与喷溅

图 3-94 撕裂效果　　　图 3-95 阴影效果

3.2.6 路径

要了解路径，必须首先了解钢笔工具。钢笔工具属于矢量绘图工具，可以勾画出平滑的曲线，在缩小、放大或者变形之后，仍然能够保持平滑。钢笔工具画出来的矢量图称为路径。路径可以是封闭的，即起点和终点重合；也可以是开放的，即起点和终点不重合。

和路径有关的工具包括钢笔工具、路径选择工具和几何图形工具（已经在3.2.2节介绍），如图3-96所示。

图 3-96 路径相关工具

路径由直线和曲线组合而成，节点是这些直线段或者弧线段的端点。选定一个节点以后，在节点的旁边会显示一条或者两条方向线，每一条方向线的端点都有一个方向点。可以通过方向线和方向点来调整曲线的大小和形状，如图3-97所示。

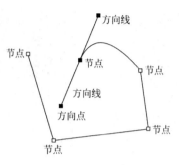

图 3-97 路径的调整

钢笔工具可以用来创建精确的直线段或者平滑的曲线。钢笔工具包括钢笔工具、自由钢笔工具、添加锚点工具、删除锚点工具，以及转换点工具。

1. 钢笔工具

钢笔工具是最基本的路径绘制工具。使用钢笔工具进行绘制的过程很简单，首先选择钢笔工具，然后在画面上单击鼠标，建立第一个锚点，按住鼠标绘制直线，或者拖动鼠标绘制曲线。如果要形成开放路径，只需要按住Ctrl键，在路径外单击即可。如果要创建封闭路径，则定位在第一个锚点上，单击鼠标即可关闭路径。

钢笔工具的工具属性栏如图3-98所示。在属性栏中，前半部分的选项用于选择创建外形层，创建工作路径或者填充像素。"自动添加/删除"选项用于自动增加或者删除节点。

图 3-98 钢笔工具的工具属性栏

2. 自由钢笔工具

自由钢笔工具可以给用户更多的自由，可以手控创建路径。自由钢笔工具的工具属性栏和钢笔工具的工具属性栏是类似的，如图3-99所示。其中"磁性的"选项表示激活磁性钢笔工具。

图 3-99 自由钢笔工具的工具属性栏

3. 添加锚点工具、删除锚点工具、转换点工具

这三个工具分别用于在已经创建的路径上插入关键点（节点）、删除关键点，以及改变路径的弧度。

4. 路径选择工具

路径选择工具包括路径选择工具和直接选取工具。路径选择工具用于选择一个或者多个路径并对其进行组合、移动、排列、分布和交换等操作。选中路径选择工具，显示其工具属性栏，如图3-100所示。对于属性栏上的按钮，用户可以根据按钮的图像和文字提示了解其功能，包括组合按钮和排列分布按钮。

图 3-100　路径选择工具的工具属性栏

5. 直接选择工具

直接选择工具用来选择路径上的关键点，并且通过拖动这些关键点来改变路径的形状。

图 3-101　直接选择工具的工具属性栏

例3-14：使用路径绘制规则图形。

（1）执行"文件"→"新建"命令，建立一个600×600像素分辨率的图像文件。

（2）为了方便进行规则图像的绘制，执行"视图"→"显示"→"网格"命令，在图像编辑窗口中显示网格。

（3）选取钢笔工具，在图像上绘制如图3-102所示的四个节点封闭成的路径。

（4）选取转换点工具，按住左上角拖动，得到如图3-103所示的图形。

（5）选取转换点工具，按住右上角拖动，得到如图3-104所示的图形。

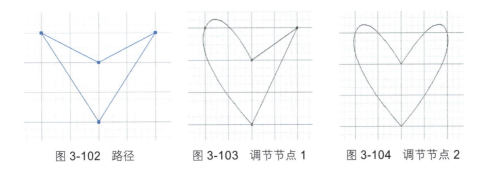

图 3-102　路径　　　图 3-103　调节节点 1　　　图 3-104　调节节点 2

（6）选取添加锚点工具，在路径上增加一个锚点（节点），如图3-105所示。

（7）选取转换点工具，对增加的锚点进行拖动，得到如图3-106所示的图形。

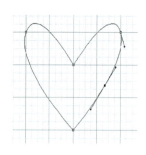
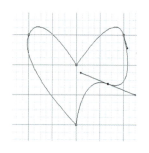

图 3-105　新增加节点　　　　图 3-106　调节节点 3

（8）执行"窗口"→"路径"命令，打开路径面板，如图3-107所示。

路径面板下边的按钮，从左到右分别是"用前景色填充"按钮、"用画笔描边"按钮、"将路径转换为选区"按钮、"将选区转换为路径"按钮、"添加蒙版"按钮、"新建立路径"按钮、"删除路径"按钮。

（9）单击路径面板上的"将路径转换为选区"按钮，把路径转化为选区，如图3-108所示。

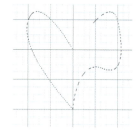

图 3-107　路径面板　　　　图 3-108　把路径转换为选区

（10）用油漆桶工具把变形的心形图案填充为红色，如图3-109所示。

（11）在图层面板上选择该图层，利用图层样式按钮，弹出"图层样式"对话框，选择斜面和浮雕选项，得到最后的图像效果，如图3-110所示。需要依次选择"视图"→"显示"→"网格"命令，在图像编辑窗口中隐藏网格。

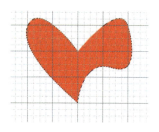

图 3-109　油漆桶填充　　　　图 3-110　最终效果（斜面和浮雕）

由此可见，利用路径可以绘制平滑的图形区域，可以在路径和选区之间进行转换，方便后续的图像处理过程。

3.2.7 滤镜

滤镜是Photoshop的强大功能之一。滤镜的本质是对图像进行数学运算，得到一幅新的图像。利用滤镜可以对图像进行后期处理，获得各种不同的效果，比如本章前面介绍的模糊工具和锐化工具本质上分别是不同的滤镜。Photoshop提供了包括3D滤镜、模糊滤镜、模糊画廊滤镜、扭曲滤镜、杂色滤镜、像素化滤镜、渲染滤镜、锐化滤镜、风格化滤镜、视频滤镜等多种不同类别的滤镜，图3-111是滤镜菜单选项。

图 3-111　滤镜菜单

下面展示的是Photoshop的其中几个滤镜的效果。其他的滤镜，用户可以通过实际操作来了解和掌握。

水彩效果滤镜效果如图3-112和图3-113所示。

图 3-112　原图　　　　　　　　图 3-113　水彩效果滤镜

径向模糊滤镜可以做出汽车风驰电掣的运动效果，如图3-114和图3-115所示。

图 3-114　原图　　　　　　　　图 3-115　径向模糊滤镜效果

镜头光晕滤镜可以在照片上加上光晕的效果，如图3-116和图3-117所示。

图 3-116　原图　　　　　　　　图 3-117　镜头光晕滤镜效果

染色玻璃（马赛克）滤镜效果，如图3-118和图3-119所示。

图 3-118　原图　　　　　　　　图 3-119　染色玻璃滤镜效果

Digimarc滤镜是一种比较特殊的滤镜，使用这个滤镜的目的是进行版权保护。该滤镜能向图像中嵌入水印信息，但不会影响原有图像的显示，还能随着图像的复制而复制。可以通过验证水印来保证图像的版权。

例3-15：使用滤镜。

（1）新建文件，图像的分辨率是600×600像素。

（2）利用画笔工具手工绘制网格，如图3-120所示。

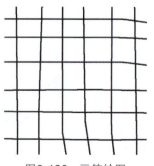

图3-120　画笔绘图

（3）选择椭圆选框工具，然后按住 Shift+Alt 组合键，利用鼠标选择一个圆形的选区。

（4）执行"滤镜"→"扭曲"→"球面化" 命令，如图 3-121 所示。

（5）系统弹出对话框，可以进行滤镜参数的指定，如图 3-122 所示。可以使用系统的默认值。

（6）经过滤镜的处理，制造球面化效果，如图3-123所示。请读者思考如何把球面抠下来。

 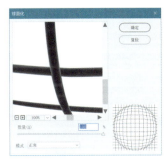 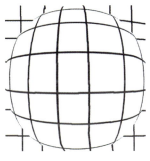

图 3-121　进行"球面化"处理　　图 3-122　"球面化"对话框　　图 3-123　"球面化"效果

例3-16：使用滤镜制作下雨效果。

（1）打开图像文件，如图3-124所示。

（2）建立一个新的图层，填充黑色，然后执行"滤镜"→"像素化"→"点状化"命令，在对话框中选择单元格大小为7，如图3-125所示。

图 3-124　原图　　　　　　　图 3-125　点状化

（3）选择该图层，执行 "图像"→"调整"→"阈值"命令，并设置数值为

163，如图3-126所示。

（4）通过图层面板，将该图层的融合模式改为滤色，如图3-127所示。

图3-126　图像阈值调整

图3-127　图层的混合模式

（5）选择该图层，执行"滤镜"→"模糊"→"动感模糊"命令，在对话框里设置角度为–78，距离为71，如图3-128所示。

（6）接着对背景层进行色阶调整，使画面变得更像雨天效果。执行"图像"→"调整"→"色阶"命令，在对话框里设置色阶值为R：0，G：1，B：235，如图3-129所示。

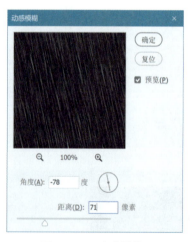

图3-128　动感模糊

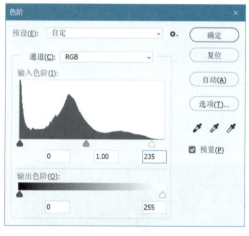

图3-129　色阶调整

（7）执行"图像"→"调整"→"色彩平衡"命令，在对话框里设置色阶为–20，–10，+20，如图3-130所示。

（8）使用椭圆选框工具在图上选择一个椭圆形的选区，执行"滤镜"→"扭曲"→"水波"命令，设置水波的参数：数量为–69，起伏为6，样式为"水池波纹"，如图3-131所示。

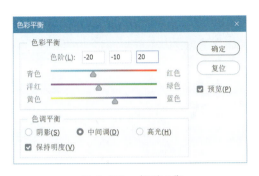

图 3-130　色彩平衡　　　　　　图 3-131　水波效果

（9）可以根据需要制作更多的水波，产生更加真实的效果。最终效果如图3-132所示。

图 3-132　最终效果

3.2.8　色彩控制

Photoshop提供了强大的色彩控制功能，可以对图像的亮度、对比度、色调进行有效的调整，制作出符合要求的图像效果，比如把曝光不足或者曝光过度的图像进行后期处理等，如图3-133所示。

例3-17：把灰度图像转换为彩色图像。

（1）打开灰度图像，如图3-134所示。

（2）利用磁性套索工具或者其他选区选择工具选择人脸，如图3-135所示。

（3）在菜单中选择"图像"→"调整"→"色相/饱和度"，弹出"色相/饱和度"对话框，选择"着色"复选框，调整人脸的颜色，如图3-136所示。

（4）可以根据需要调整照片不同部分的颜色效果。最终效果如图3-137所示。

图3-133 图像的色彩调整菜单

图3-134 灰度图像

图3-135 选择人脸

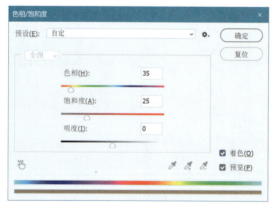

图3-136 色相/饱和度调整

图3-137 着色效果

利用这样的操作，可以给一些老照片染上颜色，恢复其颜色信息。

例3-18：替换颜色。

（1）打开图像文件，如图3-138所示。

（2）利用磁性套索工具选择汽车的轮廓，如图3-139所示。

图 3-138　原来的图像

图 3-139　用磁性套索选择选区

（3）执行"选择"→"修改"→"扩展"命令，在对话框里选择"扩展量"为8，如图3-140所示。扩展后的效果可以参考图3-141。

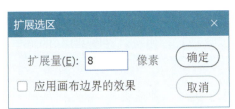

图 3-140　扩展选区

图 3-141　扩展选区效果

（4）执行"选择"→"羽化"命令，在对话框里设置羽化的值为8，如图3-142所示。羽化以后的效果可以参考图3-143。

（5）执行"图像"→"调整"→"替换颜色"命令，弹出"替换颜色"对话框，如图3-144所示。

（6）在"替换颜色"对话框中选择最左边的吸管，用吸管在汽车的车身上选择最典型的蓝色。

（7）在对话框中选择新的色调，通过调整色相、饱和度、明度来实现颜色的设定，如图3-145所示。

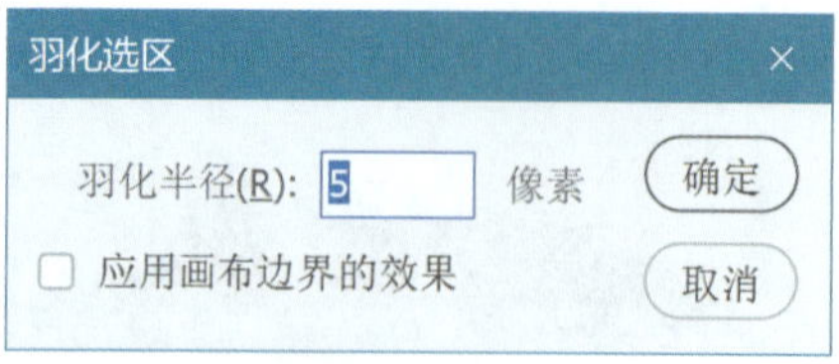

图 3-143 羽化选区效果

图 3-142 羽化选区

图3-144 "替换颜色"对话框

图3-145 改变颜色

（8）在"替换颜色"对话框中选择第二个吸管，用吸管在图3-144的方框里面连续单击，直到该方框全部变成白色，如图3-146所示。最后的结果如图3-147所示，汽车的颜色被替换掉了，就好像重新涂上了另外一种油漆。

图 3-146 替换颜色

图 3-147 替换颜色以后的效果

3.3 思考与练习

1. 什么是矢量图？什么是点位图？矢量图和点位图有什么区别？

2. 人眼产生颜色感觉的原理是什么？

3. 什么是颜色空间？主要的颜色空间有哪些？

4. 什么是真彩色？什么是调色板？

5. BMP、JPG、GIF、PNG 等图像格式的主要特点是什么？

6. Photoshop 专用文件格式的扩展名是什么？此文件格式的特点是什么？

7. 什么是图层？Photoshop 支持哪几种图层类型？

8. 什么是通道？通道和选区有什么关系？

9. 什么是蒙版？蒙版有什么作用？

10. 新年到了，请用 Photoshop 软件给你的导师制作一张贺卡，祝贺老师新年快乐。

11. 你来到大学，走过春夏秋冬，在校园学习、锻炼，参加各种活动。现在的你凝望过去的你，沉思和汲取力量，并展望将来。利用你已有的大学生活相关的照片，综合运用文字、画笔、图层、蒙版、抠像、滤镜等技术和元素，制作一幅图片表达上述意境。

12. 中国航天在 2021—2023 年建成了中国空间站，请收集素材制作一张海报，宣传这项伟大成就。

第 4 章 动画技术与制作

动画是多媒体信息中极具吸引力的一种信息形式,具有表现力丰富、直观、易于理解、吸引力强和风趣幽默等特点。它使得多媒体信息更加生动,富于表现力。动画形式被广泛应用于游戏开发、广告制作、特技制作、过程演示及科研模拟等领域。

4.1 计算机动画概述

计算机动画是使用计算机制作动画的技术,在传统动画的基础上,结合计算机图形图像技术制作动画影片。将计算机技术应用于动画处理,可以大幅提高动画制作效率,并能够实现传统动画无法实现的很多动画效果。

4.1.1 计算机动画原理

动画制作之所以成为可能,是因为人类的眼睛具有一种叫作"视觉暂留"的生物现象。当一个场景画面从人眼前消失后,该场景的影像在视网膜上不会立即消失,而是会保留0.1s左右的时间。在这个短暂的时间内,如果紧接着出现第二个影像画面,在人眼中前后两个影像就会连接在一起,融为一体,形成前后连续的影像效果。实验证明,如果动画或电影的画面刷新频率不低于每秒钟24帧,人眼看到的画面就具有连续的动态变化效果。

计算机动画与传统动画原理相同，都是利用人类的这种视觉暂留现象，通过连续播放静止画面的方式产生物体的连续运动效果。计算机动画把计算机技术用于动画的处理和应用，可以实现传统动画达不到的效果。由于采用数字处理方式，动画的运动效果、画面色调、纹理、光影效果等可以不断改变，输出方式也多种多样。

4.1.2 计算机动画分类

可以根据不同的划分标准对计算机动画进行分类。

1. 逐帧动画和实时动画

根据图形、图像生成方式的不同，可以将计算机动画分为逐帧动画和实时动画。

逐帧动画也称为帧动画。这种动画制作方式根据动画原理，通过计算机产生动画所包含的每一帧画面并记录下来，然后一帧一帧显示，实现运动效果。

实时动画也叫算法动画，是指通过计算机实时计算生成动画画面的动画制作方法。实时动画通过编写程序，对运动物体单独进行控制，快速进行数据处理，在人眼察觉不到的时间内（实时）计算各个运动物体的当前显示状态，并组合成完整的帧画面显示出来。

2. 二维动画和三维动画

根据视觉空间的不同，可以将计算机动画分为二维动画和三维动画。

二维动画又叫平面动画，是指在二维平面空间进行动作变化设计的动画制作方式。二维动画制作流程简单，画面通过绘制直接生成。二维动画一般注重色彩表现，立体感较弱。

三维动画又叫空间动画，是指在三维立体空间进行动作变化设计的动画制作方式。三维动画相较于二维动画制作流程更加复杂，画面的生成包含建模、贴图、设置材质灯光、渲染、合成等多个步骤。三维动画偏重材质、灯光、纹理等方面的表现，具有更强的画面立体感。

4.1.3 计算机动画制作软件

制作计算机动画首先需要一台性能优良的多媒体计算机，还需要依托专业的动画制作软件来完成。动画制作软件内置了大量用于绘制动画的编辑工具和效果工具，还有用于自动生成动画、产生运动模式的自动动画功能。不同软件面向不同的设计领域，具有不同的功能特点。下面介绍几款主要的动画制作软件。

1. Maya

Maya是Autodesk公司出品的世界顶级的三维动画软件，功能完善，工作灵活，具有极高的制作效率和极强的渲染真实感，可以大幅提高电影、电视、游戏等领域开发、设计和创作的工作效率，是电影级别的高端制作软件。Maya的应用对象是专业的影视广告、角色动画、电影特技等。

2. 3D Studio Max

3D Studio Max简称3ds Max，是Autodesk公司开发的基于PC系统的三维动画渲染和制作软件。用户可以使用它快速创建出专业水准的三维模型、照片级的静态图像和电影般质量的动画序列。该软件广泛应用于广告、影视、工业设计、建筑设计、三维动画、多媒体制作、游戏以及工程可视化等领域。

3. Animate

Animate简称AN，是Adobe公司对Flash软件的升级改造版本，除继承原有Flash软件的各种工具和功能外，还增加了对HTML 5的支持，为网页开发者提供更适应现有网页应用的动画创作支持。该软件可以用来制作二维动画、MG动画、电子课件、交互式小游戏等，具有使用方便、简单易上手、动画制作周期短等优点，是最常用的二维动画制作软件。

4. After Effects

After Effects 简称AE，是Adobe公司推出的一款视频特效制作软件，是制作动态影像设计不可或缺的辅助工具，有着数百种预设的效果和动画，可以直接制作MG（动态图形）动画，常用于影视后期制作。

5. Cinema 4D

Cinema 4D 简称C4D，是德国MAXON Computer公司开发的一款专业的三维动画制作软件，以极高的运算速度和强大的渲染插件著称，广泛应用在角色动画、三维游戏动画、工业产品三维动画制作中，可以完成实时建模、三维卡通动画渲染、粒子三维动画运动等。

6. Blender

Blender 是一款开源的跨平台全能三维动画软件，提供从建模、动画、材质、渲染到音频处理、视频剪辑等一系列动画短片制作解决方案。该软件以Python为内建脚本，支持多种第三方渲染器，是一款完整集成的3D创作工具。

4.2 Animate动画设计

本节将以Animate CC 2021为基础介绍Animate 2D动画制作的基本操作方法。

4.2.1 Animate概述

1. 软件简介

Animate软件的前身是FutureWave公司开发的世界上第一个商用二维矢量动画制作软件FutureSplash。1996年，Macromedia公司收购FutureWave公司，将该软件改名为Flash，成为最受欢迎的动画制作软件，与Dreamweaver、Fireworks并称"网页三剑客"。2005年Adobe公司收购Macromedia公司并接手Flash软件的后续开发，并在2015年发布了最后一个Flash版本Flash Professional CC 2015。此后，Adobe公司宣布将该软件更名为Animate。

Animate在维持Flash原有功能的基础上，增加了对HTML 5的支持，为网页开发者提供更适应现有网页应用的音频、图片、视频、动画等的创作支持。Animate现在拥有更多的新特性。借助Adobe Animate，可以根据需要将创作内容发布到多种目标平台，如Flash Player、Air、HTML5 Canvas、WebGL，以及Snap.svg。

Animate软件主要使用矢量绘图方式，可以方便地绘制场景和人物，有助于制作炫酷的动画效果，同时具有缩放保真和生成文件小等优点。Animate能够支持丰富的媒体形式，可以将音频、视频、位图、矢量、文本和数据等进行有机结合。此外，在Animate中还可以通过编写ActionScript或者JavaScript脚本代码响应用户交互，控制动画的播放顺序、内容和效果。

总之，Animate具有操作简单、功能强大、易学易用等特点，广泛应用于网页设计、广告制作、娱乐短片制作、游戏设计、电子课件设计等领域。

2. 启动软件

Animate CC 2021安装成功后，通过"开始"菜单或者桌面的快捷方式启动软件，会出现如图4-1所示的启动界面。

软件启动后，进入软件的主界面，如图4-2所示。

3. 文件操作

Animate中常用的文件操作包括新建、保存、打开、导入、转换、导出和发布等。

1）新建文档

在如图4-2所示的主页界面单击"新建"按钮，或者执行"文件"→"新建"

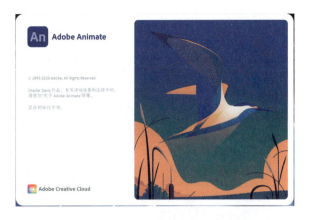

图 4-1 启动 Animate CC 2021

图 4-2 Animate CC 2021 主界面

命令，会打开如图4-3所示的"新建文档"设置窗口。在窗口顶部选择目标类别，下方"预设"列表中选择某一种预设文档来确定新建文档的属性，也可以直接在窗口右侧手动输入文档的相关属性参数，包括舞台尺寸、帧速率、平台类型等。其中，宽、高以像素为单位指定动画画面的尺寸大小。帧速率指定动画影片每秒钟包含的画面帧数量。平台类型可以选择ActionScript 3.0和HTML5 Canvas两种。ActionScript 3.0文档创建的是传统的Flash矢量动画，这种类型的动画需要使用Flash Player或者带有Flash Player插件的浏览器进行播放，动画的交互控制使用ActionScript 3.0脚本代码编写。虽然Adobe公司自2020年起不再支持Flash Player，但ActionScript 3.0文档是Animate中对绘画和动画特性支持范围最大的文档类型，所以最好使用ActionScript 3.0文档来创建需要的动画素材，如高清视频、精灵表单或者PNG序列等。HTML5 Canvas文档创建的是基于HTML5 Canvas元素的动

图 4-3 "新建文档"设置窗口

画,能够更好地适应现代网页应用的要求,动画交互控制需要使用JavaScript脚本代码编写。在"新建文档"窗口中设置好文档属性和类型后,单击"确定"按钮即可创建一个新文档进行编辑。本章中,内容和实例都是基于Animate传统的ActionScript 3.0文档类型进行介绍的。

2) 保存文件

执行"文件"→"保存/另存为"命令,在"另存为"窗口中设置保存位置和文件名称,选择文件类型为"Animate文档(*.fla)"即可保存当前编辑文档的设计文档。保存的.fla格式的文件可以再次用Animate软件打开进行编辑和修改。

3) 打开文件

在Animate中,执行"文件"→"打开"命令,选择要打开的.fla文件即可。

4) 导入素材文件

在Animate中,执行"文件"→"导入"命令下的各个子命令,可以将外部的图像、音频、视频等素材文件导入到编辑文档中。可以导入的图像文件格式包括JPG、BMP、PNG、GIF等;可以导入的音频文件格式包括MP3、WAV、FLAC等;可以导入的视频文件格式包括MP4、FLV、F4V等。导入的素材都会存放在库面板中供用户选用。如果因格式不兼容等问题导致文件导入失败,可以先使用格式工厂等格式转换类软件将文件转换为兼容格式后再重新导入。

5) 转换文件

Animate支持对已创建文档的平台类型进行转换,也就是可以将一个ActionScript 3.0文档转换为HTML 5 Canvas文档,也可以将一个HTML 5 Canvas文档转换为

ActionScript 3.0文档。在Animate中打开要进行转换的.fla文件，执行"文件"→"转化为"命令，在显示的类型列表中选择目标类型即可。注意，转换类型后可能会导致原来文档中的某些功能特效失效。如果原来的文档中带有交互控制代码，类型转换后就需要用新文档类型对应的脚本语言重新编写代码。

6）导出文件

导出Animate动画的目的是制作可直接播放或者可再利用的资源。执行"文件"→"导出"命令可以制作图像、影片和视频三种类型的资源。执行"文件"→"导出"→"导出图像"命令可以将编辑文档中播放头所在位置的舞台画面保存为一幅图像，图像格式可以是JPG、GIF和PNG，导出不同格式的图像需要设置不同的格式参数。执行"文件"→"导出"→"导出影片"命令可以将整个文档的动画内容导出为SWF影片或者特定类型的图像序列。执行"文件"→"导出"→"导出动画GIF…"命令可以将整个文档的动画内容导出为GIF格式的动画文件。SWF影片文件需要使用Flash Player进行播放，图像序列可以用于影视后期合成，而GIF动画最典型的应用是制作聊天软件中的动画表情。执行"文件"→"导出"→"导出视频"命令可以将动画内容导出为QuickTime（.mov）格式的视频文件，如果安装了Adobe MediaEncoder工具，也可以导出为其他格式的视频文件。

7）发布文件

Animate动画发布的目的是生成以网页形式查看的动画内容。由于目前浏览器一般禁用Flash Player插件，因此主要对HTML5 Canvas文档进行发布。打开HTML5 Canvas文档后，执行"文件"→"发布"命令，会按照发布设置中的设定发布动画。发布成功后会获得一个HTML网页文件、一个包含代码的JavaScript（JS）脚本文件，以及包含文档中用到的位图和音频资源文件的文件夹。要在网络上分享动画，只需要将这些文件上传到服务器，并建立指向HTML文件的网络链接。

4. 工作界面

新建或打开Animate文档后，会进入如图4-4所示的工作界面进行动画的各种编辑工作。工作区主要由软件菜单栏、工具面板、舞台、时间轴面板和其他常用的工作面板组成。用户可以根据自己的需要和习惯显示、隐藏或者重新排列这些工作面板。选择"窗口"菜单中的面板名称可以显示对应的面板；单击面板右上角的菜单按钮 ▤ ，在打开的菜单中选择"关闭"命令，可以关闭对应面板的显示；拖动面板的标题文字到其他面板区域，可以重新调整面板位置、分组和停靠。拖动各个面板或者区域的边界，可以调节区域的宽度和高度。

根据工作状态和性质的不同，用户需要使用不同的面板。Animate提供了几种常用的初始面板组合供用户选择，称为工作区布局。单击软件窗口右上方的工作区按钮![]，打开如图4-5所示的工作区选择菜单，根据需要选择相应的布局方式即可。在此菜单中可以将当前调整好的工作区布局保存为自定义工作区，也可以单击工作区名称右侧的重置按钮![]，将当前工作区布局重置到初始状态。

图 4-4　Animate CC 2021 工作界面

图 4-5　工作区布局菜单

下面介绍动画制作过程中经常要使用的几个工作区构成元素的基本情况。

1）菜单栏

菜单栏固定显示在窗口上方，提供软件涉及的各种设置、操作和控制命令。这些命令按照功能类别分类，包括文件、编辑、视图、插入、修改、文本、命令、控制、调试、窗口和帮助几个大类。

2）舞台

舞台位于软件窗口的中间区域，是用户绘制、编辑、查看对象和场景画面的区域。舞台大小（文档尺寸）、背景颜色等属性可以通过选择"修改"→"文档"命令，打开如图4-6所示的"文档设置"窗口进行修改，也可以在属性面板中的文档属性中直接修改。

3）工具面板

工具面板提供了各种用于绘制和编辑对象的基本工具，是用户需要频繁使用的面板，包括对象的选择、变形、绘制、填

图 4-6　修改文档属性

充、颜色设置、辅助查看等功能，如图4-7所示。工具图标右下方的三角标记表示此处是一个工具组，用鼠标单击并长按工具组会显示当前工具组的工具列表，用鼠标单击可选择列表中的某个具体工具。选中某个工具后，在工具面板底端的工具选项区或者属性面板中的工具选项卡中可以设置当前工具的一些可用选项。此外，如果想要的工具在工具面板中或者工具组中没有出现，可以单击工具面板中的"编辑工具栏"图标 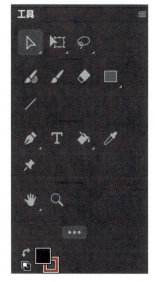，在打开的工具选项卡中将需要的工具拖动到工具面板上，之后就可以对此工具进行选择和应用了。也可以将不需要使用的工具从工具面板拖动到工具选项卡，将其从工具面板删除。

图 4-7　工具面板

4）时间轴面板

时间轴面板是Animate动画制作的关键面板，其核心构件包括图层、帧序列和播放头，如图4-8所示。Animate动画制作的本质就是以时间轴面板为载体，对动画影片中包含的场景画面内容进行创建与组织。

图 4-8　时间轴面板

时间轴面板主要分为两部分，左侧区域管理图层，右侧区域管理每个图层包含的帧序列。与Photoshop中的图层相似，Animate中的场景画面也可以由多个图层组合构成。每个图层沿时间顺序可以包含一系列的帧画面，时间轴面板右侧区域中的每一个小方格对应图层上的一个帧画面。在某个时间点位置上的所有图层的帧画面内容组合在一起构成当前位置处的完整场景画面。蓝色播放头位置可以在文档的有效帧范围内移动，舞台显示内容为播放头所在位置的场景画面，舞台内容随播放头位置的改变而改变。

时间轴面板的顶端还包含帧频率、帧序号、帧或者动画操作快捷按钮等内容，帮助用户高效地制作动画。

5）属性面板

属性面板是Animate动画制作中的一个很重要、经常使用的面板，根据选取的对象的不同，可以显示工具、帧、对象或者整个文档的相关属性，也可以对显示的相关属性进行修改和调整，如图4-9所示。

当选中工具面板中的一个工具时，属性面板激活"工具"选项卡，显示与所选工具有关的属性设置，可以根据需要修改工具的属性设置；当选中舞台中的某个对象时，属性面板激活"对象"选项卡，显示所选对象有关属性的当前设置，可以通过修改这些属性改变对象形态，如改变对象的位置、大小、颜色等；当选中时间轴面板中的某个或者某些动画帧时，属性面板激活"帧"选项卡，显示所选帧的相关属性设置，可以设置帧的标签、声音效果、色彩效果等；在没有选择任何工具、对象或者帧时，属性面板显示的是当前文档的属性设置，可以修改发布设置、舞台大小、舞台颜色、帧频率等文档属性。

6）库面板

库面板用于存放和管理用户导入或者创建的各种可重用资源，如元件、位图、声音文件、视频剪辑等，如图4-10所示。

图4-9 属性面板

图4-10 库面板

7）颜色面板

颜色面板具有最强大的颜色设置功能，可用于设置所选图形或者绘制工具的边框和填充颜色，如图4-11所示。颜色面板提供多种方式，能够灵活设置任意纯色或者渐变色。

8）对齐面板

对齐面板用于对选中的多个对象或者对象与舞台之间进行位置对齐、布局分布和匹配大小等操作，如图4-12所示。

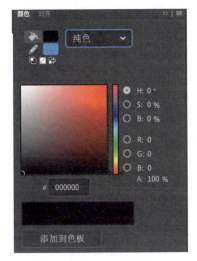

图 4-11　颜色面板

图 4-12　对齐面板

9）变形面板

变形面板用于对选中的对象进行精确比例和角度的缩放、旋转、倾斜、3D旋转等变形操作，同时还提供"重置选区和变形"（在变形的同时进行复制）的功能，如图4-13所示。

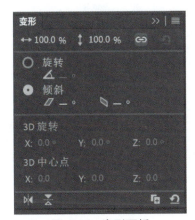

图 4-13　变形面板

5. 动画制作流程

Animate动画的制作过程大致可以分为六个步骤：策划动画、收集素材、制作动画、调试动画、测试动画、导出/发布动画。

1）策划动画

在制作动画前，首先应该明确目标：要制作什么样的动画，这部动画需要实现什么样的效果，动画的风格是怎样的，以及通过什么样的形式将它表现出来。在明确了目标之后，就需要对整部动画进行策划，其中包括动画剧情的设计，各个动画分镜头的表现手法，动画片段的衔接，以及对动画中出现的人物、背景和音乐等进行构思。

2）收集素材

收集的素材应有针对性和目的性。在收集过程中应该根据动画策划时所拟定好的素材类型进行收集，这样不但可以节约时间和精力，而且能有效地缩短动画制作时间。

3）制作动画

制作动画是利用所收集的动画素材来完成动画策划中各个项目的过程。在拥有独到的动画构思、精美的动画素材之后，动画的最终品质将在很大程度上取决于动画的制作过程。

4）调试动画

动画初步制作完成之后就可以对动画进行调试了，主要是对动画的各个细节、片段的衔接、声音和动画之间的协调等进行调整，使整部动画看起来更加流畅、和谐。

5）测试动画

测试动画是在动画完成之前对动画的效果、品质等进行最后的监测。因为Animate动画的播放是通过计算机对动画的各个矢量图形、元件的实时运算来实现的，所以动画播放的效果很大程度上取决于计算机的软、硬件的配置。在测试时应注意，要尽可能多地在不同档次、不同配置的计算机上测试动画，然后根据测试后的结果对动画进行调整和修改，以便在较低配置的计算机上也能播放。

6）导出/发布动画

动画制作过程的最后一步就是导出/发布动画。用户可以对动画的生成格式、画面品质和声音效果等进行设置，在动画导出和发布时的设置将最终影响到动画文件的格式、文件大小和动画在网络中的传输速率。注意，在进行动画发布设置时，应根据动画的用途和使用环境等进行设置，而不是一味地追求较高品质的画面和声音，以免增加不必要的文件容量，影响动画的传输。

4.2.2 Animate基本工具

制作Animate动画，首先要创建动画场景中的图形对象。完整对象或场景由基础图形组合而成，因此图形绘制是制作Animate动画的基础。Animate的工具面板中提供了功能齐全的矢量图形绘制和编辑工具。本节将介绍Animate工具面板中一些常用图形绘制和编辑工具的基本用法，并通过实例使读者掌握使用基本工具绘制对象和场景的基本方法。

1. Animate图形概览

在绘制和编辑Animate图形时，要注意图形的构成和形态。

Animate中绘制的图形是矢量图形，构成上包括笔触和填充两部分，如图4-14所示。通常意义上，笔触指图形的轮廓部分，具有大小、颜色、样式、宽度等属性；填充则指图形的内部填充数据，只有颜色属性。Animate中，有些图形可以同时具有笔触和填充，有些图形只有笔触，也有些图形只有填充。

Animate图形的形态也分两种：离散和组合。离散形态的整个图形是松散的，是可以选取部分进行操作的，出现交叠时会产生截断或者组合；组合形态的图形的所有部分是一个整体，只能整体选中整体处理，不能单独选取其中一部分，与其他图形交叠时也不会产生形状变化。选择"修改"菜单下的"分离"和"组合"命令可以进行离散和组合状态之间的相互转换，对应的组合键分别是Ctrl+B和Ctrl+G。如图4-15所示为离散图形和组合图形的不同选中状态。

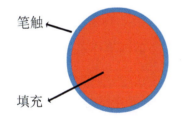

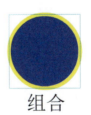

图 4-14　Animate 图形的构成　　　图 4-15　离散图形和组合图形选中状态

在图形绘制和编辑时要关注其构成和状态，以便进行正确的设置和操作。

2. 绘制工具

绘制工具指能够直接绘制图形的工具，包括下面几种。

1）线条工具

线条工具用于绘制直线条，绘制的线条形状属于笔触数据。

选中工具后，设置工具选项，然后在舞台中单击并拖动鼠标即可绘制直线线条。可以设置的选项包括绘制模式、笔触颜色、笔触大小、样式、宽度模式等。如图4-16所示为线条工具在属性面板中的属性设置。

对象绘制模式：此模式关闭时绘制的是离散形状；打开此模式则会将图形绘制为组合状态的绘制对象。

笔触颜色：单击颜色图标打开如图4-17所示的色板，设置要使用的线条颜色。

图 4-16　线条工具属性设置

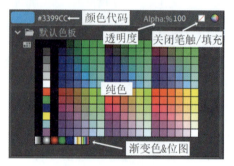

图 4-17　设置颜色

笔触大小：设置笔头的大小，进而影响线条的粗细。

样式：设置线条的绘制样式，标准样式包括实线、虚线、极细线、点状线、锯齿线、斑马线等。除标准样式外，还可以单击样式列表右侧的按钮，在显示的下拉菜单中选择"画笔库"，打开画笔库面板，如图4-18所示。在画笔库面板中根据类别选择某一画笔样式后双击鼠标，可以将当前画笔样式加载到样式列表中选用，丰富线条效果。

宽：设置笔触线条的宽度模式，可选择均匀模式或者变化模式，如图4-19所示。

图 4-18　使用画笔库添加样式选项

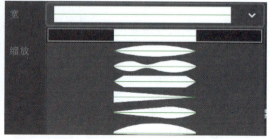

图 4-19　选择笔触线条的宽度模式

缩放：按方向缩放笔触。

端点模式：平头端点、圆头端点或者矩形端点。

连接模式：尖角连接、斜角连接或者圆角连接。

2）铅笔工具

铅笔工具用于绘制任意形状的线条，绘制的线条形状属于笔触数据。选中铅笔工具后，设置工具选项，然后在舞台中单击并按住鼠标拖动，会沿鼠标移动轨迹生成线条图形。铅笔工具的工具选项除包含与线条工具相同的设置项外，还有一个"铅笔模式"的设置。单击属性面板中的"工具"选项卡中的按钮，打开"铅笔模式"选择菜单，有三种铅笔模式可以选择："伸直""平滑"和"墨水"。"伸直"模式将所绘制线条尽可能规整为平直线条；"平滑"模式尽可能消除棱角，绘制平滑线条；"墨水"模式使所绘制线条尽可能贴近鼠标轨迹。另外，铅笔工具不能使用画笔库中的画笔样式。

3）传统画笔工具

外观上看，传统画笔工具绘制的图形也是任意形状的线条。但与铅笔工具不同的是，传统画笔工具绘制的线条是填充数据。选中传统画笔工具后，设置工具选项，在舞台中单击并按住鼠标拖动，即可沿鼠标移动轨迹生成线条图形。属性面板中，传统画笔工具的属性设置如图4-20所示。

对象绘制模式：基本功能同线条工具，但在画笔模式为非"标准绘画"时，即便激活对象绘制模式，也只能绘制离散图形。

填充颜色：设置画笔颜色。

画笔类型：设置画笔笔头形状。

大小：设置画笔笔头大小。

图 4-20　传统画笔工具属性设置

使用压力和使用斜度：产生不同压感效果，仅在使用压感笔一类设备时才有效果。

画笔模式：选择画笔的绘制模式。单击画笔模式图标，打开图4-21所示的模式选择菜单进行选择。当画笔绘制路径经过舞台中已有的离散图形

图 4-21　画笔模式选择

时，不同画笔模式的绘制效果不同。"标准绘画"模式下，画笔可以在舞台的任何区域进行绘制，所绘制图形将会覆盖所有经过的离散笔触和填充区域。"颜料填充"模式下，画笔绘制不会覆盖经过的离散笔触，只会影响覆盖的离散填充区域。"后面绘画"模式下，画笔绘制不会影响已有的笔触和填充区域。"颜料选择"模式下，画笔只能在已选择的离散填充区域进行绘制，其他区域不会受到影响。"内部绘画"模式下，画笔绘制过程中只要碰到离散笔触数据就会结束绘制。

锁定填充 ：一种针对渐变色或者位图填充的填充模式。非锁定填充模式下，前后绘制的不同图形各自独立进行渐变色或者位图填充；激活锁定填充模式时，在同一渐变色或者位图填充颜色设置下，前后连续绘制的所有图形会作为一个整体进行填充。

随舞台缩放大小：画笔大小随舞台大小变化进行等比例缩放。

将设定与橡皮擦同步：传统画笔的类型和大小属性设置将被同步到橡皮擦工具的对应属性中。

4）流畅画笔工具

与传统画笔的功能类似，流畅画笔工具具有更多用于配置线条样式的选项，也具有更高的性能。流畅画笔工具除了能够设置颜色和大小外，还增加了稳定器、曲线平滑、圆度、速度、锥度、压力等设置，可以绘制更加流畅自然的线条。

5）画笔工具

画笔工具是Animate提供的新工具。与铅笔工具和传统画笔工具类似，画笔工具也是一种可以沿鼠标轨迹自由绘制线条的工具。它的主要功能特点是可以借助画笔库中的画笔样式沿绘制路径生成矢量图案。

在画笔工具可以进行的属性设置中，大部分设置项与前面介绍的线条工具、铅笔工具、传统画笔工具的设置项相同，此处不再赘述。例如，选中画笔工具，在属性面板中按图4-22所示设置工具选项，然后按住鼠标在舞台中拖动，可以沿鼠标移动轨迹绘制如图4-23所示的矢量图案。

默认情况下，画笔工具基于笔触自由绘制线条，需要时也可以设置为绘制填充。选中工具属性中的"绘制为填充色"图标 后，就会将线条绘制为填充数据，而非笔触数据。

6）矩形工具组

使用这组工具拖动鼠标可以绘制矩形图形。矩形工具组包含两个工具：矩形

图 4-22　画笔工具属性设置　　　　图 4-23　画笔工具绘制的矢量图案

工具和基本矩形工具。矩形工具绘制普通的矩形图形，基本矩形工具绘制组合的基本矩形图元。

如图4-24所示为属性面板中矩形工具的属性设置，基本矩形工具的设置与矩形工具的设置基本一致。这两个工具所绘制的矩形图形可以同时包含笔触和填充，也可以单独包含笔触或者单独包含填充，通过设置颜色进行控制。颜色和样式相关参数的设置与其他绘制工具的笔触和填充设置一样，此处不再赘述。"矩形选项"设置区域可以指定矩形四个边角的边角半径，以绘制向外凸或向里凹的圆角矩形。可以整体设置（"矩形边角半径"），也可以为每个顶角单独设置（"单个矩形边角半径"）。矩形工具绘制的普通矩形图形绘制完成后不能更改矩形选项中

图 4-24　矩形工具属性设置

的边角半径设置，而基本矩形工具绘制的基本矩形图元绘制完成后可以随时修改矩形选项设置。

此外，绘制矩形时，按住Shift键并拖动鼠标将绘制正方形，按住Alt键并拖动鼠标将以鼠标单击点为中心向四周扩展绘制矩形。

7）椭圆工具组

椭圆工具组用于绘制椭圆相关图形，包含两个工具：椭圆工具、基本椭圆工具。椭圆工具绘制普通的椭圆图形，基本椭圆工具绘制组合的基本椭圆图元。

如图4-25所示为属性面板中椭圆工具的属性设置，基本椭圆工具的设置与椭圆工具的设置基本一致。这两个工具所绘制的椭圆相关图形可以同时包含笔触和

填充，也可以单独包含笔触或者单独包含填充，通过设置颜色进行控制。颜色和样式相关参数的设置与其他绘制工具的笔触和填充设置一样。"椭圆选项"设置区域设置"开始角度"、"结束角度"、"内径大小"以及"闭合路径"。当"开始角度"或者"结束角度"设置为非0值时可以绘制扇形图形。"内径大小"是指内圆半径与外圆半径的大小比值，为非0值时将会绘制环形图形。当勾选"闭合路径"选项并且绘制的是带笔触扇形时，扇形图形包含完整闭合的笔触路径；如果没有勾选"闭合路径"选项且绘制的是带笔触扇形，只绘制圆弧部分的笔触路径。椭圆工具绘制的普通椭圆图形绘制完成后不能更改这些椭圆选项设置，而基本椭圆工具绘制的基本椭圆图元绘制完成后可以随时修改椭圆选项中的这些参数。

绘制椭圆时，按住Shift键并拖动鼠标将绘制正圆形；按住Alt键并拖动鼠标，将以鼠标单击点为中心向四周扩展绘制。

8）多角星形工具

通过鼠标拖动绘制多边形或者星形。图4-26为其工具属性设置，除了与其他工具类似的"绘制对象""颜色和样式"设置外，在"工具选项"区域的"样式"列表中可以选择绘制"多边形"还是"星形"；"边数"用于设置多边形的边数或者星形的角数；"星形顶点大小"设置星形顶点角度大小。

图 4-25　椭圆工具属性设置

图 4-26　多角星形工具属性设置

9）钢笔工具组

钢笔工具组包含四个基本工具：用于图形绘制的钢笔工具 以及用于图形锚点编辑的添加锚点工具 、删除锚点工具 和转换锚点工具 。这组工具配合使用进行直线或曲线路径的绘制。

钢笔工具通过绘制前后相连接的直线线段或者曲线线段来绘制完整图形轮廓。钢笔工具直接绘制的线段都是笔触数据，因此它的工具选项同线条工具完全一致，可以设置对象绘制模式、笔触颜色和样式等。Animate钢笔工具的绘制方式与Photoshop中的钢笔工具类似。选择钢笔工具，在舞台上直接单击鼠标，单击位置会生成一个锚点，前后锚点之间会连接为一条直线线段；如果单击鼠标并按住鼠标拖动则会生成一个新的锚点，新锚点与上一个锚点之间会由一条曲线线段连接，同时在新锚点位置出现一条控制手柄。拖动鼠标改变手柄的长度和方向会同步改变曲线形状，调整好曲线形状后松开鼠标即结束当前线段的绘制。使用相同方法继续完成其他锚点的添加和线段的绘制，所有线段连接在一起构成完整图形。如果要绘制具有封闭路径的图形，则使用钢笔工具单击当前图形的第一个锚点，即可自动结束当前形状的绘制；如果绘制的不是封闭路径，则在结束最后一个锚点的创建和线段的绘制后，按Esc键结束当前图形的绘制。

事实上，Animate中的基本图形（离散形状和绘制对象）本质上都是由锚点连接的线段定义形状，锚点的数量和类型影响图形形状的可调整程度。锚点数量和类型的调整需要借助其他三个工具。

使用添加锚点工具单击图形边缘会显示图形的锚点路径。若单击位置没有锚点，会在此位置添加一个锚点，此后每在锚点路径上没有锚点的位置单击，都会添加一个新的锚点。使用删除锚点工具单击图形边缘会显示图形的锚点路径。如果单击位置存在一个锚点，则会把这个锚点删除掉。使用删除锚点工具继续单击任意一个已经存在的锚点都可以将其删除。

Animate中锚点有三种类型：角点、平滑点和拐角点。角点两侧连接的线段为直线段；平滑点两端连接的线段为曲线段，且这两条曲线的切线方向一致；拐角点两侧连接的也是曲线段，但这两条曲线段的切线方向不一致。转换锚点工具可以实现这三种锚点类型之间的转换。使用转换锚点工具单击图形边缘可以将锚点路径显示出来。之后，利用转换锚点工具直接在锚点上单击，会将其变为角点；在锚点上单击并按住鼠标拖动，会将其变为平滑点，并会显示出平滑点的控制手柄；拖动平滑点控制手柄的端点，会改变控制端点所在一侧的切线方向和长度，将锚点变为一个拐角点。调整好锚点的数量和类型后，还可以借助其他可以编辑锚点的工具来调整图形形状。

10）文本工具 **T**

文本工具用于创建文字对象。选中文本工具后，属性面板中文本工具的相关参数设置如图4-27所示。可以设置文本类型、方向、字体、大小、颜色、字距等属性，以及与段落相关的对齐方式、间距、缩进、行距等属性。在舞台中单击，会

图 4-27 文本工具属性设置

出现字符输入框，输入文字即可。

Animate文本包含静态文本、动态文本和输入文本三种类型。通常，用户所创建的文本是静态文本，它在动画播放过程中是不变的。动态文本是可动态改变的文本，在动画播放过程中，其内容可以通过控制随时改变。输入文本是在动画的播放过程中可以由用户输入的文本，它可以在用户和动画之间产生交互。对于动态文本或者输入文本，可以单击"嵌入"按钮设置字体嵌入选项，以保证动态文本和输入文本能够正常显示；或者将"呈现"方式设为"使用设备字体"。

初始创建的静态文本对象是组合的矢量文字对象，在保持矢量文字对象属性的前提下，可以随时修改字体、大小、颜色等文本相关属性。组合文本对象完全分离后表现为离散的填充图形，此时会丢失矢量文本属性，只能以普通离散图形的方式对其进行编辑。

3. 编辑工具

编辑工具指能够对已经存在的图形进行修改编辑的工具，包括下面几种。

1）选择工具

选择工具具有选择图形、移动图形和修改图形的功能。

选中选择工具后通过鼠标单击或者拖动选框来选择舞台中的对象。对于离散图形，用选择工具单击笔触，会选择当前笔触；用选择工具双击笔触，会选择当前对象的所有笔触；用选择工具单击填充，会选择图形的填充部分；用选择工具双击填充会选中整个对应图形；用鼠标拖拉选框区域，会选中选框中的所有图形部分。对于组合图形，用选择工具点选图形的任何部分都会选中整个图形；若拖动选框，只要选框包含图形的某一部分就会选中整个图形。选中图形后可以对选中的图形或者图形的某些部分进行后续的编辑或者变形操作。例如，选中图形后可以在属性面板中查看选中内容的属性信息，也可以在属性面板中直接修改大小、位置、颜色、样式等属性来改变所选内容的显示效果。显示的和可修改的属性根据所选内容的类型而异。

选中图形或者图形某一部分后，按住鼠标拖动图形即可改变所选内容的位置。

对于离散形状或者绘制对象类型的图形，还可以使用选择工具修改线条弧度或者顶点位置，进行简单的变形操作。在工具面板中选中选择工具，将鼠标指针移动到要修改的线条边缘，鼠标指针变为 ↘ 时按住并拖动鼠标，即可在此位置修改线条的弧度；将鼠标移动到图形的某个顶点附近，指针变为 ↘ 时按住并拖动鼠标，可以改变顶点的位置。

2）部分选取工具 ▶

部分选取工具可以显示图形的锚点路径，移动图形，修改图形形状。

在工具面板中选中部分选取工具，然后单击离散形状或者绘制对象图形的边缘，会显示该图形的锚点路径，如图4-28(a)所示。

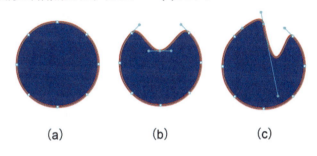

图 4-28　部分选取工具操作示例

显示图形的锚点路径后，将鼠标移动到两个锚点之间的路径线段上，当鼠标指针变为 ▶ 时按住鼠标拖动，可以将对应图形移动到新的位置。

显示图形的锚点路径后，将鼠标移动到某个锚点上，当鼠标指针变为 ▶ 时，按住鼠标拖动可以改变该锚点的位置，从而改变线段的形状，如图4-28(b)所示；使用鼠标单击某个锚点，显示锚点上的控制手柄，拖动手柄的某个控制端点，改变方向线的方向和长度，也可以改变线段的形状，如图4-28(c)所示。

需要注意的是，部分选取工具不能改变图形锚点的数量和类型。若要改变图形的锚点数量和类型，需要结合钢笔工具组中的添加锚点工具、删除锚点工具和转换锚点工具进行操作。

3）套索工具组

套索工具组是一组不规则选择工具，包括套索工具、多边形工具和魔术棒工具。

选择套索工具 ◯，按住鼠标在舞台上拖动，松开鼠标时会沿鼠标移动轨迹形成选择范围，范围内的内容会被选中。

选择多边形工具 ▶，使用鼠标在舞台上的不同位置连续单击，相邻两个单击点之间构成的连线形成多边形选择区域，最后双击鼠标结束操作形成完整选区。

选区范围内的内容会被选中。

魔术棒工具 可以选择颜色相近的图像区域，只能对离散的位图对象进行操作。执行"文件"→"导入"→"导入到舞台"命令，将图像文件（jpg、png等格式）导入到库面板中，并在舞台中创建对应的位图对象。导入的位图对象初始状态为组合状态，需要使用"修改"→"分离"命令将其转换为离散对象。选择魔术棒工具，在属性面板中设置"阈值"属性。鼠标在离散位图上单击，会以单击点的颜色为基准，将连接在一起的、与基准颜色差别小于"阈值"的像素点加载为选择范围。鼠标继续单击非选中区域会添加新的选区范围，鼠标单击已选中范围则会取消选择。

4）任意变形工具

任意变形工具具有选择图形、移动图形和改变图形形状的功能。选中任意变形工具后，使用与选择工具相同的操作方式选择图形对象，在所选中内容的周围会出现矩形变形框，如图4-29所示。

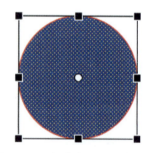

图 4-29　任意变形工具变形框

之后，用户可以执行下列操作。

移动对象：将鼠标移至对象内部，当鼠标指针变为 时按住鼠标拖动，可以移动所选对象位置。

改变变形中心点的位置：变形框中间的圆形标记是变形操作的中心点位置，通常是所选内容的形状中心。要改变变形中心点的位置，应将鼠标指针移至变形中心点旁，当指针变为 时，按住鼠标将其拖动到其他位置即可。

缩放、旋转、倾斜对象：将鼠标移动到变换框的某个端点标记■上，指针变为 、 、 或者 时，按住并拖动鼠标可以沿特定的方向放大或者缩小所选内容。将鼠标移动到变形框的四个顶点外围，指针变为 时，按住鼠标拖动可以旋转所选内容。将鼠标移动到变形框的水平或者垂直边线的非控制点位置，指针变为 时，沿左右或者垂直方向拖动鼠标可以在水平或者垂直方向倾斜所选对象。

扭曲和封套：对于离散形状或者绘制对象图形，除了可以进行上述变形操作之外，还可以进行更复杂的变形操作。使用任意变形工具选中对象显示变形框后，在工具面板底端的工具选项区域，使用鼠标单击并长按打开变形操作选项列表，如图4-30所示。选择"扭曲"，则鼠标可以单独拖动改变变形框的八个顶点，通过改变

图 4-30　任意变形工具选项

顶点位置来对所选内容进行扭曲变形。选择"封套"，则变换框中除了会显示八个控制点外，每个控制点还会显示两侧的控制手柄。移动控制点改变控制点的位置，拖动控制手柄改变手柄长度和方向从而改变轮廓的曲线弧度和形状，都可以实现使所选内容变形的效果。

对象形状的改变，除了使用任意变形工具外，还可以使用变形面板或者"修改"→"变形"命令实现。

5）渐变变形工具

当图形具有用渐变色或者导入位图填充的笔触或者填充数据时，使用渐变变形工具可以改变渐变色或者位图填充效果。使用渐变变形工具单击渐变色或者位图填充区域，会根据填充类型的不同出现不同的渐变变形框，如图4-31所示。用鼠标拖动渐变变形框上不同的变形标记，可以对内部填充进行移动位置、缩放、旋转等操作，从而改变对象笔触或者填充内部的渐变色或者位图填充效果。渐变变形工具不能改变对象的整体形状。

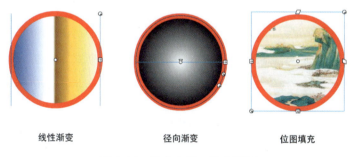

线性渐变　　　　　径向渐变　　　　　位图填充

图 4-31　渐变变形工具变形框

6）3D旋转工具

3D旋转工具可以对影片剪辑对象进行3D旋转变形，即可以绕X轴、Y轴或者Z轴旋转对象。选择3D旋转工具，单击影片剪辑对象，会出现如图4-32所示的3D旋转变形框，包括红、绿、蓝、橙四条控制线和一个圆圈中心点。红、绿、蓝、橙四种颜色的控制线分别代表绕X轴、Y轴、Z轴、X&Y轴进行旋转控制。使用鼠标

按住某条控制线并拖动即可使对象绕对应的坐标轴旋转。使用鼠标单击中心点并拖动可以改变变形中心位置。3D旋转变形也可以使用变形面板实现。需要注意的是，3D旋转控制只对影片剪辑对象起作用，影片剪辑对象是影片剪辑类型元件的实例对象。元件和实例的概念和操作在后续章节中会详细介绍。

7）3D平移工具

与3D旋转工具一样，3D平移工具也只能对影片剪辑对象进行操作。使用3D平移工具单击影片剪辑对象，会出现如图4-33所示的变形框。水平方向箭头代表沿X轴平移，竖直方向箭头代表沿Y轴平移，黑色圆点代表沿Z轴平移。操作时使用鼠标单击对应标记，沿对应方向移动即可。

图 4-32　3D 旋转工具变形框　　　图 4-33　3D 平移工具变形框

8）橡皮擦工具

橡皮擦工具用于将橡皮擦经过的地方擦除掉，只能对离散形状和绘制对象图形进行操作。橡皮擦工具可以设置的选项如图4-34所示。

可以看出，多数属性的设置与传统画笔工具相同。其他不同的设置如下。

橡皮擦模式：选择橡皮擦的擦除模式。单击橡皮擦模式图标，打开如图4-35所示的模式选择菜单进行选择。当橡皮擦经过舞台中已有的离散图形或绘制对象时，不同橡皮擦模式的擦除效果不同。"标准擦除"模式下，橡皮擦经过的任何区域的内容都会被擦除。"擦除填色"模式下，橡皮擦不擦除笔触，只擦除填充

图 4-34　橡皮擦工具选项　　　图 4-35　橡皮擦模式选择

区域。"擦除线条"模式下，只擦除笔触，不擦除填充。"擦除所选填充"模式下，只擦除已选择的填充区域，其他区域不会受到影响。"内部擦除"模式下，橡皮擦从图形内部往外擦除时，碰到笔触数据就会结束擦除。

水龙头模式：可以一次性擦除连续的笔触或者填充。

擦除现用图层：勾选该选项，擦除只对当前选中图层起作用，而其他图层上的内容不会被擦除。

9）颜料桶工具

颜料桶工具可以修改已有填充的填充样式，也可以为封闭或相对封闭的空白区域添加填充数据。选中颜料桶工具，在工具面板或者属性面板中设置填充颜色，然后使用鼠标单击要修改或者添加填充的区域即可。在为空白区域添加填充时，区域外围的笔触轮廓最好是完全封闭的，如果笔触轮廓存在较大空隙，会导致填充失败。在颜料桶工具的工具选项中可以设置"间隙大小"选项，代表所允许的间隙大小，但具体大小由系统决定。如果选择"封闭大空隙"后依然无法填充，则只能想办法缩小或者消除空隙。工具选项中的"锁定填充"与传统画笔工具中的"锁定填充"含义相同。如果激活"锁定填充"模式，在相同填充颜色设置下，前后连续执行填充操作，会作为一个整体统一进行填充；如果关闭"锁定填充"模式，则每次填充独立进行，前后填充操作之间没有任何关联。

10）墨水瓶工具

墨水瓶工具可以修改已有笔触的笔触样式，也可以为只有填充数据的图形添加笔触轮廓。选中墨水瓶工具，在属性面板中设置笔触样式，然后使用鼠标单击已有笔触或者填充区域即可。

11）滴管工具

滴管工具可以拾取已有笔触或者填充数据的样式。当用滴管工具单击已有笔触时，滴管工具会拾取该笔触的笔触样式并自动转换为墨水瓶工具，以便为其他图形修改或添加笔触。当用滴管工具单击已有填充数据时，滴管工具会拾取该填充的填充样式并自动转换为颜料桶工具，以便为其他图形修改或添加填充数据。

12）宽度工具

宽度工具改变笔触的宽度模式修饰线条形状。选择宽度工具，将鼠标移动到笔触线条上，笔触线条上会出现蓝色宽度线，并在指针位置出现蓝色的圆形可添加宽度节点，如图4-36所示。使用鼠标单击并拖动蓝色圆形宽度节点，会出现与宽度线垂直的宽度手柄，手柄长度随鼠标拖动方向放大或缩小，手柄长度定义此

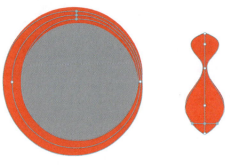

图 4-36　宽度工具

位置处的笔触宽度。可以根据需要在不同位置添加宽度控制节点并设置不同的宽度。使用鼠标单击已添加的宽度节点可以移动其位置，选中宽度节点并按Delete键可以将其删除。使用选择工具选中修改后的笔触，则对应的宽度模式会加载到属性面板的"宽度"选项列表中。可以单击宽度列表旁边的 ▦，选择"添加到配置文件"命令存储新定义的宽度样式，以便应用到其他笔触的设置中。

13）资源变形工具

资源变形工具也叫图钉工具，由用户自行设置并选择图钉控制点对对象进行变形操作。选择资源变形工具，单击舞台上要进行变形的对象，出现 ✶ 标记后再次单击，对象将转换成变形对象，并在单击位置添加一个圆形控制点；在对象的不同位置单击，可以添加多个控制点。多余的控制点可以用鼠标选中后按Delete键删除。图4-37(b)为对图4-37(a)中的位图对象应用资源变形工具并在不同位置添加多个控制点后的结果。将鼠标指针移动到某个圆形控制点上，单击鼠标选中控制点，可以按住Shift键同时选择多个点。这样可以在固定其他控制点不动的情况下，通过用鼠标拖动选取的控制点实现局部变形。图4-37(c)为变形后的结果。

图 4-37　资源变形工具

4. 其他工具

1）缩放工具

缩放工具用于放大或者缩小舞台场景的显示比例以方便编辑和操作。选中缩放工具后，在工具面板底栏的工具选项区选择放大图标 🔍 或者缩小图标 🔍 后，在舞台上单击即可。可以使用Alt快捷键在放大和缩小两种模式之间进行切换。

2）手形工具组

手形工具组包含手形工具 ✋、旋转工具 ✋ 和时间划动工具 ✋。

手形工具 ✋ 用于在场景显示范围超出编辑窗口，无法完整显示所有内容时移动可视区域。选中手形工具后，在舞台上按住鼠标拖动，即可移动场景的显示区域。

旋转工具 ✋ 用于对舞台显示视图进行旋转。选中旋转工具后，在舞台上单击设置旋转中心位置，按住鼠标拖动，即可使舞台视图按鼠标拖动方向旋转。单击编辑窗口右上角的"舞台居中"图标 ⊕ 可以恢复舞台视图的正常显示。

时间划动工具 ✋ 用于划动改变时间轴中播放头的位置。选中时间划动工具后，在舞台上按住鼠标左右拖动，即可向前或者向后划动时间轴，舞台内容会随播放头的位置改变而改变。

3）骨骼工具组

骨骼工具组包括骨骼工具 🦴 和绑定工具 🔗 两个工具，用于创建骨骼和实现骨骼绑定，可高效制作骨骼联动动画。骨骼动画制作比较复杂，本章节不作详细介绍，若有需要可以通过Adobe官方网站自行学习。

4）摄像头工具 📷

摄像头工具会为文档添加摄像头控制，对整个场景动画应用镜头移动、镜头缩放、镜头旋转等操作。添加摄像头后，舞台下方会出现摄像头控制条，在时间轴图层列表中会创建Camera图层，如图4-38所示。

在舞台中直接拖动鼠标可以移动摄像头位置。激活缩放模式按钮 🔍 并拖动控制条游标可以调整镜头缩放比例。激活旋转模式按钮 🔄 并拖动控制条游标可以调整镜头旋转角度。镜头位置、镜头缩放和镜头旋转参数的调整也可以使用属性面板进行，如图4-39所示。在属性面板中还可以进行色彩效果和滤镜控制。

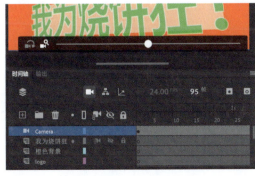

图 4-38　添加摄像头

图 4-39　摄像头属性设置

在添加的Camera图层中可以使用后面章节中将要介绍的动画制作方式制作镜头拉伸和旋转的动画，丰富影片效果。需要注意的是，摄像头属于高级图层功能，对交互动画中的代码控制可能产生影响。要取消摄像头功能，单击时间轴面板图层区域上方的图标 ▣ 即可。

5）颜色工具

颜色工具位于工具面板底部，单击实心矩形可以设置填充颜色，单击空心矩形可以设置笔触颜色。单击图标 ▣ 可以将笔触和填充色分别设为黑色和白色，单击图标 ↻ 可以将填充颜色和笔触颜色互换。

5. 绘图实例

下面介绍"雪花飘飘"场景的绘制过程和操作步骤，演示使用基本工具、功能面板和图层等技术绘制和编辑对象的方法，场景的效果图如图4-40所示。

图 4-40　"雪花飘飘"效果

整个场景画面的绘制思路为：

（1）绘制雪地：绘制矩形作为雪地范围→用画笔工具处理雪地表面。

（2）绘制雪人：绘制雪人身体→绘制眼睛、鼻子→处理帽子形状→手绘树枝。

（3）绘制树木：绘制树木局部形态→利用任意变形工具调整外形→色彩处理。

（4）飘飘雪花：绘制一瓣雪花→利用变形面板完成一片雪花→复制雪花。

具体制作流程如下。

1）新建文件

运行Animate CC软件，选择菜单中的"文件"→"新建"命令，新建一个ActionScript 3.0文档，在属性面板中将舞台的背景颜色设置为淡紫色（#9999FF）。

2)绘制雪地

(1)选择矩形工具,设置笔触颜色为无,填充颜色为白色,在舞台上绘制离散长方形。

(2)使用选择工具选中白色矩形,打开对齐面板,勾选"与舞台对齐"选项。单击"匹配大小"栏中的"匹配宽度"按钮，使矩形与舞台的宽度匹配;单击对齐面板中的"水平居中对齐"按钮和"底对齐"按钮，使矩形居中并与舞台底部对齐,如图4-41所示。

(3)取消选中矩形,选择传统画笔工具,设置填充颜色为白色,在属性面板中选择合适的画笔大小和形状类型,在矩形边界上绘制起伏不平的曲线,如图4-42所示。

图 4-41 绘制矩形

图 4-42 绘制雪地背景

3)绘制雪人

(1)在时间轴面板上单击"新建图层"按钮，新建图层2,使用鼠标拖动图层2,将其调整到图层1的下方。

(2)设置填充颜色为白色,笔触颜色为无。图层2中,使用椭圆工具绘制离散圆形图形,使用矩形工具绘制离散矩形图形,使用选择工具修改矩形顶点位置并将其调整为梯形的形状。将离散圆形和矩形叠放在一起合并为一个图形,作为初始的雪人身体形状。使用传统画笔工具将身体形状边界涂抹为不规则轮廓。

(3)使用选择工具选中雪人身体。打开颜色面板,设置"填充颜色"为"线性渐变",设置线性渐变颜色为青色(#3300FF)到白色渐变。

(4)使用渐变变形工具调整渐变的角度和位置,使深色位于雪人的下方,如图4-43所示。

4）修饰雪人

（1）新建图层3。

（2）选择椭圆工具，设置笔触颜色为无，填充颜色为深灰色，按住Shift键绘制小圆形作为眼睛。在按住Alt键的同时单击小圆形向外拖动，复制另一只眼睛。将两只眼睛放置在合适的位置。

（3）选择钢笔工具，设置合适的笔触颜色，使用鼠标单击绘制闭合的三角形轮廓。使用颜料桶工具为三角形填充粉红色（#FF82FF）。使用选择工具双击任意笔触将所有笔触选中，按Delete键将笔触删除。使用选择工具调整三角形的形状和线条弧度，获得胡萝卜状的鼻子图形，如图4-44所示。

图 4-43 绘制雪人身体

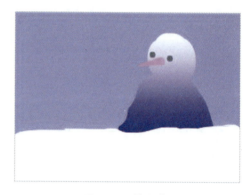
图 4-44 绘制鼻子

（4）选择矩形工具，设置笔触颜色为无，填充颜色为粉红色（#FF82FF），绘制矩形。使用选择工具调整矩形顶点位置，将矩形调整为梯形。使用选择工具调整梯形上、下底边为圆弧状，得到帽子形状，如图4-45所示。还可以使用任意变形工具调整帽子的角度和位置。

图 4-45 绘制帽子和树枝

（5）选择铅笔工具，设置笔触颜色为赭石色（#887755），"铅笔模式"设置为"墨水"，设置合适的笔触大小，绘制树枝及树枝分支，如图4-45所示。

5）绘制树木

（1）新建图层4，使其位于图层1的下方。

（2）选择多角星形工具，在属性面板的"工具选项"中设置"样式"为"多边形"，"边数"为3，设置笔触颜色为无，填充颜色为白色，拖动鼠标绘制离散三角形。使用选择工具修改三角形的线条弧度。选中调整后的三角形，在按住Alt键的同时向外拖动并复制出几个同样的图形，叠放在一起构成树头形状，如图4-46所示。

（3）使用任意变形工具选中树头形状，在工具面板底栏的工具选项区域中选择"封套"模式，拖动变形框上的控制节点和手柄调整树头形态，如图4-47所示。

（4）选择矩形工具，设置笔触颜色为无，填充颜色为白色。绘制矩形作为树干，放置在树头下端，如图4-48所示。

（5）选择颜料桶工具，在颜色面板中设置"填充颜色"为"线性渐变"，设置线性渐变颜色为青色（#4315F8）到白色渐变，单击树木图形填充渐变色。使用渐变变形工具调整树木的渐变效果，如图4-49所示。

图4-46　复制图形　　图4-47　调整树头形态　　图4-48　绘制树干　　图4-49　填充并调整渐变色

（6）选中整个树木图形，按Ctrl+G组合键（或者执行"修改"→"组合"命令）组合对象，复制另外两棵树木，分别调整三棵树木的位置、大小和叠放次序，如图4-50所示。

6）绘制雪花

（1）新建图层5，使其位于所有图层的上方，隐藏图层1至图层4。

（2）选择线条工具，设置笔触颜色为白色，绘制垂直线条及两旁分支，构成雪花花瓣图形，如图4-51所示。

（3）选择任意变形工具，框选整个花瓣图形显示变形框，将变形中心点拖动到花瓣底端端点位置，如图4-52所示。

（4）打开"变形"面板，设置旋转角度为60°，如图4-53所示。单击变形面板底部的"重置选区和变形"按钮 5次，完成其他5个花瓣的复制，得到完整的雪花图形，如图4-54所示。

图 4-50　复制树木并调整大小和位置

图 4-51　绘制花瓣

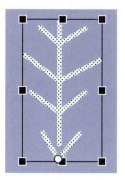

图 4-52　修改中心点

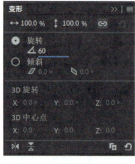

图 4-53　设置旋转角度

图 4-54　雪花图形

（5）使用选择工具框选整个雪花图形，按Ctrl+G组合键将其转换为组合图形。使用任意变形工具，将其调整为合适大小。

7）雪花飘飘

使用选择工具选中雪花图形，按Ctrl+D组合键若干次复制出多个雪花，将复制的雪花拖放到不同的位置，营造雪花飘飘的效果。显示所有图层，结束绘制。完整场景画面如图4-40所示。

4.2.3　基础动画制作

Animate CC中，基础动画的制作分为逐帧动画和补间类动画两大类。

（1）逐帧动画：用户自己创建每一帧的内容。时间轴上的每一帧都是关键帧或者普通帧。

（2）补间类动画：用户制作好若干关键帧，由Animate自动计算生成中间变化的补间帧，使得画面从一个关键帧过渡到另一个关键帧。两个关键帧分别定义了该动画序列的起始和终止状态，中间帧自动计算产生动态变化效果。补间类动画又可分为动作类补间和形状类补间两种。

- 动作类补间：指一个实例对象的动作状态变化。在一个时间点定义一个实例的位置、大小和旋转角度等属性，然后在另一个时间点改变这些属性。根据实现方式的不同，动作类补间又分为补间动画和传统补间两种实现技术。
- 形状类补间：指两个不同形状之间的变化。Animate中，形状类补间通过插补补间形状动画实现。在一个时间点绘制一个形状，然后在另一个时间点更改该形状或绘制另一个形状，Animate会自动生成二者之间形状变化的中间帧。

除了逐帧动画和基本的补间类动画外，Animate还提供了引导路径动画和遮罩动画制作技术来丰富动画的控制效果。引导路径动画在传统补间动画的基础上添加引导层控制，使实例对象沿着特定路径运动，形成曲线运动的效果。遮罩动画通过添加遮罩层，自由控制图层的显示区域。

本节通过实例具体讲解各种基本动画的制作方法。

1. 元件与实例

Animate中，元件用来定义某种类型的对象。元件只创建一次，可以在整部影片中重复引用。元件的内容可以是静态的，也可以是动态的。用户所创建的元件都存放在库面板中。不管被引用多少次，元件引用对文件大小都只有很小的影响，因而使用元件可以大幅缩小文件，加快影片的播放速度。

要引用某个元件，只需将它从库面板拖动到舞台上。这样，Animate会在该位置创建指定元件的一个副本，也就是元件的实例。实例是对元件的引用，编辑元件会更新它的所有实例，这样可以减少用户的工作量。但对元件的一个实例的更新只能应用于该实例本身。

1）元件的类型

Animate中的元件包含图形元件、影片剪辑元件和按钮元件三种类型。每个元件都有自己的时间轴、图层和舞台。Animate的所有工具、面板以及动画制作技术都可以用来编辑元件，即元件的编辑方法与普通场景的编辑方法完全一致。

图形元件 是最基本的元件类型，通常用来定义简单的静态对象或者动画片段，经常用于创建更加复杂的影片剪辑元件或者按钮元件。图形元件时间轴与主时间轴（顶层影片场景时间轴）同步，可以对图形元件实例进行色彩效果等简单控制，但不支持ActionScript代码控制，也不能应用滤镜、混合模式等控制功能。

影片剪辑元件 是最常见、最强大、最灵活的元件，其时间轴独立于主时间轴。该元件可以对影片剪辑实例应用色彩效果、3D变形、滤镜、混合模式等控制，丰富其展示效果，也可以使用ActionScript代码控制影片剪辑对象。

按钮元件 主要用于交互动画设计，包含四个特殊的帧，用于描述与光标交互时的不同显示效果。该元件可以对按钮应用滤镜、色彩效果和混合模式等控制，也可以使用ActionScript代码对按钮对象进行控制。

三种类型的元件可以互相嵌套。可以把一个按钮元件放置到一个影片剪辑元件中，或把影片剪辑元件放置到一个图形元件中。

2）创建元件

元件的创建方法有以下几种。

第一种方法是通过舞台上已经绘制的对象来转换元件。使用选择工具选中舞台上的对象，然后按F8键或选择菜单中的"修改"→"转换为元件"命令，会弹出如图4-55所示的"转换为元件"对话框。设置元件名称，选择元件类型，指定对齐点（注册点+）位置，单击"确定"按钮，即可在库面板中创建一个新的元件，当前选中图形会自动转换为该元件的一个实例。

图 4-55　转换元件

第二种方法是直接创建一个新元件。使用Ctrl+F8组合键或选择菜单中的"插入"→"新建元件"命令，会弹出"创建新元件"对话框，如图4-56所示。设置元件名称和类型后单击"确定"按钮，进入元件的编辑窗口。使用图形绘制和动画制作技术制作元件内容即可。

图 4-56　创建新元件

第三种方法是从其他Animate文档中复制元件。打开源元件所在的来源文档，从库面板中选中元件，单击右键，从弹出的菜单中选择"复制"，在目标文档库面板中单击右键，从菜单中选择"粘贴"即可。若是在同一文档中复制元件，从库面板中选中元件后单击右键，从菜单中选择"直接复制"命令即可。

3）编辑元件

可以通过以下三种方式编辑元件。

（1）在当前位置编辑。使用鼠标双击舞台中元件的实例，或者右键单击元件实例，在弹出的菜单中选择"在当前位置编辑"命令，即可进入该编辑模式。这时元件和其他对象位于同一个舞台中，但其他对象会以较浅颜色显示，从而与正在编辑的元件区分开。编辑结束后单击按钮 ← 或者单击场景/元件名称退出当前元件编辑，回到主场景或者上层元件。

（2）在新窗口中编辑。鼠标右击需要编辑的元件实例，从弹出的菜单中选择"在新窗口中编辑"命令，即可进入该编辑模式。这时元件将被放置在一个单独的窗口中进行编辑。编辑结束后直接关闭编辑窗口即可。

（3）使用元件编辑模式。鼠标右击需要编辑的元件实例，从弹出的菜单中选择"编辑元件"命令；或者在库面板中选中元件，单击右键，从弹出的菜单中选择"编辑"命令；或者直接双击库面板上方的元件图例，即可进入该编辑模式。这时可以将编辑窗口更改为只显示该元件的单独视图来编辑它。编辑结束后单击按钮 ← 回到场景视图。

4）管理元件

元件存放在库面板中，元件的管理操作主要在库面板中进行，如图4-57所示。

图 4-57　在库面板中管理元件

在库面板中可以进行新建元件 ，、删除元件 ，、分组元件 ，以及修改元件的属性 （名称、类型等）等操作。

5）创建与编辑实例

创建好一个元件后，就可以在影片中任何需要的地方（包括其他元件内）创建该元件的实例了。创建实例就是将元件从"库"面板拖到舞台中，实例是元件在舞台中的具体体现。

创建好一个实例后，可以改变实例的位置、大小等属性，也可以在属性面板中为每个实例设置不同的色彩效果控制（亮度、色调、透明度），还可以为影片剪辑和按钮实例添加滤镜等。对实例属性的修改，不会影响元件及该元件创建的其他实例。

2. 逐帧动画

逐帧动画在时间轴上表现为连续的关键帧或者普通帧，其原理是在关键帧中分解动画动作，在普通帧中延续动作播放时长，将所有帧连续播放形成动画。由于需要绘制每一帧的内容，因此利用这种方法制作动画的工作量非常大，而且最终输出文件量也很大。但是，逐帧动画法制作出来的动画效果非常好，适合于制作细腻、精准的动画。

例4-1：转动的时钟。

（1）新建文档。

新建Animate文档，并保存为"时钟.fla"。

（2）创建参考线和参考点。

选择"视图"→"标尺"命令显示标尺，用鼠标单击水平标尺并拖动拉出水平蓝色参考线，将参考线拖动到合适位置。使用同样的方法拉出垂直参考线，两条参考线的交点定为时钟的中心点，如图4-58所示。

（3）绘制时钟外形。

选中图层1第1帧，选择椭圆工具，设置笔触颜色为蓝色，笔触大小为10，填充色设为无。将鼠标指针放置在参考点上，同时按住Alt键和Shift键并单击鼠标拖动，以参考点为圆心绘制正圆形。使用椭圆工具在圆形轮廓中心位置绘制实心小圆形。选择矩形工具，填充颜色设为蓝色，笔触颜色设为无，绘制蓝色小矩形作为时钟刻度。使用任意变形工具选中矩形刻度，将其放置在时钟0点位置，调整变形中心点到中心参考点位置。打开变形面板，设置旋转角度为30度，单击"重置选区和变形"按钮 11次，复制其他11个刻度。绘制的时钟外形如图4-59所示。

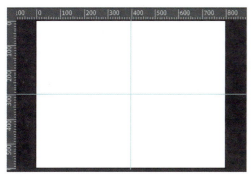
图 4-58 参考线和参考点

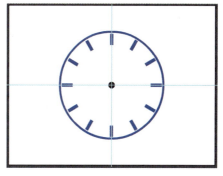
图 4-59 时钟外形

选中图层1的第360帧，单击右键，从弹出的菜单中选择"插入帧"命令或者使用快捷键F5插入普通帧，将时钟外形的播放时间延续到360帧。

（4）制作分针逐帧动画。

新建图层2。使用矩形工具在新建图层2上绘制细长蓝色矩形。放大显示比例，选中选择工具，将鼠标指针移至矩形上面边界中间，按住Ctrl键，单击鼠标拖动产生指针尖角，得到分针图形后恢复显示比例。选中分针图形，按F8键将其转换为"分针"元件。

将分针放置在时钟中心，使用任意变形工具调整其旋转中心点到时钟中心。选中第2帧，单击右键，从弹出的菜单中选择"插入关键帧"命令（或者使用F6快捷键）插入关键帧。打开变形面板，将旋转角度设为12°后直接按回车键，使分针旋转12°。第3帧至第30帧重复第2帧的操作，每一帧的旋转角度依次增加12°。鼠标拖动选中第1至30帧，单击右键，从菜单中选择"复制帧"命令，然后依次选中第31、61、91、121、151、181、211、241、271、301和331帧。单击右键，从菜单中选择"粘贴帧"命令复制第1~30帧的内容。删除第360帧后的所有帧。

（5）制作时针逐帧动画。

新建图层3，使用类似的方法制作时针元件。将时针放置在时钟中心，调整其旋转中心点到时钟中心。在第31、61、91、121、151、181、211、241、271、301、331帧处依次添加关键帧（按F6键），每一帧处将时针旋转角度依次增加30度。

（6）添加声音。

导入"滴答.mp3"声音文件。选中图层1第1帧，属性面板中，声音名称选择"滴答.mp3"，同步方式选择"开始"和"循环"。

（7）测试影片。

使用"控制"→"测试"命令，或者使用Ctrl+Enter组合键演示动画效果并调整。

（8）保存和导出文件。

保存.fla文件。使用"文件"→"导出"→"导出影片"命令导出.swf格式的动画文件。

（9）在"视图"菜单中取消选中"标尺"，用鼠标拖动参考线到编辑窗口外将其删除。

图4-60为本实例动画影片的中间播放效果。图4-61为本实例的时间轴面板。

图 4-60 "转动的时钟"实例影片中间效果图

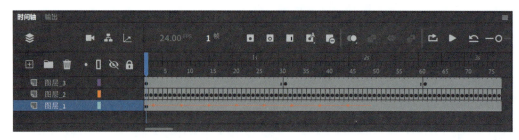

图 4-61 "转动的时钟"实例时间轴面板

3. 补间动画

补间动画是Animate提供的新的动作类补间动画制作技术，用于制作一个实例对象的动作变化动画。补间动画具有功能强大且操作简单的特点，能够自动识别变化生成关键帧，还能够自动记录运动路径。补间动画除了能够实现位置、大小、角度、颜色等传统变化效果外，还可以实现3D变化效果。因为是动作类的补间技术，所以要求应用补间动画技术的对象必须是元件的实例。

补间动画技术的基本制作流程如下：

（1）创建元件。

（2）新建或者选择动画图层。

（3）在动画片段的起始帧位置创建关键帧，将元件实例化并调整起始状态。

（4）在动画结束帧位置插入普通帧。

（5）在动画片段中间位置，单击右键，从弹出的菜单中选择"创建补间动画"命令插补补间动画。

(6)在动画中间或结束帧调整对象的动作属性,会自动生成关键节点(实心菱形)。

例4-2:投篮。

(1)新建文档。

新建Animate文档,保存文件为"投篮.fla"。将舞台颜色设为#3399FF。

(2)绘制篮球筐。

选中图层1的第1帧。选择矩形工具,将填充颜色设为橙色,笔触设为深蓝色,笔触大小设为1,矩形边角半径设为10。打开对象绘制模式,在舞台左上角拖动绘制一个较大的矩形。重新设置矩形工具的填充颜色为白色,取消笔触,在橙色矩形中间绘制白色小矩形。选择椭圆工具,取消填充,笔触颜色设为深蓝色,笔触大小设为10,绘制大小合适的椭圆,放置在白色矩形的底端。绘制的篮球筐如图4-62所示。

(3)绘制球网。

新建图层2。选择线条工具,设置笔触颜色为灰色,从蓝色椭圆球筐的外侧开始绘制若干交叉的斜线条,如图4-63所示。选中图层1中的蓝色椭圆,按Ctrl+B组合键将其分离为离散图形;选中其下半部分线条,按Ctrl+C组合键复制图形。选中图层2第1帧,按Ctrl+V组合键粘贴图形,并移动粘贴的图形,使其与图层1中的对应位置完全重叠。

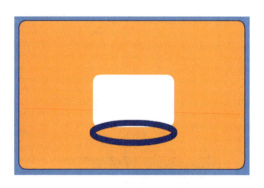

图4-62 绘制篮球筐

图4-63 绘制球网

(4)导入素材,创建篮球元件。

选择"文件"→"导入"→"导入到库"命令,选择"篮球.jpg"文件,将其导入到库面板。选择"插入"→"新建元件"命令,在"新建元件"窗口中设置元件名称为"篮球",元件类型为"影片剪辑",单击"确定"按钮进入元件编辑窗口。

打开库面板，将"篮球.jpg"素材拖动到舞台。使用任意变形工具调整素材图片的大小，选择"修改"→"分离"命令（或者按Ctrl+B组合键）将组合图片变为离散形状。在工具面板中选择魔术棒工具，将"阈值"属性设为10。单击篮球周围的白色背景，将背景选中，按Delete键删除背景。如果存在未删除干净的部分，可以使用橡皮擦工具擦除。创建好的篮球元件如图4-64所示。

图 4-64　篮球元件

（5）制作投篮动画。

回到主场景，新建图层3。第1帧选中库面板中的篮球元件，将其拖动到舞台创建实例，放置在舞台右下方的合适位置。使用任意变形工具调整篮球大小。

鼠标拖动选中图层1、图层2和图层3的第60帧，单击右键，从弹出的菜单中选择"插入帧"，在三个图层的第60帧都插入普通帧。鼠标单击图层3第1～60帧中间的任意一帧，单击右键，从弹出的菜单中选择"创建补间动画"命令。选中图层3的第40帧，将篮球移动到蓝色椭圆上端。选中图层3的第60帧，将篮球垂直移动到舞台下方。此时在图层3的第40帧和第60帧会自动生成两个菱形关键节点，同时会自动生成两条直线路径，如图4-65(a)所示。使用选择工具将鼠标移动到斜线路径线条附近，拖动鼠标将直线路径调整为曲线路径，如图4-65(b)所示。

最后，使用鼠标选中图层3，将其拖动到图层2的下方。

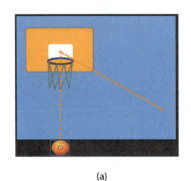

(a)　　　　　　　　　　　(b)

图 4-65　补间动画运动路径

（6）测试动画保存文档。

按Ctrl+Enter组合键测试动画效果。选择"文件"→"保存"命令保存fla文件，选择"文件"→"导出"→"导出影片"命令导出.swf动画文件或者其他类型的图像序列。

图4-66为本实例动画影片的中间播放效果。图4-67为本实例的时间轴面板。

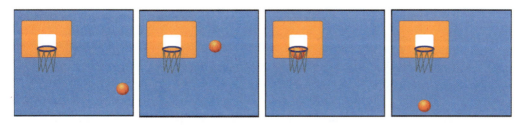

图 4-66 "投篮"实例影片中间效果

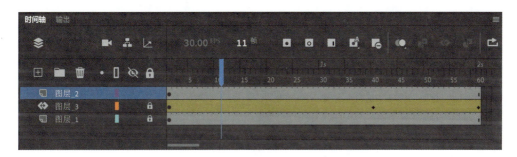

图 4-67 "投篮"实例的时间轴面板

4. 传统补间动画

传统补间动画也是一种动作类补间动画，可以实现某一实例对象的位置、大小、角度、颜色等变化。与补间动画一样，应用传统补间动画的对象必须是元件的实例，离散的图形对象不能应用动作补间。插补传统补间动画前需要准备好前后两个关键帧。应用传统补间动画后，两个关键帧之间的插补帧由计算机自动计算生成。

传统补间动画技术的基本制作流程如下：

（1）创建元件。

（2）新建或者选择动画图层。

（3）在动画片段的起始帧位置插入关键帧，并将元件实例化，设置实例对象的起始动作状态。

（4）在动画片段的结束帧位置插入关键帧，并设置实例对象的结束动作状态。

（5）选中两个关键帧中间的任意一帧，右键单击，在弹出的菜单中选择"创建传统补间"命令。

例4-3：文字叠影。

（1）新建文档。

新建Animate文档，保存为"flash.fla"文件。

（2）创建文字元件。

按Ctrl+F8组合键打开"新建元件"窗口，设置元件名称为"flash"，类型为"图形"，单击"确定"进入元件编辑窗口。选择文本工具，在属性面板中设置文本类型为静态文本，字体为Arial，样式为Black，颜色为蓝色，大小为50pt。使用鼠标单击舞台，输入文字内容"FLASH"。

使用选择工具选中文本对象，按Ctrl+B组合键两次，将文字对象完全分离为离散图形。选中颜料桶工具，打开颜色面板，将填充颜色设为"线性渐变"，设置渐变色为"蓝→白"。用鼠标单击选中的离散文本对象，将整个图形填充为渐变色。使用渐变变形工具单击文字图形显示渐变变形框，调整渐变方向并缩放渐变范围，使渐变填充效果如图4-68所示。

图4-68　设置文字对象的渐变效果

退出元件编辑，回到场景编辑窗口。

（3）制作单个对象的动画片段。

选中主场景图层1的第1帧，创建"flash"元件的实例，调整大小和位置。选中第40帧，插入关键帧。使用任意变形工具将第40帧中的实例对象旋转180°。选中第40帧中的实例对象，在属性面板的"色彩效果"列表中选择Alpha，将Alpha值调整为0。选中第1～40帧之间的任意一帧，单击右键，在弹出的菜单中选择"创建传统补间"命令即可完成单个文字对象的动画片段制作。单个文字的动态变化效果如图4-69所示。

（4）制作叠影动画。

新建3个图层。单击"图层1"，选中图层1的所有帧，在选中的帧上单击右键，在弹出的菜单中选择"复制帧"命令。单击"图层2"，选中图层2的所有

图 4-69 单个文字对象的动态变化效果

帧,在选中的帧上单击右键,在弹出的菜单中选择"粘贴帧"命令,将图层1中的内容粘贴到图层2中。使用同样的方法将图层1中的内容粘贴到图层3和图层4中。

使用鼠标单击"图层2",选中图层2的所有帧,将选中的帧向后拖动5帧。采用同样的方法将图层3和图层4中的帧分别向后拖动10帧和15帧。

新建图层5,选中图层1的第1帧,单击右键,在弹出的菜单中选择"复制帧"命令。选中图层5的第1帧,单击右键,在弹出的菜单中选择"粘贴帧"命令。选中图层5中间的任意一帧,单击右键,在弹出的菜单中选择"删除经典补间"命令。

(5)按Ctrl+Enter组合键预览影片效果,保存和导出文件。

图4-70为本实例动画影片的中间播放效果。图4-71为本实例的时间轴面板。

图 4-70 "文字叠影"实例影片中间效果

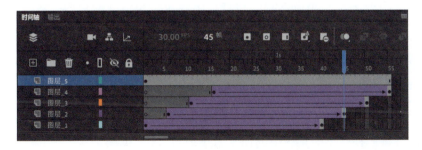

图 4-71 "文字叠影"实例时间轴面板

5. 补间形状动画

通过形状补间可以创建形状变化效果,使一个形状随着时间变化成另外一个形状。补间形状动画制作需要两个关键帧。关键帧中的对象必须是离散图形,如果是位图、元件、文字等组合对象,就需要先完全分离。

补间形状动画技术的基本制作步骤如下:

(1)新建或者选择动画图层。

(2)在动画片段起始帧位置插入关键帧,设置初始离散图形状态。

(3)在动画片段结束帧位置插入关键帧,设置结束离散图形状态。

(4)在动画片段中间某一帧,单击右键,在弹出的菜单中选择"创建补间形状"命令。

下面通过两个实例演示补间形状动画的操作与控制。

例4-4:软件安装进度条。

(1)新建文档。

新建Animate文档,保存为"进度条.fla"文件。将舞台大小修改为400×200。

(2)绘制背景。

双击图层名称"图层1",修改图层名称为"进度背景"。在第1帧,使用矩形工具、文本工具等绘制如图4-72所示的背景内容。在第30帧插入普通帧。

图 4-72 进度条背景

(3)制作进度条变形动画。

新建图层,将图层名称修改为"进度块"。选中第1帧,使用矩形工具,取消笔触,绘制离散蓝色小矩形,高度与背景中深灰色矩形框的高度一致,放置在上图灰色矩形的左侧。在图层的第30帧插入关键帧,使用任意变形工具选中蓝色小矩形,按住Alt键使其沿一个方向缩放到与背景中深灰色矩形框的宽度一致。图形大小的微调可以通过放大显示比例或者借助属性面板中的宽、高属性设置实现。将第30帧中的矩形填充为"蓝→白"渐变色。选中第1帧与第30帧中间的任意一帧,单击右键,在弹出的菜单中选择"创建补间形状"命令。

(4)测试影片,保存和导出文件。

图4-73为本实例的中间变化效果,图4-74为本实例的时间轴面板表现。

图 4-73 "软件安装进度条"实例影片中间效果

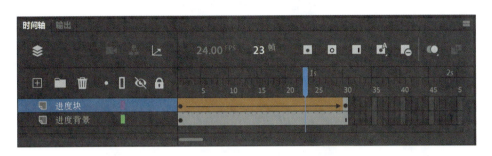

图 4-74 "软件安装进度条"实例时间轴面板

例4-5：使用形状提示。

（1）新建文档。

新建Animate文档，保存为"文字变形.fla"。

（2）制作文字变形动画。

在图层1第1帧，使用文本工具创建文字对象，内容为字符"I"，字体Arial，样式Black，大小200pt，颜色为蓝色。在第40帧插入关键帧，使用文本工具修改文字内容为"Z"。按下Ctrl+B快捷键将"Z"字符分离为离散图形。选中第1帧中的字符"I"，按下Ctrl+B将其分离为离散图形。选中第1至40帧中的任意一帧，单击右键，在弹出的菜单中选择"创建补间形状"命令插补补间形状动画。形状动画的初始变形效果如图4-75所示。

图 4-75 文字变形初始效果

（3）添加形状提示控制变形点对应。

选中第1帧，执行"修改"→"形状"→"添加形状提示"命令添加一个形状提示点a，再次执行"修改"→"形状"→"添加形状提示"命令添加形状提示点b。在第1帧和第40帧分别将提示点移动到如图4-76所示的位置。Animate在进行形状变形的补间计算时会将前后两个关键帧中a提示点的位置进行对应,将两个关键帧中b提示点的位置进行对应,改变补间形状计算的中间结果。使用形状提示点控制后的形状变形效果如图4-77所示。

图 4-76 设置形状提示点的位置

图 4-77 使用形状提示后的变形效果

(4)测试影片,保存文件。

形状提示在制作复杂的形状补间动画时非常有用。例如,在制作一个由小狗变化成小猫的动画时,总是希望将小狗的嘴变化成小猫的嘴,将小狗的眼睛变化成小猫的眼睛。不使用形状提示而自动生成的形状补间动画往往无法达到这样的效果。

6. 引导路径动画

引导路径动画在传统补间动画的基础上,通过添加传统运动引导层,使对象沿设定的引导路径运动,创建复杂运动效果。引导路径可通过任意方式获得。从技术上讲,引导路径既可以是笔触也可以是填充。但为了简化操作,建议使用离散笔触数据作为引导路径。

制作引导路径动画的步骤为:

(1)制作传统补间动画。

(2)选中传统补间动画所在图层,单击右键,在弹出的菜单中选择"添加传统运动引导层"命令。

(3)在引导层中绘制离散引导路径。

(4)在传统补间动画片段起始帧和结束帧调整实例对象的位置,将其变形中心点与引导路径对齐。

下面通过实例演示引导路径动画的制作方法。

例4-6：蝴蝶飞。

（1）新建文档。

新建Animate文档，保存为"蝴蝶飞.fla"文件。设置舞台颜色为蓝色。

（2）使用逐帧动画制作动态元件。

导入"蝴蝶.jpg"文件。按Ctrl+F8快捷键新建元件，名称为"蝴蝶"，类型为"影片剪辑"。元件编辑窗口中，第1帧，在舞台中拖入"蝴蝶.jpg"图片，调整大小，按Ctrl+B快捷键将组合图片分离为离散图形。使用魔术棒工具选取图片的背景并将其删除。使用橡皮擦工具擦除遗留线条和点。在第4帧插入关键帧，使用任意变形工具缩小蝴蝶对象的宽度；在第7帧插入关键帧，恢复蝴蝶的宽度至与第1帧相同；在第9帧插入普通帧。退出元件编辑，回到场景编辑窗口。

（3）制作传统补间动画。

在主场景图层1的第1帧创建"蝴蝶"元件实例，第60帧插入关键帧。选中中间帧，单击右键，在弹出的菜单中选择"创建传统补间"命令，制作传统补间动画。

（4）添加引导层，绘制引导路径。

选中图层1，单击右键，在弹出的菜单中选择"添加传统运动引导层"命令，在图层1的上方会添加一个引导图层。图层1向右缩进表示受上方图层的控制。选中引导层的第1帧，使用钢笔工具绘制从左到右的离散曲线笔触路径，如图4-78所示。

图 4-78　绘制引导路径

（5）中心点对齐。

通常，在选中文档属性"贴紧至对象"模式时，被引导层的第1帧中的实例对象会自动将其变形中心点对齐到引导路径的起点，需要时可以用鼠标拖动实例到引导路径上的其他位置。使用任意变形工具调整蝴蝶实例的方向与引导路径当前点处的方向一致。选中被引导层（图层1）的第60帧，移动实例对象位置到引导路径上，并将其中心点与引导路径对齐，同时调整蝴蝶对象的方向与当前位置处的引导路径方向一致。

选中图层1中动画片段的中间一帧，在属性面板中勾选"补间"设置区域中的"调整到路径"选项，使蝴蝶对象的运动方向随路径方向变化而变化。

（6）按下Ctrl+Enter组合键预览影片效果。保存和导出文件。

本实例的舞台和时间轴面板状态如图4-79所示。

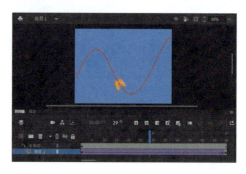

图4-79 "蝴蝶飞"实例舞台和时间轴面板

例4-7：写字。

（1）新建文档。

新建Animate文档，保存为"写字.fla"文件。

（2）创建元件。

创建图形元件"brush"：使用矩形工具绘制组合状态的无笔触矩形，填充渐变色。用椭圆工具绘制离散黑色椭圆，并将选择工具移动到椭圆底端偏左的位置，在按下Ctrl键的同时按住鼠标拖动，拉出尖角。将黑色笔头放在矩形笔杆下方的合适位置。绘制好的"brush"元件如图4-80(a)所示。

创建图形元件"scroll"：使用矩形工具绘制一个组合状态的无笔触矩形，填充橙色系的渐变色。用矩形工具再绘制一个离散状态的无笔触矩形，比前一矩形稍细稍高一些，填充深红色系的渐变色。将两个矩形叠放在一起，并居中对齐。绘制好的"scroll"元件如图4-80(b)所示。

图4-80 创建元件

（3）制作背景图层。

回到场景编辑窗口，导入背景图片，向图层1中拖入背景图片，调整图片大小与舞台大小相同。绘制两个不同颜色的填充矩形构成书写区域。创建两个"scroll"元件的实例，调整大小并放置在矩形背景两侧。向图层1第40帧插入普通帧。

（4）制作文字图层。

新建图层2，在合适位置书写文字"仁"，字体：华文行楷；字号：200（可调节）；颜色：黑色。然后将文字完全分离成离散形状。

（5）制作毛笔的传统补间动画片段。

新建图层3，在第1帧中创建元件"brush"的实例，调整大小和方向，将中心点调整到笔锋处。在第10、11、20、21、30、31、40帧分别插入关键帧，每10帧插补一个传统补间动画（每10帧书写一划）。

（6）添加引导层和引导路径。

选中图层3，单击右键，在弹出的菜单中选择"添加传统运动引导层"。在引导层的第1帧，比照图层2中的"仁"字，用钢笔工具/线条工具和其他编辑工具在引导层上沿文字笔画绘制离散引导路径。

（7）中心点对齐。

将图层3中每个补间动画片段起始帧和结束帧中毛笔实例的中心点分别与对应笔画路径的起点和终点对齐，使毛笔沿着笔画路径运动。

（8）逐渐呈现文字。

锁定图层1、图层3和引导层，将图层2中的所有帧转换为关键帧。在图层2中的每一帧中，根据笔尖的位置使用橡皮擦擦除当前位置未书写出来的内容。

（9）预览动画，保存文件，导出影片。

本实例的中间影片效果如图4-81所示，图4-82为本实例的时间轴面板。

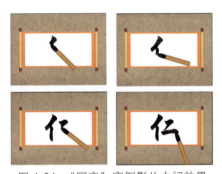

图 4-81 "写字"实例影片中间效果

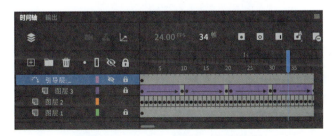

图 4-82 "写字"实例的时间轴面板

7. 遮罩动画

遮罩动画是使用遮罩层产生遮罩效果而实现的动画。遮罩层是一种特殊的图层,能控制下方被遮罩层的显示区域。在非空白的遮罩层中,填充数据表示透明(显示),而非填充区域表示遮盖(隐藏),即,被遮罩层中只有与遮罩层中填充数据位置相交的区域才会显示出来,其他区域的内容都会被隐藏。

遮罩层上的有效遮罩对象可以是任何带填充的图形,如基本图形、文字、元件的实例等。遮罩层和被遮罩层中的内容可以是静态对象也可以是动态动画,这将对遮罩效果产生直接影响。

要制作遮罩动画,只需要准备好上下两个图层的内容,然后将上方图层设为遮罩层即可。

例4-8:简单遮罩。

(1)新建文件。

新建Animate文档并保存为"简单遮罩.fla"。

(2)创建元件。

创建图形类元件word,输入文字"遮罩动画效果演示",字体为黑体,颜色为黑色,字号为70。创建图形元件ball,绘制一个正圆,填充颜色为彩虹渐变色。

(3)实例化。

回到场景,在图层1的第1帧创建word元件的一个实例。添加一个图层,在第1帧创建ball元件的一个实例。将两个实例对象重叠摆放。

(4)设置遮罩层。

在图层2上单击鼠标右键,选择"遮罩层",则图层2变成了遮罩层。预览动画效果,如图4-83所示。

选中图层2,单击鼠标右键,选择"遮罩层",则可以将图层2重新变成普通图层。将图层1拖到图层2上方,在图层1上单击鼠标右键,选择"遮罩层",则图层1变成了遮罩层,图层2变成了被遮罩层。预览动画效果,如图4-84所示。

图4-83 遮罩动画效果1    图4-84 遮罩动画效果2

(5)添加动画。

将两个图层的锁定状态取消,在图层2的第30帧插入关键帧,中间插补传统补间动画。将图层2第1帧中的ball实例放在文字左边,第30帧中的实例放在文字右边。在图层1的第30帧插入普通帧。重新锁定两个图层，预览动画效果。

（6）保存文件，导出影片。

图4-85为本实例的舞台和时间轴面板状态。

8. 综合实例——卷轴画

本实例以制作卷轴打开逐渐显示画作的动画为主线，辅助若干装饰性内容，综合练习元件与实例、逐帧动画、形状补间动画、补间动画、遮罩动画、引导路径动画等技术的实际操作和应用。具体制作步骤如下：

图4-85 遮罩动画实例

（1）新建文档，导入素材图片和音乐文件。

（2）制作文字、印章、卷轴、蝴蝶等相关元件。

（3）图层1中，将背景图片拖入舞台，调整大小与舞台相同并对齐。在对象模式下绘制黑色矩形，作为画的展示背景。放置卷轴的一个实例在黑色矩形上方，将时间延续到第220帧。

（4）添加图层2，在第1至10帧制作"张"字移入的传统补间动画；添加图层3，在第11至20帧制作"大"字移入的动画；添加图层4，在第21至30帧制作"千"字移入的动画。

（5）添加图层5，在第41帧放置"作品赏析"印章对象。添加图层6，在第41帧至60帧制作椭圆放大的补间形状动画。将图层6设置为图层5的遮罩层。

（6）添加图层7，在第61帧将图片"张大千画作"拖入舞台，调整大小后放在黑色矩形框中间。添加图层8，在第61帧用矩形工具绘制蓝色长方形，高度与卷轴实例相同，宽度比画作宽度略宽，放在卷轴下方。在第220帧插入关键帧，用任意变形工具调整蓝色长方形高度，使之覆盖整幅画作，中间插入补间形状动画。将图层8设为图层7的遮罩层。

（7）添加图层9，在第1帧创建另一个卷轴实例，放在第一个卷轴下方。第61至220帧制作卷轴向下移动的补间动画。

（8）添加图层10和引导层，在第1至60帧制作蝴蝶飞动的引导路径动画，使蝴蝶沿曲线路径飞到印章上。

（9）选中图层1第1帧，在声音设置中设置声音文件名称，同步方式设置为"开始""循环"。

（10）预览动画效果，保存并导出文件。

图4-86为本实例的中间影片变化效果，图4-87为本实例的时间轴面板。

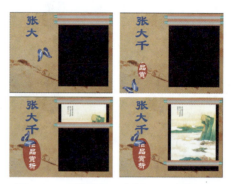

图 4-86　"卷轴画"实例影片动态效果

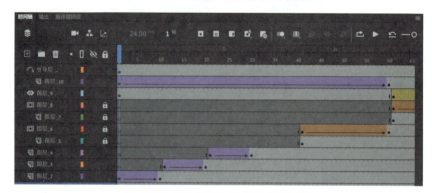

图 4-87　"卷轴画"实例时间轴面板

4.2.4　交互动画制作

Animate中的交互动画是指在影片播放过程中支持事件响应和交互功能的一种动画，也就是说，动画播放时能够响应外部的控制事件，而不是像基础动画一样从头到尾地播放。交互动画主要通过代码对帧、按钮以及影片剪辑对象进行交互控制来实现。如果创建的是ActionScript 3.0文档，则进行交互控制时需要使用ActionScript 3.0脚本语言编写代码。如果创建的是HTML5 Canvas文档，则需要使用JavaScript脚本语言编写控制代码。

本节将以Animate内置的ActionScript 3.0脚本语言为例，介绍在动画影片中添加交互控制的基本思想和方法。

1. 按钮

按钮是Animate的三种元件类型之一，是动画制作中使用率较高的一种交互工具。当创建按钮元件时，Animate会创建一个四帧的时间轴。前三帧显示按钮的三种可能状态，第四帧定义按钮的活动区域。时间轴实际上并不播放，它只是对鼠标指针运动和动作做出相应的反应。

按钮元件在时间轴上的四个帧的含义分别如下。

弹起：表示鼠标指针没有经过按钮时，该按钮的显示状态。

指针经过：表示当鼠标指针位于按钮之上时，该按钮的外观。

按下：表示鼠标在按钮上按下时，该按钮的外观。

单击：定义按钮的响应区域。此区域在影片中是不可见的。如果没有设定此帧的内容，则默认使用前一帧的内容作为按钮的响应区域。通常，在制作文字按钮或隐形按钮时，要设置"单击"帧的内容，否则当鼠标指针停在文字的镂空处或在镂空处单击时都不会有反应。

例4-9：图形按钮。

（1）新建AN文档。

（2）创建图形元件circle，绘制线性渐变填充圆形图案（由白到蓝渐变）。

（3）创建按钮元件button，向第1帧（弹起）中拖入元件circle创建实例，与舞台中心对齐。再次拖入元件circle创建另一个实例，选中本实例，单击右键，在弹出的菜单中选择"变形"→"水平翻转"命令，使用变形面板将其缩小到80%，也与舞台中心对齐。

（4）选中button元件的第2帧（指针经过），单击右键，在菜单中选择"插入关键帧"。使用椭圆工具，按住Shift键和Alt键，以舞台中心为原点绘制比第1帧中图形略大的红色笔触正圆形。

（5）选中button元件的第3帧（按下），单击右键，在菜单中选择"插入关键帧"。选中并删除红色圆形，将剩下所有图形缩小到80%大小。

（6）回到主场景中，拖动button元件至舞台，创建button元件的实例。

（7）按Ctrl+Enter键预览影片，按钮对象会针对鼠标的不同行为表现出不同的显示效果。

（8）导入声音素材，编辑button元件，选中"按下"帧。在属性面板中，"声音"选择刚导入的声音文件。选择同步模式为"开始"。

（9）重新预览影片，除了上述相同的鼠标响应外，当鼠标在按钮上单击时会播放指定的声音文件。

（10）保存文档，导出影片。

如图4-88所示为本实例中按钮针对鼠标的不同响应状态。

弹起　　指针经过　　按下

图 4-88　图形按钮鼠标响应

例4-10：动态文字按钮。

（1）新建Animate文档。

（2）创建元件text。

新建影片剪辑元件text，使用文本工具创建文字对象"F"，字体为"Arial"，颜色为黑色，大小为30pt。将文字"F"与舞台水平居中对齐，放置在舞台中心正上方的合适位置。使用任意变形工具调整"F"的中心点到舞台中心。打开变形面板，设置旋转角度为10度，单击"重置选区和变形"按钮35次，旋转、复制出其他字符对象，并绕舞台中心围成一圈。使用文本工具修改文字对象内容为"FLASH!"的6次重复，如图4-89所示。

（3）创建元件round。

新建影片剪辑元件round。在图层1第1帧将text元件拖入舞台创建实例。将text实例与舞台中心对齐。选中text实例，在属性面板中为其添加"投影"滤镜。向图层1第60帧插入关键帧，中间创建传统补间动画。选中动画片段中间某一帧，将属性面板中"补间"设置区中的"旋转"属性设为"顺时针"旋转"1次"。新建图层2，使用文本工具创建字符"@"，放置在舞台中心位置。创建的round元件如图4-90所示。

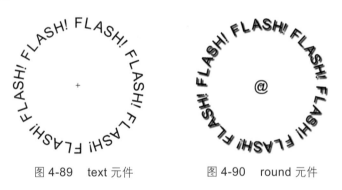

图 4-89　text 元件　　　　图 4-90　round 元件

（4）创建按钮元件button。

新建按钮元件button。在"弹起"帧中创建round元件的实例，与舞台居中对齐。向"指针经过"帧插入关键帧，使用任意变形工具将round实例倾斜。向"按下"帧插入关键帧，使用任意变形工具将round实例调正，并将其缩小。

（5）回到场景，在舞台中创建button元件的实例。

（6）按Ctrl+Enter预览影片，测试鼠标放在文字上和在内部空白处的不同响应效果。

（7）重新编辑button元件，向"单击"帧插入关键帧，使用椭圆工具从舞台中心绘制实心填充正圆形，大小与"弹起"帧中对象的大小一致。

（8）重新预览影片，重新测试鼠标在不同位置时，按钮对象的反应，并与前面进行比较。

（9）保存文件，导出影片。

图4-91为本实例中按钮对象对鼠标的不同响应效果。

图 4-91　动态文字按钮的鼠标响应

2. ActionScript 3.0编程基础

ActionScript（AS）是Animate内置的专用脚本程序语言，是一种强大的面向对象编程语言。它采用面向对象、事件驱动的编程方式。通过对帧和对象添加控制脚本，可以实现对动画的控制及丰富的交互功能。目前最新版本为3.0，简称为AS 3.0。下面简单介绍AS 3.0编程涉及的基本概念和基本语法。

1）数据类型

数据类型指程序中可以处理的数据种类。不同类型的数据具有不同的存储格式和运算方式。AS 3.0中的数据类型可以分为三种。

（1）基本数据类型，具体如下。

- Boolean：逻辑数据，只有true（真）和false（假）两个值；
- Number：表示所有的数字，包括整数、无符号数以及浮点数；
- int：整数数据；
- uint：无符号整数（非负数）；
- String：字符串数据（用" "定义常量内容）；
- void：无类型数据，可用作函数的返回类型。

（2）复杂数据类型，具体如下。

- Object：AS 3.0中所有类的基类；
- Array：用于定义数组；

- Date：用于表示时间和日期信息。

（3）内置数据类型，为Animate中自定义的数据类型。常用的类型如下。
- MovieClip：影片剪辑元件的基类；
- SimpleButton：按钮元件的基类；
- TextField：动态文本或输入文本对象的基类。

2）变量与常量

变量与常量是计算机程序中不可缺少的内容，存在于各种计算机语言中，是程序运行过程中各种类型数据的容器。

变量指程序运行过程中值可变的数据，存储于计算机内存中的某一位置，按照变量的名称对其进行读写操作。要使用变量，必须先使用var关键字定义变量。AS 3.0中变量的声明有以下几种方式，DataType指某一种数据类型，Value指某种具体取值。

- var 变量名。
- var 变量名：DataType。
- var 变量名：DataType=Value。

常量是在计算机内存中存储的只读数据，其值在程序运行中不会发生改变。定义常量使用const关键字，格式如下：

const 常量名：DataType=Value。

3）运算

程序编写过程中，数据之间的各种运算通过运算符进行定义。常用的运算符包括：

（1）算术运算符：+、-、*、/、++、--
（2）赋值运算符：=、+=、-=
（3）比较运算符：>、>=、<、<=、==、!=
（4）逻辑运算符：&&、||、!
（5）数组引用运算符：[]
（6）类&对象引用运算符：点号（.）

4）函数

函数是执行特定功能并可以在程序中重复使用的代码块。利用函数可以将可重用的代码封装起来，需要执行该代码功能时，直接调用即可。

函数的定义格式如下：

```
function FunctionName(args): FunctionType{
    程序语句
    return value;
}

function：函数定义关键字
FunctionName：自定义的函数名称
args：形式参数列表，包括参数名称和类型
FunctionType：函数返回类型（value的数据类型）
程序语句：函数体，实现函数功能
return：返回结果关键字
value：函数返回值
```

函数的调用格式如下：

```
FunctionName(arguments);

FunctionName：函数名称
arguments：实际参数值列表，与函数声明中的参数列表相对应
```

函数定义中return语句后面的返回值value可以是表达式、变量或常量。如果函数声明中函数类型为void，则可以不加return语句。如果函数声明中函数类型不是void，则必须加return语句。调用函数后的返回值结果可以参与其他运算。调用函数时碰到return语句会终止函数的执行，即return语句后面的代码不会被执行。

5）类和对象

类和对象是面向对象编程技术中的重要概念。

类是对一种具有共同特征的事物的抽象定义，即代表这种事物的一种数据类型。类的定义包括属性和方法两部分。属性定义各种可被外部引用的数据（常量和变量），用来表示类所具有的各种性质。方法则以函数的形式定义此类数据可执行的操作或者行为功能。

对象是类的实例，是基于类的定义创建的实际数据对象，与对应的类具有相同的结构。

要引用类或者对象中的属性和方法，应使用"."运算符。

6）程序控制流程

流程代表了程序代码的执行顺序和过程，主要包括顺序、条件选择、循环三种基本结构。

（1）顺序结构：按程序语句的前后次序顺序执行。

（2）条件选择结构：也叫分支结构，根据条件判断的结果选择程序代码的执行路径。常用的有：

- if语句；
- if…else语句；
- switch语句。

（3）循环结构：重复执行某一模块的运算。常用的有：

- while语句；
- do…while语句；
- for语句。

3. 事件与事件响应

Animate交互控制中，事件是所发生的、ActionScript能够识别并可响应的事情，如键盘输入、鼠标单击等。响应则是指为某一事件所指定的响应操作。

AS 3.0采用面向对象、事件驱动的编程方式。从本质上来说，当AS程序运行（动画影片播放）时，Flash Player只是在等待某些事情的发生；当这些事情发生时，Flash Player将会对此做出对应的响应，即运行为这些事件所指定的ActionScript处理代码。

完整的事件响应流程的设计需要明确3个要素：事件、事件源和响应。事件指定要响应的具体事情是什么，在代码中用特定的常量表示；事件源指定接收事件的对象是谁，即是在哪个对象上发生的事件；响应指定具体的响应动作是什么，通过函数指定。明确这三个要素后，则可以通过特定的注册机制将三者进行绑定和关联。影片播放时，一旦监听到事件源对象上发生指定事件，就会调用指定的响应函数执行。

AS 3.0中定义了多种事件类型，其中最常用的是鼠标事件。鼠标事件在MouseEvent类中定义，常用的鼠标事件如下。

- CLICK：用户在目标对象上按下并释放鼠标键时发生。
- DOUBLE_CLICK：用户在目标对象上快速按下并释放鼠标键两次时发生。
- MOUSE_DOWN：用户在目标对象上按下鼠标键时发生。

- MOUSE_UP：用户在目标对象上释放鼠标键时发生。
- MOUSE_OVER：用户从目标对象边界外把鼠标指针移进边界内时发生。
- MOUSE_MOVE：当鼠标指针位于目标对象边界内时，只要用户移动鼠标就会发生。
- MOUSE_OUT：用户从目标对象边界内将鼠标指针移出边界外时就会发生。

4. 帧动作脚本

Animate中添加脚本代码最简单的方式就是通过帧来添加，添加在帧上的脚本代码称为帧动作脚本。帧动作脚本的触发事件是帧事件，即动画执行到此帧。当动画播放到此帧时，此帧上附加的动作脚本程序就会被执行。

帧动作脚本只能加在关键帧或空白关键帧上，加上动作脚本的帧会在时间轴的对应帧上出现一个字母"a"。帧动作脚本不能添加在补间动画所在图层的关键帧上，但可以在传统补间动作动画、补间形状和不带补间的关键帧上添加。代码通过动作面板编写。

Animate动画影片本身可以看作一个位于最顶层的影片剪辑（MovieClip）对象，MovieClip对象提供一系列对时间轴播放进行控制的方法，常用的时间轴播放控制命令如下。

- play()：播放影片命令。
- stop()：停止影片播放命令。
- gotoAndPlay（帧，场景）：转到指定场景的指定帧并开始播放。如果是跳转到当前场景，则场景参数可以省略。
- gotoAndStop（帧，场景）：转到指定场景的指定帧并停止。如果是跳转到当前场景，则场景参数可以省略。

例4-11：控制小球运动到指定帧时自动停止。

（1）新建Animate ActionScript 3.0文档。

（2）创建图形元件ball，内容为渐变色正圆形。

（3）在主场景的图层1中，用矩形工具绘制无笔触长方形，设置其宽度与舞台宽度相同，并与舞台水平居中对齐、底对齐。向第40帧插入普通帧以延续时间。

（4）新建图层2，将元件ball实例化放置于长方形左侧。向第40帧插入关键帧，将小球放置于长方形右侧。中间插补传统补间动画，设置动画顺时针旋转3次。

（5）预览动画效果。动画播放到第40帧后不会停止，而是会重新循环播放。

（6）新建图层"AS"，选中第40帧，插入空白关键帧。选中第40帧，单击右键，在弹出的菜单中选择"动作"命令打开动作面板，输入"this.stop();"语句。

（7）重新预览动画效果。此时，动画播放到第40帧后会停下来。

（8）保存文件，导出影片。

5. 注册事件侦听器

Animate中，若想让系统自动监听某个对象上是否发生某个事件并自动做出响应，则需要进行事件侦听器的注册。在明确了接收事件的事件源对象和要响应的事件，并定义了响应函数后，通过编写帧动作脚本，调用事件源对象的addEventListener()方法即可完成一个事件侦听器的注册，使系统自动进行事件的监听和响应。所有能够响应事件的对象都带有addEventListener()方法，注册形式如下：

```
objectName.addEventListener（EventType.EVENT_NAME,
ResponseFunction）;

objectName：事件源对象的名称
EventType：定义事件的类的名称
EVENT_NAME：事件名称常量
ResponseFunction：响应函数的名称
```

例4-12：用按钮控制汽车运动。

（1）新建Animate ActionScript 3.0文档。

（2）导入素材图片"car.png"，创建图形元件car。

（3）创建文字按钮元件"走"和"停"，内容分别为"走"字和"停"字。

（4）回到场景中，向图层1中拖入元件car创建实例，并创建40帧的补间动作动画。

（5）新建图层2，将元件"走"和"停"实例化，放置于合适位置。此时舞台场景如图4-92所示。

图 4-92 "按钮控制汽车运动"实例场景画面

（6）选中"走"字对象，在属性面板中的"实例名称"栏中输入对象名称"goBtn"。同样的方法，选中"停"字对象，在属性面板中的"实例名称"栏中输入对象名称"stopBtn"。

（7）新建图层3，将其命名为"AS"来设置脚本代码。选中"AS"图层第1帧，打开动作面板，添加如图4-93所示的脚本代码，分别为"走"和"停"按钮注册鼠标单击（CLICK）事件的侦听器。"走"按钮上发生鼠标单击事件后，调用"onGo"函数，执行play( )语句播放影片。"停"按钮上发生鼠标单击事件后，调用"onStop"函数，执行stop( )语句停止影片播放。

图 4-93 "按钮控制汽车运动"实例控制代码

（8）按Ctrl+Enter预览影片效果，不单击按钮时，汽车从左到右循环移动；单击"停"时，汽车会在当前位置停止；单击"走"，汽车会继续运动。

（9）保存文件，导出影片。

例4-13：拖放小球。

（1）新建Animate ActionScript 3.0文档。

（2）新建影片剪辑元件"小球"，内容为正圆形图形。

（3）回到场景，将元件"小球"实例化，将实例对象命名为"ball"。

（4）添加"AS"图层，选中第1帧，打开动作面板，输入如图4-94所示代码。为舞台对象stage分别注册鼠标键按下（MOUSE_DOWN）和鼠标键抬起（MOUSE_UP）事件的侦听器。当舞台上发生鼠标键按下事件时，调用onDown函数，执行小球对象ball的startDrag()语句，使小球对象随鼠标的移动而移动。当舞台上发生鼠标键抬起事件时，调用onUp函数，执行小球对象ball的stopDrag()语句，使小球对象结束跟随鼠标的同步移动。

（5）按Ctrl+Enter预览影片。

（6）保存文件，导出影片。

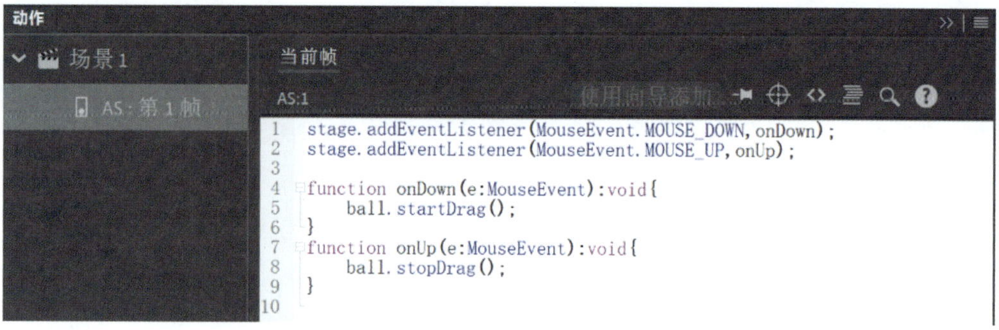

图4-94 "拖放小球"实例控制代码

例4-14：直线旋转。

（1）新建Animate ActionScript 3.0文档。

（2）创建影片剪辑元件"直线"，内容为一条直线，使线条与舞台中心对齐。

（3）创建文字按钮元件"旋转"，内容为文字"旋转"。

（4）回到场景，在图层1中将元件"直线"实例化，并为直线实例命名"line"；将文字按钮元件实例化，为按钮实例命名"go"。

（5）添加新图层，命名为"AS"，选中第1帧打开动作面板，输入如图4-95所示的代码。鼠标每在"旋转"按钮上单击一次，直线对象line的角度属性（rotation）就会增加30°，即直线旋转30°。

图4-95 "直线旋转"实例控制代码

（6）按Ctrl+Enter预览影片。

（7）保存文件，导出影片。

6. 综合实例——电子相册

1）实验目的

编写ActionScript代码制作交互式动画。理解Animate中的事件响应机制，掌握注册事件侦听器的基本方法，练习时间轴播放控制、文本对象控制、数据运算及分支程序设计等技术。

2）实验内容

制作电子相册。单击"下一页"按钮，相册中的照片向后翻页；单击"上一页"按钮，相册中的照片向前翻页。翻页到达边界时会循环进行下一轮翻页。翻页时，会同步显示对应照片的序号。也可以直接输入照片序号，单击按钮直接跳转显示对应照片。

3）实验素材

相框素材图片和照片素材图片。

4）实验步骤

（1）新建AS 3.0文档，导入所有素材图片。

（2）制作按钮元件next、last和go。

新建元件，名称为"next"，类型为按钮类型。在"弹起"帧，选择矩形工具，取消笔触，填充颜色设为蓝色。将矩形选项中"矩形边角半径"设为15，在舞台中拖动绘制离散的长方形。采用同样的设置，使用矩形工具绘制一个正方形。使用任意变形工具将正方形旋转90°。使用选择工具框选旋转后正方形的左半部分三角形，按Delete键删除。将剩下的右半部分三角形移动到长方形右侧，构成一个右箭头形状。选中整个箭头图形，打开颜色面板，将填充色设置为"深蓝"→"蓝"的线性渐变颜色。选中墨水瓶工具，设置笔触颜色为黑色，笔触大小为3，单击箭头图形边缘添加轮廓线条。

选中文本工具，创建文本对象"下一页"，字体：黑体；颜色：白色；大小：30pt。将文字对象放置在箭头图形上方的合适位置。

选中"指针经过"帧，插入关键帧。将文字颜色修改为黄色。

使用相同的方法制作元件last和元件go。三个元件的基本形状如图4-96所示。

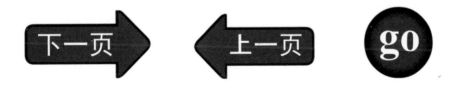

图 4-96 "电子相册"实例制作按钮元件

退出元件编辑窗口。

(3)设置背景图层。

回到场景,将图层1改名为bg。向第1帧拖入素材"bg.png",使用对齐面板将其大小调整为与舞台相同,并与舞台完全对齐。向第5帧插入普通帧。

(4)设置照片图层。

新建图层,改名为photos。第1帧放入照片"1.jpg",调整图片大小和位置。第2至第5帧插入空白关键帧,分别放入其他照片,调整位置和大小。将图层photos调整到图层bg的下方。

(5)设置按钮图层。

新建图层,改名为buttons。第1帧中,将元件last、next和go实例化,放置在合适位置。分别将这三个按钮对象命名为up、down和go。

使用矩形工具和文本工具绘制序号显示背景。

选择文本工具,属性面板中,文本类型选择"输入文本",设置字体、颜色、大小等文本相关属性;"呈现"方式选择"使用设备字体"。在舞台上单击生成输入文本对象,拖动边界框设置文本区域大小,若取消选中,则边界框表现为一个虚线框。使用选择工具选中虚线框,将其放置在序号背景上。在属性面板中将输入文本对象命名为"txt_in"。

设置好的按钮对象和文字对象如图4-97所示。

图 4-97 "电子相册"实例按钮控制区

（6）添加控制代码。

新建图层，改名为“AS”，在第1帧打开动作面板，输入如图4-98所示的代码。

（7）按Ctrl+Enter预览影片效果。

（8）保存文件，导出影片。

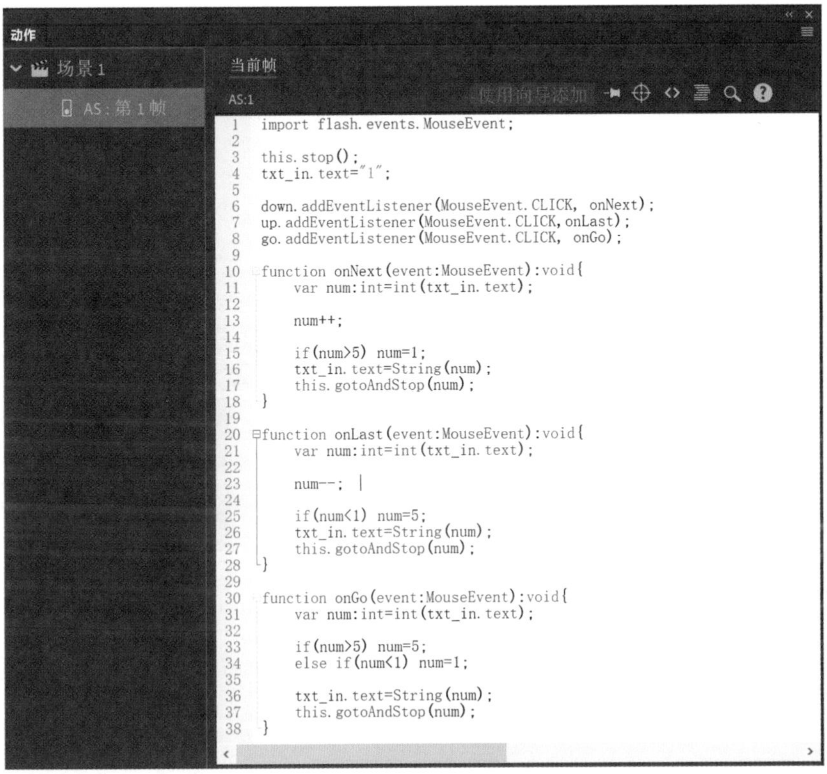
动作
场景 1
AS : 第 1 帧
当前帧
AS:1
使用向导添加
import flash.events.MouseEvent;
this.stop();
txt_in.text="1";
down.addEventListener(MouseEvent.CLICK, onNext);
up.addEventListener(MouseEvent.CLICK,onLast);
go.addEventListener(MouseEvent.CLICK, onGo);
function onNext(event:MouseEvent):void{
var num:int=int(txt_in.text);
num++;
if(num>5) num=1;
txt_in.text=String(num);
this.gotoAndStop(num);
}
function onLast(event:MouseEvent):void{
var num:int=int(txt_in.text);
num--;
if(num<1) num=5;
txt_in.text=String(num);
this.gotoAndStop(num);
}
function onGo(event:MouseEvent):void{
var num:int=int(txt_in.text);
if(num>5) num=5;
else if(num<1) num=1;
txt_in.text=String(num);
this.gotoAndStop(num);
}

图 4-98 “电子相册”实例控制代码

4.3　思考与练习

1. 简单介绍计算机动画原理。

2. Animate 软件在动画制作方面有哪些特点？

3. 什么是元件？什么是实例？元件和实例的关系是什么？

4. 元件有哪三种类型？每种类型的元件有什么特点？

5. 逐帧动画的特点是什么？如何制作逐帧动画？

6. 补间类动画包含哪三种基本的补间制作技术？每种技术的制作流程是什么？

7. 引导路径动画的特点是什么？如何制作引导路径动画？

8. 遮罩动画的特点是什么？如何制作遮罩动画？

9. 面向对象编程的事件响应机制是什么？在 Animate 动画制作中如何为交互对象注册事件侦听器？

10. 用 Animate 软件绘制一幅以春天为主题的矢量场景画面。

11. 用 Animate 软件设计并制作一个商品广告的动画影片。

12. 用 Animate 软件制作一个与自己专业相关的交互式电子课件。

第 5 章　数字音频处理

声音是多媒体的重要组成部分之一。本章从音频的基本概念谈起，介绍声音如何产生和传播，声音的特性、声音的质量、声音信号的数字化过程、常用音频文件格式，讨论语音识别技术和语音合成技术，介绍MIDI基本概念和音乐合成方法，学习音频软件录音机的使用和Adobe Audition的基本使用方法。

5.1 音频基本概念

5.1.1 声音的产生和传播

声音是一种机械波，是由物体振动产生的。正在发声的物体称为声源。声音的传播需要介质，气体、固体、液体都能传播声音，不同的介质传播声音的速度是不同的，在相同的条件下，声音在固体中传播速度最快，在气体中传播速度最慢。常温时，声音在空气中的传播速度是340m/s。声音以声波的形式通过介质将声源的振动向外传播，例如，声音在空气中的传播就是由物体振动引起周围空气的振动，振动的空气又引起耳膜振动，再通过耳蜗传到听觉神经上，于是人就感觉到声音了。

5.1.2 声音的特性

声音特性的三个要素是音调、音强和音色。

音调是指声音的高低，由声波的频率决定，频率大，音调就高，频率小，音调就低。频率的单位是赫兹（Hz），就是物体每秒钟振动的次数。人耳的听觉范围是20Hz～20 000Hz。频率低于20Hz的声波称为次声波，频率高于20 000Hz的声波称为超声波。次声波和超声波在各个领域都有广泛的应用，例如，可以通过探测地震、台风、海啸、火山爆发等自然灾害发生前辐射出的次声波，预测自然灾害；可以利用超声波在工业上进行探伤，在医学上进行B超检测、超声碎石，在航海上进行导航、测量海深。

音强又称为响度或音量，是指声音的大小，由声波的振幅决定，如果频率不变，振幅越高则音强越大。音强可以用"声强"（I）来量度，声强的单位是"W/m^2"，是指1s内垂直穿过单位面积的声能。日常生活中，为了符合人们对声音强弱的主观感觉，音强通常以分贝（dB）为单位。分贝是声源功率与基准声功率比值的对数再乘以10。

音色又称为音质，指声音的特色，由声波的形状决定。音色是辨别不同声源的依据。例如，不同的乐器演奏同一个乐音，音调和音强都一样，但人们能够分辨出不同乐器，原因就是它们的音色不同。同样道理，人们能区别不同人发出的声音，也是因为他们的音色不同。

5.1.3 声音的质量

评价声音的质量有客观质量度量和主观质量度量两种方法。客观质量度量方法根据声音的技术指标，例如频率范围和信噪比等进行评价。主观质量度量方法人为对声音质量进行评分。

根据声音的频率范围，可以把声音的质量分为4级，由高到低分别是数字激光唱盘CD-DA质量，其频率范围为10Hz~20kHz；调频广播FM（frequency modulation）质量，其频率范围为20Hz~15kHz；调幅广播AM（amplitude modulation）质量，其频率范围为50Hz~7kHz；电话的话音质量，其频率范围为200Hz~3400Hz。

5.1.4 声音信号的数字化

声音信号是典型的模拟信号，无论在时间上还是幅度上都是连续的。计算机只能处理数字信号，而数字信号是离散的。所以，要用计算机对声音进行处理，必须将模拟声音信号转换为数字声音信号。

声音信号的数字化过程一般分为采样、量化和编码三个步骤。

1. 采样

采样是将时间上和幅度上都连续的模拟信号，转换成时间上离散但幅度上仍然连续的信号的过程。每秒钟采样的次数称为采样频率，采样频率越高，声音的还原就越真实自然。目前常用的采样频率有11.05kHz、22.05kHz和44.1kHz，其中22.05kHz可以达到FM广播的音质，44.1kHz则可以达到CD的音质。根据奈奎斯特理论（Nyquist theory），只要采样频率不低于模拟信号最高频率的两倍，就能把用数字表达的信号还原成原来的信号，这称为无损数字化过程。例如，电话话音的频率约为300Hz～3.4kHz，那么只要采样频率大于6.8kHz，采样后的信号就可以不失真地还原，所以电话话音的采样频率通常取为8kHz。

2. 量化

采样把模拟信号变成时间上离散的信号，但是信号在幅度上依然是连续的，因此还必须进行量化处理。量化处理把幅度上连续取值的模拟量转换为离散量，量化后的样本用二进制数表示。每个样本使用的二进制数位数的多少称为量化精度，一般常用的量化精度有8位、12位和16位。如果量化精度是8位，那么声音样本的取值范围是0～255；如果量化精度是16位，那么声音样本的取值范围是0～65 535。量化精度越高当然声音质量越好，但同时也意味着数据量越大。

3. 编码

声音信号经过采样和量化后已经是数字信号了，但是为了在保证声音质量的前提下使音频数据的数据量尽可能小，以便计算机存储和网络传输，就需要对音频数据进行编码。编码有非压缩与压缩两种方式。通常.wav文件采用的线性PCM（脉冲编码调制）编码是一种非压缩方式的编码，而.mp3文件采用的MPEG Layer 3编码则是一种压缩方式的编码。

5.2 音频文件格式

在多媒体计算机中，存储声音信息的文件格式主要有WAV文件、MP3文件、WMA文件、MIDI文件等。

1. WAV文件

WAV文件的扩展名为.wav，是Microsoft公司开发的一种声音文件格式，被

Windows平台及其应用程序所支持。WAV文件符合RIFF（resource interchange file format，资源交换文件格式）文件规范，是目前PC机上最为流行的声音文件格式，几乎所有的音频编辑软件都能识别WAV文件。WAV文件用不同的采样频率对声音的模拟波形进行采样，得到一系列离散的采样点，再以不同的量化位数（8位或16位等）把这些采样点的值转换成二进制数，保存成声音的WAV文件，即波形文件。WAV格式的声音文件质量很高，但是该格式存放的一般是未经压缩处理的音频数据，所以文件尺寸往往很大。例如，一分钟高质量的WAV文件约占用10MB的存储空间。WAV文件数据量的具体计算公式是：

$$WAV文件数据量（Byte）=采样频率（Hz）\times 量化位数（位）\times 声道数 / 8 \times 持续时间（秒）$$

例如，采样频率44.1kHz，量化位数16位，立体声，持续时间为1min，WAV文件的大小为44 100×16×2×60/8=10 584 000B=10.584MB。

2. MP3文件

MP3文件的扩展名为.mp3，这种诞生于德国的声音文件格式风靡世界，成为当今主流的音频格式。MP3是一种采用国际标准MPEG中的第三层音频压缩模式（MPEG-1 Audio Layer 3），对声音信号进行有损压缩的格式。MP3采用心理声学的编码技术，丢弃音频数据中对听觉不重要的数据，只保留人耳感觉最灵敏的音频数据，使人耳觉察不出显著的差异，这样MP3文件就能在音质较好的同时实现很高的压缩比。MP3文件的压缩比一般可以达到10∶1~12∶1，这意味着录制相同长度的音频文件时，MP3格式的文件只有WAV格式文件的1/10～1/12大小，即1分钟的MP3文件大约只有1MB大小。MP3音频可以按照不同的位速进行压缩。位速表示每秒音频所需的编码数据位数，位速越高，文件中包含的原始音频信息越多，回放时音频质量也越高。MP3允许使用的位速有32、40、48、56、64、80、96、112、128、160、192、224、256和320kbps，与此对照的是，CD上未经压缩的音频位速是1411.2 kbps（16位/采样点×44 100采样点/秒×2通道）。

3. WMA文件

WMA（Windows Media Audio）文件的扩展名为.wma，是Microsoft公司开发的声音文件格式，因此不需要安装额外的播放器，只要安装了Windows操作系统就可以直接播放WMA文件。另外，WMA文件比MP3文件具有更高的压缩比，文件一般可以达到18∶1。同时，WMA文件支持音频流（stream）技术，所以适合网上在线播放。总之，WMA格式文件已成为MP3格式文件强有力的竞争对手。WMA

文件还有一个优点是可以通过数字版权保护（Digital Rights Management，DRM）技术限制播放时间、播放次数或者播放的机器，从而有效防止盗版。

4. MIDI文件

MIDI（Musical Instrument Digital Interface，乐器数字接口）文件的扩展名为.mid。MIDI文件并不保存真实采样数据的声音，而只是一组音乐演奏指令序列，指令告诉音源设备要做什么，怎么做，例如用什么乐器演奏、按哪个琴键、按键力度多大、按键时间多长等。因此，MIDI文件通常很小，1分钟的MIDI文件大约只有5~10KB，很适合储存和网络传播。既可以用音乐制作软件创作编辑MIDI文件，也可以通过声卡的MIDI接口把外接音序器演奏的MIDI乐曲输入计算机。

5.3 语音识别和语音合成

随着计算机的日益普及和广泛应用，传统的通过键盘和鼠标的人机交互模式已经越来越不能满足人们的需要，因此人们希望把人类社会中最重要和最方便的交流方式——自然语言应用于人机通信。语音识别和语音合成技术正是为了满足这种需求而不断发展进步的。

5.3.1 语音识别

语音识别让机器通过识别和理解过程把语音信号转变为相应的文本或命令。语音识别解决计算机"听"的问题，让计算机能听懂人类的自然语言。

语音识别的历史开始于20世纪中叶。20世纪50年代，AT&T Bell实验室实现了世界上第一个可以识别十个英文数字的语音识别系统——Audry系统。20世纪60年代至70年代，计算机技术的发展为语音识别的实现提供了硬件和软件基础，而语音识别理论的发展也使语音识别技术发生了质的变化，其中语音识别中的经典算法——动态时间规整算法（Dynamic Time Warping，DTW）在实现孤立词识别系统中获得了广泛的应用，与此同时，另一种语音识别方法——隐马尔可夫模型（Hidden Markov Model，HMM）则使大词汇量连续语音识别系统的开发成为可能。20世纪80年代至90年代，语音识别技术进一步深入发展，成功突破了三大技术障碍——大词汇量、连续语音和非特定人。世界上第一个非特定人的大词汇量的连续语音识别系统——SPHINX系统的成功研制被认为是语音识别史上的里程碑。随后，基于语音识别技术的系统和产品层出不穷，例如IBM公司的Via Voice，Sun公司的VoiceTone等。

语音识别技术具有广泛的应用领域和广阔的应用前景，已经进入工业、通信、汽车、医疗、家电等各个领域。

语音识别系统可以按照多种方式进行分类：

（1）根据识别系统的词汇量大小分类。

小词汇量语音识别系统：一般包括几十个词的语音识别系统；

中等词汇量的语音识别系统：一般包括几百个词至几千个词的语音识别系统；

大词汇量语音识别系统：一般包括几千个词至几万个词的语音识别系统。

（2）根据说话人的说话方式分类。

孤立词语音识别系统：输入每个词后都要停顿；

连接词语音识别系统：输入系统要求对每个词都清楚发音，可以出现连音；

连续语音识别系统：输入的是自然流利的连续语音，可以出现大量连音和变音。

（3）根据对说话人的依赖程度分类。

特定人语音识别系统：仅对专人的语音进行识别；

非特定人语音识别系统：识别的语音与人无关，通常需要用不同人的语音数据库对识别系统进行训练；

研究语音识别的基本方法主要有声学语音学方法、模板匹配方法和人工神经网络方法三种。

声学语音学方法

声学语音学方法是最早提出的语音识别方法。语音学认为，语音是由有限个不同的语音单元组成的，并且语音单元可以用语音信号参数或谱特征来描述。用声学语音学方法进行语音识别，分"分割与标示"和"得到词序列"两个步骤实现。"分割与标示"是将语音信号按时间分割成离散的片段，每个片段对应一个或几个语音基元的声学特征，再根据声学特征对每个片段加上相应的标示。"得到词序列"是从语音片段的标示序列中找出有效的单词。

模板匹配方法

模板匹配方法是目前已经比较成熟的语音识别方法。模板匹配方法要经过特征提取、模板训练、模板分类、判决四个步骤。常用的技术有动态时间规整、隐马尔可夫模型和矢量量化（Vector Quantization，VQ）技术。

人工神经网络方法

人工神经网络方法是一种新的语音识别方法。人工神经网络方法模拟人类神经活动的原理，具有自适应性、并行性、鲁棒性、容错性和学习特性。

语音识别系统的运行主要包括"训练"和"识别"两个阶段。训练阶段又称学习阶段，此阶段提取说话者的语音特征参数，形成被识别语音的标准模板库。在识别阶段，将待识别人的语音经过特征提取后，与系统训练中产生的模板进行比较，如果相似度大于一定的判决门限就成为被识别语音。

5.3.2 语音合成

语音识别解决机器"听"的问题，语音合成解决机器"说"的问题。语音合成通过人工合成的方法生成语音，使机器能像人一样说话。目前，在语音识别领域，已经开展了广泛研究并且进入实用阶段的是文语转换技术（Text-To-Speech，简称TTS），就是将文字的输入自动转换为语音输出的技术。

文语转换系统的基本结构由文本分析处理、韵律处理和声学处理三大模块组成。

（1）文本分析处理模块。

文语转换系统首先处理文字，让计算机认识文字，确定文字的读音，分析哪些是词，哪些是短语，哪些是句子，再由文本分析处理模块将文字序列转换成音节序列。传统的文本分析的实现方法是基于规则的，其要点是将文字中的分词规范和发音方式尽可能罗列，然后总结出规则，依靠规则进行文本处理。随着人工神经网络技术的发展，以及统计学方法在计算机领域的广泛应用，又出现了基于数据驱动技术的文本分析方法，其要点是设计一种可以训练的模型，然后用大量的数据去训练，将训练得到的模型用于文本分析。

（2）韵律处理模块。

韵律处理模块是决定合成语音质量好坏的关键。韵律处理模块对每个音节进行韵律调整，包括声调、轻重音、停顿的调整，使合成的语音听起来更加自然。韵律处理模块将音节序列转换成音韵序列。韵律生成方法也分为基于规则的方法和基于数据驱动的方法两种。

（3）声学处理模块。

声学处理模块是让计算机发声的模块。声学处理模块利用音韵序列中的参数，根据不同的语音合成方法，从语音库中选取相应的语音单元或参数，经过参数计算和拼接后形成语音波形，输出自然流畅的语音流。常用的语音合成方法主要有共振峰合成（formant synthesis）、线性预测编码合成（linear prediction coding，LPC）、基音同步叠加合成（pitch synchronous overlap and add，PSOLA）合成和LMA（log magnitude approximate）声道模型等。

5.4 MIDI

5.4.1 MIDI基本概念

MIDI是实现电子乐器之间、电子乐器与计算机之间通信的一种标准协议。1983年，国际乐器制造者协会制定了MIDI协议1.0，目的是解决电子乐器之间的兼容问题。MIDI协议定义了计算机音乐程序、音乐合成器及其他电子音乐设备交换音乐信号的方式，规定了不同厂家的电子乐器与计算机连接的电缆和硬件及设备间的数据传输协议。

另外，早期的电子乐器在音色排列上没有统一标准，导致在一台电子乐器上制作的音乐拿到另一台不同厂家的电子乐器上播放时可能变得面目全非，例如钢琴变成了小提琴，长笛变成了吉他……为了解决这一问题，相继出现了GS、GM和XG等音色排列方式的标准，其中GM是国际标准，GS和XG是厂家标准，GS标准为Roland公司的产品所专用，而XG标准为YAMAHA公司的产品所专用。1990年，Roland公司制定了GS标准，该标准完整定义了128种乐器的统一排列方式，规定MIDI设备的最大同时发音数不能少于24个。1991年，GS标准经适当简化后推出了GM标准，成为了业界广泛接受的标准。1994年，YAMAHA公司提出了XG标准，XG标准在兼容GM标准的基础上，提供了强劲的扩展功能。2019年，全球MIDI制造商协会（MMA）和日本的音乐电子行业协会（AMEI）共同宣布，经过了多年的协调和研发，MIDI 2.0草案于2019年初问世。

2020年，MIDI 2.0规范正式发布，它具有双向交互、向下兼容的特点，同时会增强MIDI 1.0的功能集。

表5-1是国际标准GM的128种音色分类表。

MIDI从20世纪80年代初问世以来，经历了不断的发展。现在人们提到的MIDI，已经远远超越了其最初的含义。

表5-1　国际标准GM的128种音色分类表

音 色 号	音色类别	音 色 号	音色类别
0~7	钢琴	64~71	簧管乐器
8~15	打击乐器	72~79	管鸣乐器
16~23	风琴	80~87	合成主音
24~31	吉他	88~95	合成音色
32~39	贝斯	96~103	合成效果
40~47	弦乐器	104~111	民间乐器
48~55	合奏/合唱	112~119	打击乐器
56~63	铜管乐器	120~127	声音效果

5.4.2 音乐合成方法

音乐合成有两种方法：FM合成（frequency modulation synthesis，即调频合成）和波表合成（wavetable synthesis）。

1. FM合成

FM合成的原理来源于傅里叶级数：各种复杂的波都可以分解为若干个频率不同的正弦波。FM合成器利用若干个正弦波来合成各种乐器的声音，合成的音乐声音比较单调。

FM合成器由五个基本模块组成，如下所示。

（1）数字载波器：用于数字载波，有3个参数：音调（pitch）、音量（volume）和波形（wave）。

（2）调制器：用于波形调制，有6个参数：频率（frequency）、调制深度（depth）、波形类型（type）、反馈量（feedback）、颤音（vibrato）和音效（effect）。

（3）包络发生器：包络用来控制音色的各个参数随时间而产生的变化。包络发生器用于调制声音的电平，有4个参数：起音（Attack）、衰减（Decay）、延音（Sustain）、释放（Release），简称ADSR，描绘了包络的各阶段。

（4）数字运算器：用于参数的数字运算。

（5）数模转换器：将数字信号转换成模拟信号。

2. 波表合成

波表合成技术是目前大部分声卡采用的技术，因为波表合成产生的乐音真实自然。波表合成技术将真实乐器的声音经过数字化后作为波表文件保存起来，当计算机需要声卡播出某个乐器的声音时，由声卡上的波表合成芯片或PC机的CPU从波表文件中找出对应的声音信息并播放。由于波表合成采用的是真实乐器的采样，而且一般按照数字激光唱盘（CD-DA）的标准采样（采样频率为44.1kHz，量化位数为16位），因此产生的乐音质量比FM合成乐音的质量高。

波表合成常分为硬波表和软波表两种方式。

硬波表将波表文件存放在声卡上的ROM（只读存储器）或RAM（随机存储器）上，这样声卡上的波表合成芯片可以直接调用。硬波表性能好但成本高。

软波表用软件代替声卡上的波表合成器，将波表文件存放在硬盘上，需要时调入内存，利用CPU的运算处理能力回放MIDI音色效果。它用软件"算出"需要的音色，播放MIDI时CPU占用率比较高。软波表具有灵活的软件设置和升级优势。

5.5 Windows录音机的使用

Windows操作系统自带的"录音机"程序是一个功能实用而且操作简单的声音文件编辑和处理软件。使用"录音机"程序可以录制、播放以及编辑处理声音。需要注意的是，使用"录音机"程序录音时，计算机要有麦克风，录下的声音被保存为波形（.wav）文件。

（1）启动程序。单击Windows"开始"按钮，然后在应用中找到"录音机"，单击打开程序（如图5-1所示）。

图5-1 启动"录音机"程序

（2）打开后，界面非常纯洁，单击中间的"录音"图标开始录音。如果是初次录音，即不存在以前的录音文件，则界面如图5-2所示；如果已经存在录音文件，则界面如图5-4所示。

（3）录音界面有时间显示，录音过程中可以随时暂停和添加标记。录制完成，单击"停止"按钮，停止录音，如图5-3所示。

（4）录音完毕后直接跳到播放界面。单击右下角的"..."就可以对录音进行分享、删除、剪辑、打开文件所在位置等操作如图5-4所示。

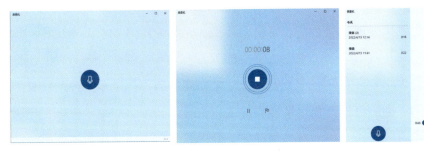

图5-2　初次录音时的界面　　图5-3　完成录音时的界面　　图5-4　录音播放界面

5.6　常用的音频制作软件

近几年，数字音频制作软件发展迅速，很多硬件的功能，如音序器、合成器、采样器、效果器、均衡器等，都可以由软件来实现。如今，各种类型的软件呈现出功能覆盖和叠加的态势。例如，一些MIDI音序器软件也具备了音频编辑处理能力，而一些音频编辑软件也扩展了多轨录音的功能。软件越来越向多功能性集成，在归类时很难将其划分在某单一领域，只能按其侧重进行归类。对于数字音频制作，从制作的功能性角度进行归类，音频制作软件大致可分为专用软件、音频处理类、MIDI音序类、音源类等几种类型。

5.6.1　专用软件

专用软件一般需要与配套的硬件板卡共同工作才能发挥作用，因此往往在一些专业级工作站中出现。它们的功能强大，有独立开发的DSP处理系统，与硬件板卡的结合更加彻底、全面，性能也更加优秀。Pro Tools是目前最专业的音频制作工具，是录音行业的业界标准。根据不同的市场定位与价位划分，它又派生出了Pro

Tools|HD、Pro Tools|24MIX、Digi 001、Digi 002、Mbox等硬件配置等级不同、软件功能略有差异的数个系统。Pro Tools级别最高，投入最多，其品质自然也是最好的。

Pro Tools将软硬件完美结合，提供了一种简明的方式，使一个项目从策划到完成可以很容易地实现。音频/MIDI的录制、编辑、混合，只通过两个主要的窗口即可完成。Pro Tools的软件界面就是一个可以由用户自定义的调音台。制作人员可以使用标准的模板，或创建自己的调音台结构。作为以计算机为基础的数字音频工作站，它重新定义了音乐的制作手段和方式，并完全取代了传统音频的磁带多轨录制和混合调音台，包含了所有专业声音处理所需要的功能，诸如IMIDI、录音、剪接编辑、效果处理、混音、声音格式转换、无损编辑等专业录音工作。除此之外，Pro Tools更拥有多家厂商协同开发的近百套嵌入式特效处理软件，不但满足了各种专业工作对声音的需求，更为音乐工作者的创作提供了无限的弹性空间，是专业音乐、电影电视音频后期制作的主力工具，音乐、广播、电影、电视中数字音频制作的标准，并在多数格莱美获奖音乐和奥斯卡获奖电影的数字音频制作中占据了重要的位置。

5.6.2 音频处理类软件

音频处理类软件的主要功能包括录音、压缩、混音、编辑、后期效果及母带处理等。目前的音频软件大都集成了这些功能，由于使用者需求与条件的差异，用户对软件的选择及使用也呈现不同的差别。

1. Adobe Audition

Adobe Audition是一个专业音频编辑和混合环境，其前身为Cool Edit。2003年，Adobe公司收购了Syntrillium公司的全部产品，著名的音频编辑软件Cool Edit Pro也随之改名为Adobe Audition v1.0。Adobe Audition功能强大，控制灵活，可以完成录制、混音、编辑和效果处理，也可轻松创建音乐，制作广播短片，修复录制缺陷。Adobe Audition专门为音频和视频专业人员设计，通过与Adobe视频应用程序的智能集成，还可将音频和视频内容结合在一起。Adobe Audition操作简便，界面简洁，易学易掌握，而且容量小，能够满足对音频的各种编辑需求。它也是非专业人士当中普及较广、人气最佳的一款软件。

2. Samplitude 2496

Samplitude 2496一般简称为SAM 2496，是由德国MAGIX公司出品的DAW软件，分为Samplitude Classic和Samplitude Professional两个版本。在7.0版本之

前，Samplitude一直是一款侧重于音频多轨编辑与缩混的软件，但从7.0版本开始，Samplitude开始支持ASIO驱动VST插件、VST乐器以及分轨MIDI功能等。Samplitude 7.0已经成为音频、MIDI两手都抓，两手都硬的全能选手。Samplitude 2496支持各种格式的音频文件，能够任意切割、剪辑音频，自带频率均衡、动态效果器、混响效果器、降噪、变调等多种音频效果器，在中高端用户中备受好评。

3. Sound Forge

Sound Forge是Sonic Foundry公司开发的一款单轨录音软件，其90版本曾获得国际大奖。单轨录音，顾名思义，就是只能进行一个声部（音轨）的录制。要想进行多声部录制，只能分别多次进行。多轨录音则可以同时对几个声部进行录制，并能对音乐和人声进行合成处理。单轨录音虽然会给多声部录制带来很多不便，但在编辑、修改单独一个音频文件时却显得十分简单，其编辑功能也普遍比多轨录音软件强大许多。因此，它们之间是相辅相成、互相弥补的，应该在录音的不同阶段使用不同的录音方法。

Sound Forge不需要非常好的硬件系统，它的可操作性在同类软件中是出类拔萃的。它的主要用途是录音，录音界面非常专业，可以满足多种录音要求。在计算机音频工作站中，Sound Forge的作用就是录制音频信号，存为WAVE文件，等待其他多轨音频软件的编辑与混音。

5.6.3 MIDI音序类软件

音序软件的主要功能是将演奏者实时演奏的音符、节奏信息以及各种控制信息（如速度、触键力度、颤音以及音色变化等）以数字方式在计算机中记录下来，然后对记录下来的信息进行修改编辑，并发送给音源，音源即可自动演奏播放。这就是通常所讲的MIDI文件。如今，单纯具有MIDI功能的音序软件已经非常少见了，大多都集成了音频编辑功能。

1. Sonar（Cakewalk）

计算机音乐圈里，美国的Cakewalk可谓大名鼎鼎，是最早的MIDI制作音序器软件。通过不断完善，Cakewalk如今已升级为Sonar，在原有的基础上，增加了针对软件合成器的全面支持，并且增强了音频功能，使之成为将MIDI、音频、音源（合成器）一体化的新一代全能型超级音乐工作站。

Sonar有两种型号，具备完全功能的叫Sonar XL，具备简化功能的为Sonar。Sonar自身附带了几个比较优秀的DXi软音源插件，能够允许第三方制作的软件合成器作为一个插件在Sonar里面使用。通过收购，Sonar把Ultrafunk效果器包、VST-DX Adapter等著名软件纳入自己的安装程序，此外，还带有MusicLab公司的几个MIDI插件，MIDI处理能力史无前例的强大；而它的操作和使用却非常方便，容易上手，因此受到专业音乐制作人和业余音乐爱好者的广泛喜爱。

2. Cubase/Nuendo

Cubase/Nuendo均出自德国Steinberg公司，Cubase面向个人工作室。两者的界面稍有不同，操作上完全一样。目前，Nuendo已经成为使用最广泛的专业音乐制作软件，它是一款集MIDI制作、录音混音、视频等诸多功能于一身的高档工作站软件，但对专业性要求较高。Cubase的音源和音频功能非常强大，许多公司对它开放了很多VST音频效果器和音源插件，VST插件具有非常良好的实时性、监听真实性和稳定性，这是它对比Sonar具有的优势，而且，它的录音、音频处理和多轨缩混功能都非常出色。绝大多数VST插件效果器和音源均可以转换为DXi，在Sonar里面使用。Cubase的资源占用比Sonar要高，而且需要声卡支持ASIO专业标准才能较好地使用。

3. Logic Studio

Logic Studio是由苹果公司推出的一套音乐制作软件套装，采用全新的音频设计思路，将Macintosh计算机变成业界最高声音质量标准的数字音频工作站，包含了众多合成器、效果器以及节奏与乐段编曲工具，并针对PowerPC G5处理器和macOS做过优化。Logic Studio可以利用联网的计算机提供强大的数字信号处理运算能力。针对目前流行的Loop制作方式，Logic内置了Apple Loops，它具备浏览和编辑功能，可以实时伸缩节奏乐段的时值长短，并修改节奏乐段的音调。由于该软件对硬件性能要求较高，因此目前用户数量相对较少，但其增长速度相当快。

以上3款音序软件其实都已变成了多功能的音频工作站。需要说明的是，具有音序功能的软件也是非常多的，包括一些自动伴奏软件，如Band in A Box、JammerLive、TT作曲家等；以及众多的舞曲制作软件，如Reason、FL Studio、ACID等。

5.6.4 音源类软件

音源类软件是目前发展速度最快、产品最多的一类软件。若以软件运行状态划分，音源类软件可分为以插件方式运行和独立运行两类。例如，Reality和GigaStudio是独立运行的软音源、软采样器，它们有一个致命的缺点，就是不能通过算法直接与音频轨缩混在一起，只能用内录的方式通过声卡将其转换为音频。插件，就是"插入"到主工作站软件内使用的软件。它本身不能独立运行，要依靠主软件来运行。插件使用起来非常方便，可以直接通过算法和音频轨进行缩混，没有任何音质的损耗。

若以音色来源划分，音源类软件可分为采样类和软波表类。采样类软件将真实乐器的各种音色及技法原封不动地记录下来，供客户恰当应用。例如，大名鼎鼎的Vienna Symphonic和EastWest是典型的采样类软音源。波表类的音色则是"计算"出来的或模仿、创新的音色，如Steinberg Hypersonic，Yamaha XG100等都属于软波表音源。采样类的优势在于其接近真实乐器的音色，而波表类则更侧重无穷变化的电子音色。

若以插件格式划分，则音源类软件有DXi、VSTi、AudioUnits、TDM、HTDM、RTAS等多种格式。DXi、VSTi是使用最多的插件格式。DXi是由Cakewalk公司开发的，这类插件的数量并不多，而且只能运行在Cakewalk Sonar系列软件上，局限性较大，因此，它并不很受欢迎。VSTi基于Steinberg的"虚拟乐器插件"技术，拥有海量的软件音源，是目前应用最广、种类最多的格式。Audio Units是macOS X平台的音源插件格式。还有其他的必须有相应硬件配合才可以使用的专业插件格式，如Pro Tools的TDM、HTDM、RTAS格式，Creamware的Creamware格式，VarioOS的VarioOS格式等。

按虚拟乐器的乐器特点划分，音源类软件可分为电子、管弦、打击、民乐、键盘等组别，也可分为综合类和单一型两类。如，East West QL COLOSSUS、Hypersonic，由于一个插件包含了众多音色，因此属于综合类；RealGuitar、PlugSound Keyboard等只有一种乐器的音色，则属于单一型，分别是吉他音源和钢琴音源。

5.6.5 音频格式转换软件

1. Ease Audio Converter

Ease Audio Converter适用于音频文件的压缩与解压缩。它可以将任何压缩格式转换成WAVE格式，或者将WAVE格式的文件转换成任何一种压缩格式。

2. Super Video to Audio Converter

Super Video to Audio Converter是一款从视频中提取音频的工具。它支持从AVI、MPEG、VOB、WMV/ASF、RM/RMVB、MOV格式的视频文件中提取出音

频，保存成MP3、WAV、WMA或OGG格式的音频文件。

随着各种新技术的不断涌现，软件的功能越来越完善。虽然生产厂商不同，界面不同，但一些功能具有相似性。用户可以根据操作习惯和层次要求选择适合自己的软件。

5.7　Adobe Audition的使用

Audition有单轨迹编辑环境、多轨迹编辑环境、CD模式编辑环境三种工作环境。单轨迹编辑环境比较适合处理单个的音频文件；多轨迹编辑环境可以对多个音频文件进行编辑；CD模式编辑环境可以整合音频文件并转化为CD音频。

本书以Audition 2021为例，介绍它的操作界面。图5-5是Audition 2021的工作界面，最上面是菜单栏，包括文件、编辑、多轨、剪辑、效果等；最左边为素材选择区，可以在这里找到自己需要的音频素材；素材选择区右边为工作区和显示区，其中工作区用来对音频进行一系列操作，例如降噪、删除等；显示区可以显示音频的声音大小以及音频的起止、持续时间等。Audition的窗口布局较为自由，可以任意调整大小、位置。

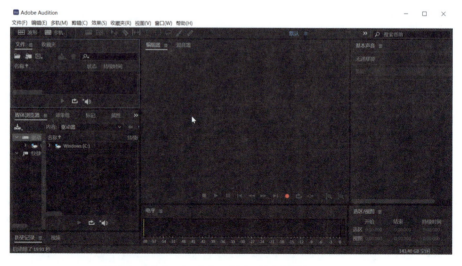

图 5-5　Adobe Audition 2021 使用界面

5.7.1　新建文件

1. 新建空白音频文件

新建音频文件有助于确定音频波形文件的属性，如音频的采样率、单声道/立体声/5.1环绕声，用户可以根据需要进行相应的设置。空白音频文件可以用于录制新的音频或粘贴音频。

（1）在波形编辑模式下，执行"文件"→"新建"→"音频文件"命令（或直接单击"波形"快捷键），打开"新建音频文件"对话框，如图5-6所示。

（2）在"新建音频文件"对话框的文本框中输入一个文件名，然后设置如下选项。

- 采样率：决定文件的频率范围。采样率至少是原始信号最高频率的两倍。
- 声道：决定波形是单声道、立体声还是5.1声道。单声道只具有一条声道的波形信息，一般用于录制声音信息；双声道具有左右两个通道的波形信息，更适合用于录制音乐；5.1声道包括5个主声道（中心（C）、左前（L）、右前（R）、左后（Ls）和右后（Rs）声道）和一个低音效果声道，可以模拟真实的音响效果。
- 位深度：决定文件的振幅范围。位深度的级别分为8位、16位、32位，其中，32位级别在Audition中处理起来灵活性较好，但是与普通应用程序的兼容性较差，编辑完成后，须转换为较低的位深度。

（3）设置完毕，单击"确定"按钮，空白的音频文件便出现在"文件"面板中，并在"编辑器"面板中显示空白波形。

2. 新建多轨项目文件

在多轨混音模式中编辑完毕进行保存时，会将源文件的信息和混合设置保存到项目文件（*.sesx）中。项目文件相对较小，本身不包含音频数据，仅包含了源文件的路径和相关的混合参数，如音量、声像、素材的插入位置、施加的包络编辑与效果设置等。

（1）执行"文件"→"新建"→"多轨会话"命令（或直接单击"多轨"快捷键），打开"新建多轨会话"对话框，如图5-7所示。

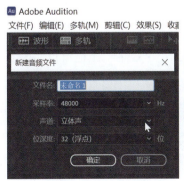

图 5-6　新建音频文件

图 5-7　"新建多轨会话"对话框

（2）在"会话名称"对话框文本框中输入一个文件名。设置文件存放位置，或单击"浏览"按钮，在弹出的对话框中选择存放位置，然后设置如下选项。

- 采样率：决定文件的频率范围。
- 位深度：决定文件的振幅范围。
- 混合：决定轨道被混缩到单声道、立体声还是5.1声道。

5.7.2 打开已有的音频文件或多轨项目

通过"打开"命令将硬盘中现有的音频或项目文件打开。在波形编辑器中，不仅可以打开MP3、WAV、AIFF等格式的音频文件波形，还可打开视频格式文件中的音频部分，其中包括AVI、DV、MPEG-1、MPEG-4、MOV或WMV等格式。而在多轨编辑器中可以打开的文件类型有：Audition Session、Adobe Premiere ProSequence XML、Final Cut Pro XML、Interchange和OMF。

（1）执行"文件"→"打开"命令，弹出"打开文件"对话框，选择要打开的文件。

（2）选择完毕，单击"打开"按钮，打开的文件将出现在"文件"面板中。双击"文件"面板的空白区域，可以快速访问"打开"对话框，方便操作。

5.7.3 用"文件"面板导入文件

"文件"面板是显示打开的音频文件与视频文件的面板，Adobe Audition支持多种类型的音频与视频文件的导入。在Adobe Audition波形编辑器中可以打开的音频文件格式有AAC、AIFF、AU、AVR、BWF、CAF、FLAC、TK、IFF、M4A、MAT、MPC、MP3、OGA、PCM、PVF、RAW、SDS、WAV、WVE、XI等。

波形编辑器可以打开AVI、DV、MOV、MPEG-1、MPEG-4、3GPP与3GPP2等格式的视频文件中的音频部分，多轨编辑器可以插入相同文件类型并提供视频面板预览。

1. 将文件导入"文件"面板中

导入文件是获取音频素材的最快捷的方法。使用"文件"面板可以将素材导入其中。

（1）在"文件"面板中，单击"导入文件"按钮，或执行"文件"→"导入"→"文件"命令。

（2）打开"导入文件"对话框，在其中选择要导入的文件。单击"打开"按钮，打开的文件将出现在"文件"面板中。

2. 在"文件"面板中使用文件

将文件导入"文件"面板中后，可以通过内置的按钮对文件进行分配，主要用于将其插入到多轨项目的编辑中。

（1）在"文件"面板中，选中要插入的文件。

（2）在"文件"面板的顶部可进行如下操作：单击"插入到多轨混音中"按钮，然后选择"新建多轨混音"选项，或者打开一个已打开的项目，即可将文件插入当前时间指针的位置。

5.7.4　保存音频文件

在Adobe Audition中，可以保存录制与编辑的音频文件。在波形编辑器中，可以用多种常用格式保存音频文件。格式的选取取决于想要如何应用音频文件。值得注意的是，如果以不同的格式保存文件，每种格式独特的信息可能会丢失。

在波形编辑器中完成音频的录制与编辑之后，可以使用如下方式进行保存。

（1）执行"文件"→"保存"命令，保存当前音频文件的改动。

（2）执行"文件"→"另存为"命令或"文件"→"导出"→"文件"命令，将当前音频文件重命名保存到另一个位置。

（3）执行"文件"→"将选区保存为"命令，将当前音频文件的选择区域保存为一个新文件。

（4）执行"文件"→"全部保存"命令，将当前打开的所有音频文件保存。

• 在弹出的相应对话框中，选择保存位置，输入文件名。

• 根据所选格式的不同，设置下列选项。

采样类型：表明采样率与位深度。单击"更改"按钮，可以调整这些选项。

格式设置：表明数据压缩与存储模式。单击"更改"按钮，可以调整这些选项。

包含标记与其他元数据：选中此复选框，可以将音频标记与元数据面板中的信息保存在文件中。

• 设置完毕，单击"确定"按钮，就可以保存了。

5.7.5　关闭文件

在波形编辑器中完成音频的录制与编辑保存之后，可以通过选择"文件"→"关闭"命令，关闭当前音频文件。如果要关闭所有文件，可以在Adobe

Audition主窗口左上角的菜单栏中选择"文件"→"全部关闭"命令。如果在试听过程中无意间进行了某些操作，在关闭时，可能会弹出一个对话框，询问是否保存对当前工作的更改，此时单击"否"按钮即可。

5.8 使用Adobe Audition CC录音

5.8.1 录音前的准备

在录制工作开始前要做好以下准备：保证所有硬件设备正常工作，包括耳机、麦克风、监听音箱、电源等，并保证连线准确无误；保证计算机操作系统正常工作，录音软件运行无误，并安装好所有可能用到的插件和工具；确保计算机有足够的硬盘空间，并为录音创建一个专门的工作目录；选一个隔音相对良好的房间录音，关闭门窗和可能带来噪声的电器设备，避免环境音经过话筒进入录音文件（虽然在后期处理时能够去噪，但是并不能完全去除噪声，而且会使声音失真；特别是分贝很高的刺耳声，只要录入就再不能消除和弱化）；熟悉录音内容，如作品的风格和要求，力求达到录音的最佳状态；调整心理状态，提高自信，语气平和。做好以上准备，就可以开始录制了。

进行人声录制时，要注意调整电平，只有做好这一步，录出的声音质量才能更好。由于人声的电平高低是动态变化的，因此可以使用压缩器。压缩器是一种自动控制信号电平的工具，当信号超过设定的阈值时，压缩器自动拉下电平，拉下多少取决于压缩比。

在Adobe Audition CC中，也可以进行录音电平的调整。调整录音电平时，首先要使麦克风处于工作状态，并且使麦克风远离音箱或将音箱的音量调到最小，这样可以防止"反馈"的发生。这里的反馈是指声音被麦克风拾取，又从音箱播放出来，再被麦克风拾取的无限循环过程。反馈会使音箱发出尖锐或低沉的声音，这种声音很难听，严重时还会造成线路和设备的损坏。如果录音电平太大，则会使音质变得很差；如果录音电平太小，也会影响音质。调整录音电平的目的就是让录制的声音不发生削波，同时声音强度也要尽量大，也就是让录制的声音"最大不失真"。

调整录音电平离不开"试音"。按照正式录音的状态发出声音，根据"电平表"选项卡的显示数及其变化，在"录音控制"对话框内进行相应的调整。一般来说，在录音时，要尽量将声音以最高电平经话筒录制到计算机中，声音的电平越高，清晰度也就越高。不过，声卡对声音电平的最高限度有要求，也就是说，如果声音电平过高，会出现爆音的现象，影响录音效果。但是，如果录制的声音电平太低就会影响其清晰度。因此，首先要对着麦克风录制较高音量部分，如果显示电平过小（小到几乎看不到绿色的电平条），则需要提高录音电平；如果显示电平过大（电平条显示到红色），就需要降低录音电平，以达到较为理想的电平。

在Adobe Audition的波形编辑模式下，按Alt+I快捷键或执行"视图"→"测量"→"信号输入表"命令，即可在主界面的下方显示录音电平。如果看不到彩色条，可能是由于电平表的量程太小，此时，可以在"电平"面板上右击，在弹出的快捷菜单中选择更大的量程，其最大值为120dB。如果选择了最大量程，还是没有光柱出现，就说明声卡没有收到来自麦克风的任何信号，需要检查计算机硬件是否出现了问题。

试音过程中，麦克风和人之间应保持合适的距离，一般为5~15cm。如果距离太远，拾取的有用信号会比较弱。通过不断调节，接近理想的工作状态后，就可以进入实际录音阶段。

5.8.2 单轨录音

1. 录制麦克风声音

下面以录制麦克风声音为例，介绍录制诗朗诵的步骤（如果用笔记本电脑自带的麦克风，可以直接跳到第（4）步）。

（1）将麦克风与计算机声卡的Microphone接口相连接，将录音来源设置为Microphone。

（2）打开Adobe Audition软件，显示波形编辑视图界面，执行"编辑"→"首选项"→"音频硬件"命令，打开"首选项"对话框，设置"默认输入"和"默认输出"选项。

（3）双击任务栏上的小喇叭图标，打开"音量控制"对话框，在麦克风选项下方，单击"选择"复选框。

（4）执行"文件"→"新建"→"音频文件"命令（或直接单击"波形"快捷键），打开"新建音频文件"对话框，为文件设置一个文件名"诗朗诵"。

【提示】也可打开已有的文件重写或添加新的音频，将当前时间指针放到想要开始录制的位置。

(5)单击"编辑器"面板底部控制器中的"录制"按钮,开始录制。

(6)对准麦克风,录制声音。

(7)观察录制声音的波形。单击"录制"按钮或"停止"按钮,即可结束录制。录制过程中可以单击"暂停"按钮暂停或继续录制,如图5-8所示。

图 5-8 录制的声音波形

【提示】在录制过程中,随时观察下面的录音电平,可以更好地帮助分析当前输入设备录制声音音量的大小。

(8)执行"文件"→"保存"命令,将文件保存。

2. 录制系统声音

系统中的声音是指当前播放歌曲的声音、电影中的声音、CD中的声音等。这样,录制的声音没有噪音的干扰,品质比较高。在生活中,常用这种方法录制电影中的插曲或对白。

(1)双击任务栏上的小喇叭图标,打开"音量控制"对话框。在Stereo Mix左边,单击"选择"复选框,同时禁用麦克风设备。

(2)执行"编辑"→"首选项"→"音频硬件"命令,打开"首选项"对话框,设置"默认输入"为立体声混音。

(3)使用播放器播放电影,单击"录制"按钮。

(4)录制完成后,单击"录制"按钮或"停止"按钮,结束录制。

5.8.3 多轨录音

在多轨编辑器中,可以同时在多个轨道中录制音频,以进行配音。多轨录音时,可以听到其他轨道上的配乐和之前录制的声音;如果项目中含有视频,还可以同时监视播放的视频。这样，通过混音编排就能得到一部完整的作品。还可以先将录制好的一部分音频保存在一些音轨中，再进行其他部分或剩余部分的录制。

默认状态下，Adobe Audition为用户提供了6个音轨和一个混音音轨。

（1）执行"文件"→"新建"→"音频文件多轨会话"命令，设置会话名称为"多轨录音"，单击"确定"按钮，进入多轨编辑状态。

（2）执行"编辑"→"首选项"→"音频硬件"命令，设置"默认输入"选项为"麦克风"。

（3）执行"多轨混音"→"轨道"→"添加立体声轨道"命令，添加一个立体音轨"轨道7"。

（4）在"轨道7"面板中选择输入设备为"默认立体声输入"，如图5-9所示。

图 5-9　多轨录音

（5）单击"轨道7"面板中的"录制准备"按钮（R），将该按钮激活，准备录制，单击"录制"按钮进行录制工作。

（6）要在多个轨道上同时录音，重复步骤（1）～步骤（5）。

（7）在"编辑器"面板中，定位当前时间指针在希望开始录制的位置，或选取新素材的范围。

（8）单击"录制"按钮，开始录音。

（9）录音完毕后，单击"录制"按钮或"停止"按钮，结束录制。

5.8.4　穿插录音

穿插录音可以在已有的波形文件中插入一个新的录制片段。如果对已经录制完成的声音中的局部不满意，可以将这部分选中，然后进行录音，这就是所谓的穿插录音。在穿插录音的过程中，软件仅对选定的区域进行录音，区域以外的部分不受影响。

（1）启动Adobe Audition，单击"多轨"按钮，设置项目名称为"穿插混音"。单击"确定"按钮，进入多轨混音编辑状态。

（2）执行"文件"→"导入"→"文件"命令，将声音文件导入。

（3）选中"轨道1"，单击"插入到多轨混音中"按钮，将音频插入轨道1中。

（4）单击编辑器下面的"放大（时间）"按钮，将波形放大。使用时间选区工具选择音频中录制错误且需要更改的波形，如图5-10所示。

图 5-10　选择错误波形

（5）设置轨道1上的输入设备为"麦克风"选项。

（6）单击轨道1上的"录制"按钮，开始录制。

（7）选择区域将呈现出与其他区域不同的颜色，并产生一个带序列号的音频文件。

（8）对选择的区域录制结束后，会自动停止录音。执行"文件"→"保存"命令，保存项目文件和录制的音频。

（9）执行"文件"→"导出"→"多轨混音"→"整个会话"命令，将文件导出为音频文件。

5.8.5　录制第一段声音

使用Adobe Audition的录制功能可以边播放音乐边录音。在多轨录音方式中，播放和录制可以同时进行。接下来我们将通过所学习的技术，录制自己的第一段声音。基本思路就是先将背景音乐导入一个音轨中，然后增加一个音轨，用于录音。具体操作步骤如下。

（1）单击"多轨混音"按钮，设置混音项目名称为"录制第一段声音"，单击"确定"按钮，进入多轨编辑状态。

（2）执行"文件"→"导入"→"文件"命令，将"老狼-同桌的你.ape"文件导入。

（3）选择文件，单击"插入到多轨混音中"按钮，将音频插入到项目"录制第一段声音"的轨道1中，如图5-11所示。

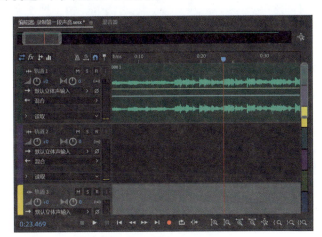

图 5-11　插入背景音乐

（4）单击轨道2上的"录制"按钮。

（5）单击"录制"按钮开始录制，并观察下面的电平，根据电平的显示调整声音大小。

（6）录制完成后，单击"停止"按钮，结束录音，如图5-12所示。

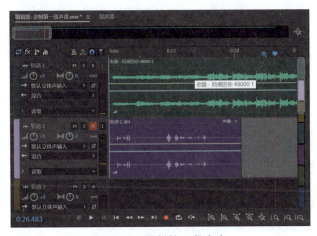

图 5-12　录制第一段声音

（7）选择轨道2上的波形，执行"效果"→"混响"→"完全混响"命令，在弹出的对话框中选择"小型俱乐部"预设。按空格键试听效果，并根据效果调整混响参数，如图5-13所示。

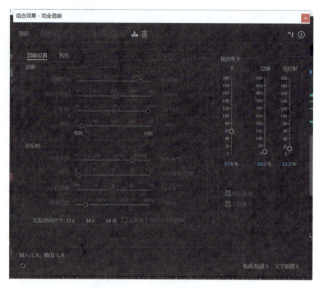

图 5-13 混响效果

(8)执行"文件"→"存储"命令,将项目文件保存。选择"文件"→"导出"→"多轨混音"→"整个会话",将文件名设置为"录制第一段声音缩混",如图5-14所示。

图 5-14 导出多轨混音

5.9 音频编辑

5.9.1 波形编辑概述

在导入或录制了音频素材之后，可以在波形编辑视图下对素材进行单独编辑，以满足后续工作的需求。在波形编辑视图中打开音频后，可以看到可视化的音频波形。如果打开的是立体声文件，则其左声道波形出现在上方，右声道波形出现在下方。如果打开的是单声道文件，则其波形充满整个"编辑器"面板。

在波形编辑器中，"编辑器"面板为音频提供了可视化的显示方式。默认状态下为波形显示，可以根据需要选择频谱显示方式，查看音频的频率（从低到高）。要查看频谱显示，可以执行菜单命令"视图"→"显示频谱"或单击工具栏上的"显示频谱"按钮 。

（1）波形显示：以一系列正值和负值形式显示波形。X轴代表时间（水平标尺），Y轴代表振幅（垂直标尺），即音频信号的强弱。弱的音频信号比强的音频信号的峰和谷都要小，如图5-15所示。

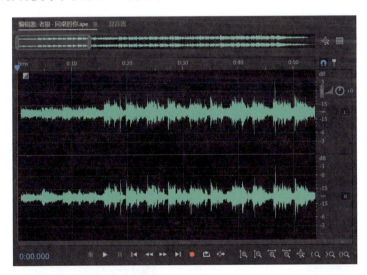

图 5-15 波形显示

（2）频谱显示：使用自身的频率显示波形。X轴代表时间（水平标尺），Y轴代表频率（垂直标尺）。这种频谱图可以辅助分析各个频率的分布。较亮的颜色表示较高的频率，如图5-16所示。频谱显示适用于清除不需要的声音，如咳嗽等噪声。

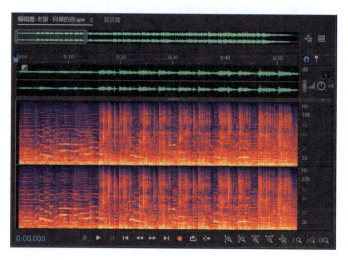

图 5-16 频谱显示

5.9.2 选择音频

无论对音频进行什么操作,第一步都是选取要进行编辑的音频。即使要对音频添加各种效果,也必须先选择再进行处理。

1. 选择时间范围

从时间范围看,可以选择一整段音频。在工具栏中选择时间选择工具,在"编辑器"面板中进行如下操作。

(1)单击并拖动鼠标,可以选择一个区域,被选择的区域会高亮显示,如图5-17所示。

图 5-17 选择时间范围

（2）要扩展或缩减选择区域，应按住Shift键，单击要设置新边界的位置。还可以通过拖动更改选区。

2. 选择频谱范围

在频谱显示下，可以使用框选工具、套索工具或笔刷工具选择特定频率范围的音频数据。框选工具可以选择一个矩形区域；套索工具可以自由绘制选区，进行选择；笔刷工具可以自由绘制选区，在工具栏中设置笔刷的尺寸和不透明度，可以影响绘制选区范围和强度，白色选区的不透明度越高，所施加效果的强度越高。三者均可以提供较为复杂的基础编辑能力。

（1）在频谱显示下，在工具栏中选择相应的工具。

（2）在"编辑器"面板中进行拖动，选中所需要的音频数据。

（3）要调整选择部分，可进行如下操作。

- 移动选择部分：将光标放在选区上，进行拖动，将其放置到所需的位置上。
- 调整选择部分：将光标放在选区的边角处，进行拖动，调节选区到合适的尺寸。
- 要扩大套索或笔刷选择部分，按住Shift键并拖动光标；要缩小选择部分，按住Alt键并拖动光标。要调整笔刷选择部分应用效果的强度，调整工具栏中的不透明度设置。

3. 选择并自动修复噪声

使用污点修复工具可以快速修复细小的独立噪声，如咔嗒声或噼啪声。当使用这个工具选择音频时，会自动执行"收藏夹"→"自动修复"命令。

（1）频谱显示下，在工具栏中，选择污点修复工具。

（2）调整笔刷尺寸大小设置，以改变像素直径。

（3）在"编辑器"面板中，单击并按住鼠标或拖动鼠标划过噪声部分，可以消除噪声。

【注意】自动修复噪声只能优化小的音频，因此限制选择部分为4s或更少。如果想要优化更多的音频，就需要使用降噪效果器。

4. 选择所有波形

除了使用时间选择工具选择所有音频波形外，还可以通过命令快速选择所有音频波形。

（1）在音频波形上双击，可以选择波形的可视区域。

（2）执行菜单命令"编辑"→"选择"→"全选"（快捷键Ctrl+A）或在音频波形上进行三连击，可以选择所有波形。

5. 选择声道

默认状态下，选择与编辑操作会同时施加到立体声或环绕声的所有声道上，也可以选择编辑其中的一个声道。

在编辑器的右边，单击振幅标尺内的"声道"按钮，如单击立体声的右声道按钮，则关闭右声道编辑，只选择了左声道音频波形并以高亮部分显示，如图5-18所示。

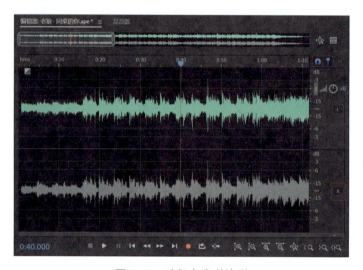

图 5-18　选择左声道波形

6. 调整选择部分到零交叉点

什么是零交叉点？放大一段波形，直到其成为一条单独的曲线，最高点和最低点之间的波形与X轴的交点就是"零交叉点"。

一些编辑工作（如在波形之间删除或插入音频）要求选区设置得准确，这时最好将选区的起点与终点设置在零交叉位置，就可以减少编辑过程中产生的咔嗒声或爆裂声。

要使选区最接近零交叉点，应执行菜单命令"编辑"→"过零"，在其子菜单中选择如下命令。

（1）向内调整选区：向内调节选区的边界到相邻的零点上。

（2）向外调整选区：向外调节选区的边界到相邻的零点上。

（3）将左端向左调整：将选区的左边界向左调节到相邻的零点上。

（4）将左端向右调整：将选区的左边界向右调节到相邻的零点上。

（5）将右端向左调整：将选区的右边界向左调节到相邻的零点上。

（6）将右端向左调整：将选区的右边界向右调节到相邻的零点上。

5.9.3 编辑音频

编辑音频的基本操作包括音频数据的复制、剪切、粘贴与删除等。

1. 复制与剪切音频波形

在波形编辑视图下，选择要进行复制或剪切的音频数据。如果要复制或剪切整个文件的波形，则无须进行选择。

（1）执行"编辑"→"复制"命令或按快捷键Ctrl+C，复制音频数据到当前的剪贴板中。

（2）执行"编辑"→"复制为新文件"命令，复制并粘贴音频数据到一个新建文件中。

（3）执行"编辑"→"剪切"命令，即在当前波形中删除所选音频数据并将其复制到剪贴板。

2. 粘贴波形

粘贴命令可以把剪贴板中的音频数据放在当前的波形之中。

（1）将当前时间指针放在想要插入音频的位置或选择一段欲进行替换的音频部分，然后执行"编辑"→"粘贴"命令或按下快捷键Ctrl+V，便可以将剪贴板中的音频数据粘贴到当前时间指针位置或当前所选音频区域中。

（2）执行"编辑"→"粘贴到新文件"命令，可以将剪贴板中的数据粘贴到一个新文件中，并保持原有素材的属性。

3. 混合式粘贴

混合式粘贴可以将剪贴板中的音频数据与当前波形相对应的部分进行混合。

（1）先复制或剪切一段音频素材。

（2）在"编辑器"面板中，将当前时间指针位置设置到要进行混合式粘贴的位置，或选择一段欲进行替换的音频部分。

（3）执行"编辑"→"混合式粘贴"命令，打开"混合式粘贴"对话框，如图5-19所示。

（4）在"混合式粘贴"对话框中设置音量和混合方式。设置完毕，单击"确定"按钮，则按照设置进行混合式粘贴。

- 复制的音频与现有的音频：调节复制音频与现有音频的百分比音量。

图 5-19 "混合式粘贴"对话框

- 反转已复制的音频：反转复制的音频相位。如果现有的音频包含类似的内容，则会增大或减小相位的抵消。
- 调制：调制复制的音频与现有的音频总量，产生更可听的变化。
- 交叉淡化：在音频的起点与终点位置施加淡入淡出效果，输入数字，设置音频淡化多少毫秒。

4. 删除或裁剪音频

Adobe Audition提供了两种方法删除音频："删除"命令，可以将选中的音频部分删除；"裁剪"命令，可以将选区之外的部分删除，保留选择的波形区域。

选中要删除的部分，然后执行"编辑"→"删除"命令，可以删除所选波形，其余部分音频自动首尾相连。

选中要保留的部分，然后执行"编辑"→"裁剪"命令，可以删除选区之外的部分波形。

5. 使用标记

标记就是一个记号，不是音频数据。它是在音频波形中定义的特殊位置。使用标记可以对创建选区、编辑和播放音频起到辅助作用。

标记可以分为位置型标记和范围型标记。位置型标记是波形中特定的时间位置，如图5-20所示。范围型标记是为某个波形范围做的记号，它包括两处记号，即范围的开始和结束，如图5-21所示。

设置好标记后，可以在"编辑器"面板顶部的时间线中，选择并拖动有白色手柄的标记，或右击标记，以访问附加的命令。

图 5-20 位置型标记

图 5-21 范围型标记

使用"标记"面板可以定义与选择标记。执行菜单命令"窗口"→"标记",可以打开"标记"面板,在其中可以对标记进行重命名或添加注释等管理工作,如图5-22所示。

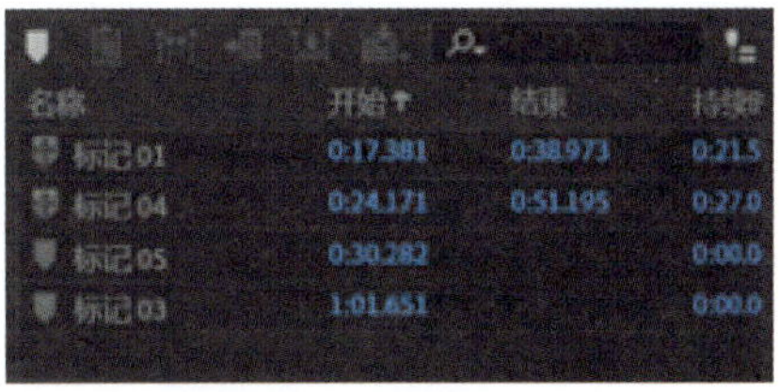

图 5-22 "标记"面板

1)添加标记
- 打开音频。
- 将当前时间指针放在想要添加标记的位置。
- 选择想要定义一个范围标记的音频数据。
- 按住M键,或在"标记"面板中单击"添加标记"按钮。

2)选择标记
- 在"编辑器"面板中,双击标记的手柄。
- 在"标记"面板中,双击标记。
- 在"标记"面板的标记列表中,先选择第一个标记,再在按住Shift键的同时单击最后一个标记,可以将两者之间所有的标记全部选中。
- 在"标记"面板的标记列表中,按住Ctrl键,选择标记,可以将所需的标记逐一全部选中。

3)重命名标记
- 在"标记"面板中,选择标记。
- 单击标记名称,输入一个新的名称。

4)重新定位标记

"标记"设置好之后,可以对其进行各种操作。
- 在波形"编辑器"面板中,拖动标记手柄到新的位置。
- 在"标记"面板中选择标记,并输入位置型标记的开始数值或范围型标记的开始、结束与持续时间数值。

5)合并标记

在"标记"面板中,选择合并的标记,然后单击"合并"按钮。新合并的标记将继承第一个标记的名称。合并后的位置型标记为范围型标记。

6）转换位置型标记为范围型标记

右击标记手柄，然后在弹出的快捷菜单中选择"转换为范围"命令，标记手柄将分成两个手柄。

7）转换范围型标记为位置型标记

右击标记手柄，然后在弹出的快捷菜单中选择"转换为节点"命令，范围标记手柄的两个部分将合并为单个的手柄，范围的开始时间变为标记的时间。

8）删除标记

- 在"标记"面板中，选择一个或多个标记，然后单击"删除"按钮。
- 在"编辑器"面板中，右击标记手柄，然后在弹出的快捷菜单中选择"删除标记"命令。

9）保存标记之间的音频到新文件

在"编辑器"面板中，执行"窗口"→"标记"命令，打开"标记"面板。选择一个或多个标记范围。在"标记"面板中单击"导出音频"按钮，在弹出的快捷菜单中设置下列选项。

- 文件名：在文件名内使用标记名称。
- 前缀：指定新文件名的前缀。
- 后缀开始：起始编号，指定用于增加到文件名前缀后的开始编号。
- 位置：指定新文件的保存位置。
- 格式：指定文件格式。
- 采样类型：设置新文件的采样率与位深度。
- 包含标记与其他元数据：包括音频标记与元数据面板处理文件的信息。

5.9.4 实例分析

1. 截取音频

生活中，如果喜欢某一首歌曲的某一部分，或者喜欢某部电影的经典对白，使用Adobe Audition就可以轻松地在一大段音频中选择自己喜欢的部分，并将这段音频制作成一个单独的音频文件，应用在不同的作品中。

（1）执行"文件"→"打开"命令，打开文件"水中花.wav"，如图5-23所示。

（2）播放音频，选择自己喜欢的音频部分，如图5-24所示。

（3）右击鼠标，在弹出的快捷菜单中选择"复制到新建"命令。

（4）选择的音频部分被复制到一个新文件中。此时"文件"面板中有两个文件,其中"未命名2"为复制的新文件,如图5-25所示。

图 5-23 打开"水中花 .mp4"文件

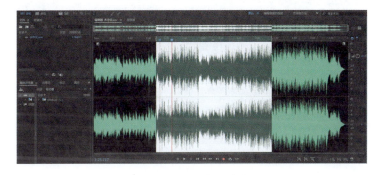

图 5-24 选择部分音频

图 5-25 复制的新文件

(5)执行"文件"→"保存"命令,将文件保存为"水中花1.wav",如图5-26所示。

图 5-26 保存截取的音频

2. 合并两段音频

本案例将两段毫无关系的音频通过复制和粘贴编排在一起,实现有趣的听觉效果,操作步骤如下。

(1)启动Adobe Audition,执行"文件"→"打开"命令,打开文件"水中花.wav"和"同桌的你.ape"。

(2)观察并播放选择的两段音频。

(3)双击"同桌的你.ape"文件,使用时间选区工具选择需要复制的波形,如图5-27所示。

图 5-27　选择需要复制的波形

(4)右击鼠标,在快捷菜单中选择"复制"命令。

(5)双击"水中花.wav"文件,选择要粘贴波形的位置。

(6)按Ctrl+V快捷键,粘贴音频。然后调节音量旋钮,使粘贴的音频和其他波形的音量相似,如图5-28所示。

图 5-28　粘贴波形并调整音量

(7)执行"文件"→"另存为"命令,将文件保存为"水中花_同桌的你.wav",按空格键播放音频,试听效果。

3. 制作个性手机铃声

使用Adobe Audition波形编辑器中的复制与粘贴方法，将一段简短的、没有特色的音频，通过简单的复制、粘贴操作，制作出有趣的个性效果，然后将这段音频传到手机中作为手机铃声。

其基本操作步骤如下：

（1）启动Adobe Audition，打开文件"声音.wav"。

（2）播放音频，选择音频波形最后的部分，如图5-29所示。

（3）单击"缩放时间"面板上的"放大（时间）"按钮，将波形放大。

（4）执行"编辑"→"过零"→"向外调节选区"命令，将选区对齐零交叉点，如图5-30所示。

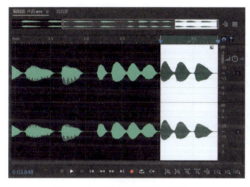 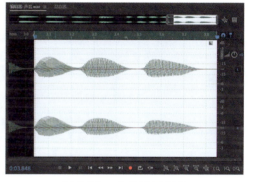

图 5-29　选择音频最后部分　　　　图 5-30　向外选区调节

（5）执行"编辑"→"复制"命令，将选择音频部分复制。

（6）缩小波形，单击波形尾部。

（7）执行"编辑"→"粘贴"命令，将音频粘贴到原音频尾部。

（8）使用同样的方法，再次粘贴复制的音频；还可配合其他编辑手段，得到有趣的音频效果。

（9）执行"文件"→"另存为"命令，将文件保存为"手机音乐.mp3"，然后将音频通过数据线传输到手机上，即可将这段音频设置为手机铃声。

5.10 思考与练习

1. 声音是怎样发生的，怎样传播的？

2. 声音特性的三个要素是什么？它们的具体含义是什么？

3. 人耳的听觉频率范围是多少？

4. 声音信号的数字化过程一般分为哪几个步骤？

5. 常用的声音文件格式有哪些？

6. 什么是语音识别？语音识别系统可以怎样分类？

7. 什么是语音合成？文语转换系统的基本结构是什么？

8. MIDI 的含义是什么？

9. 音乐合成有哪两种方法？它们各自的特点都是什么？

10. 使用录音机软件录制一段声音。

11. 使用 Adobe Audition 制作一首有伴奏的自唱歌曲或者配乐诗朗诵。

第 6 章　数字视频制作

视频作为多媒体家族中的成员之一,在多媒体技术应用和处理中占有非常重要的地位。它可以将文本、图形、图像、声音、动画等信息形式综合集成为一体,极大地提高了媒体数据的信息表现能力,具有十分突出的形象性和丰富性特征。

本章将重点介绍数字视频制作的相关基本方法和操作。

6.1　数字视频概述

视频的本质就是一系列连续的动态画面,可以分为模拟视频和数字视频两类。模拟视频在形式上表现为随时间连续变化的模拟电信号,而数字视频数据则表现为离散的二进制整数。随着计算机技术和多媒体技术的不断发展,目前,与视频信息相关的获取、编辑、存储、传输、显示等基本都实现了数字化处理。数字视频已经取代模拟视频,成为视频数据的基本形式。

数字视频相较于模拟视频具有下列几方面的优势。

1. 数字视频具有更强的抗噪能力

模拟视频信号的抗噪能力较差,信号的每次复制都必然会因噪声增加而造成质量下降;而数字视频的复制可以做到百分百保真,且可以使用校验码、纠错码等机制进一步确保复制中信息的正确性。

2. 数字视频更方便直接存取

模拟视频通常以磁带或胶片作为载体，要获取特定信息，需要从头至尾顺序播放来定位信息；数字视频则可以通过寻址定位直接存取，为浏览、检索、交互控制等更复杂的应用和处理功能提供可能。

3. 数字视频更便于传播

模拟视频的传播只能通过复制磁带胶片的方式实现，极不方便；数字视频则既可以通过直接复制的方式，也可以通过网络传输的方式进行传播，传播效率和传播范围都显著提高。

4. 数字视频更便于编辑

模拟视频的编辑只能通过线性拷贝的方式进行影片剪辑，操作烦琐，工作量大，容易出错；数字视频则可以通过非线性编辑方式轻松剪辑和组合素材，为素材添加丰富的影片效果，在制作效率、影片效果、成本等方面都具有显著优势。

6.2 视频文件格式

目前，常见的视频素材格式包括 AVI、MPEG、RM、ASF、WMV、QuickTime 等，下面详细介绍这些格式的特点和相互转换方法。

6.2.1 常见的视频格式

1. AVI（Audio Video Interleaved）格式

AVI 直译为音频视频交错文件，所谓"音频视频交错"就是将视频和音频交织在一起进行同步播放。AVI 是一种为多媒体和 Windows 应用程序广泛支持的视频音频格式，它是由 Microsoft 公司 1992 年推出的，具有压缩比率小、图像质量好、可以跨多个平台使用的优点。但其体积过大，不便于传输，而且由于不限定压缩算法造成压缩标准不统一，因此经常会出现高版本 Windows 媒体播放器播放不了采用早期编码编辑的 AVI 格式视频，而低版本 Windows 媒体播放器又播放不了采用最新编码编辑的 AVI 格式视频的情况。在播放一些 AVI 格式的视频时，常会出现由于视频编码问题而造成的视频不能播放，或即使能够播放，但不能调节播放进度，以及播放时只有声音没有图像等问题。如果用户在播放 AVI 格式的视频时遇到了这些问题，可以通过下载相应的解码器来解决。

2. MPEG（Moving Picture Experts Group）格式

MPEG 即运动图像专家组。该组织专门负责建立音频、视频的相关压缩和编码国际标准。MPEG 压缩算法通过采用有损压缩方法减少运动图像中的冗余信息，也就是说，MPEG 压缩方法的依据是相邻两幅画面的绝大多数内容是相同的，把后续图像中和前面图像有冗余的部分去除，即可达到压缩的目的。这种格式具有压缩率高、画面质量好的优点。目前 MPEG 视频格式主要包含三个压缩标准：MPEG-1、MPEG-2 和 MPEG-4。

MPEG-1 制定于 1992 年，它是针对 1.5Mbps 以下数据传输率的数字存储媒体运动图像及其伴音编码而设计的国际标准，也就是通常所见到的 VCD 的制作格式。这种视频格式的文件扩展名包括 .mpg、.mlv、.mpe、.mpeg 及 VCD 光盘中的 .dat 文件等。

MPEG-2 制定于 1994 年，设计目标为高级工业标准的图像质量以及更高的传输率，是针对标准数字电视和高清晰度电视在各种应用下的压缩方案和系统层的详细规定，传输速率为 3Mbps~10Mbps。MPEG-2 可以提供广播级的视像和 CD 级的音质，是 DVD、SDTV、HDTV 的编码标准。使用这种视频格式的文件扩展名包括 .mpg、.mpe、.mpeg、.m2v 及 DVD 光盘上的 .vob 文件等。

MPEG-4 制定于 1998 年，是针对数字电视、交互式绘图应用、交互式多媒体等整合及压缩技术的需求而制定的国际标准。MPEG-4 将众多的多媒体应用集成于一个完整框架内，旨在为多媒体通信及应用环境提供标准的算法及工具，从而建立起一种能被多媒体传输、存储、检索等应用领域普遍采用的统一数据格式。MPEG-4 包含了 MPEG-1、MPEG-2 的绝大部分功能及格式上的优点，加入并扩展了对虚拟现实模型语言（VRML）、面向对象的合成文件、数字版权管理和其他交互功能的支持，具有更高的压缩比、交互性和灵活性，广泛应用在网络视/音频广播、移动通信、电子游戏等领域。MPEG-4 由很多子标准组成，各个机构可以根据自己的需要选用不同的功能标准，因此市场上出现了很多基于 MPEG-4 技术的视频文件格式，如 WMV、QuickTime、DivX、Xvid 等。

3. RM（Real Media）格式

Real Networks 公司所制定的音频视频压缩规范称为 Real Media，一开始就定位在视频流方面的应用，也可以说，该公司是视频流技术的始创者。用户可以使用 RealPlayer 或 RealOne Player 在不下载音频/视频内容的条件下实现在线播放。RealMedia 可以根据不同的网络传输速率制定出不同的压缩比率，从而在低速率的网络上进行影像数据实时传送和播放。RM 作为一种重要的网络视频格式，可以通过其 Real Server 服务器将其他格式的视频转换成 RM 视频并由 Real Server 服务器负责对外发布和播放。

RealVideo 文件名后缀多为 RM、RA、RAM。从 RealVideo 的定位来看，就是牺牲画面质量来换取可连续观看性。由于存在颜色还原不准确的问题，RealVideo 不太适合专业的场合，但 RealVideo 出色的压缩效率和支持流式播放的特征，使得 RealVideo 在网络和娱乐场合占有不错的市场份额。另外，这种视频格式还具有内置字幕和无须外挂插件支持等独特优点。

2002 年 Real 公司又推出了 Real Video 9 编码方式，画质较上一版相比提高了 30%。使用 Real Video 9 编码格式的文件名后缀一般为 RMVB，RMVB 中的 VB 是 VBR，即 Variable Bit Rate 的缩写，中文是"可变比特率"。它比普通的 RM 文件压缩比更高（同样画质），画质更好（同样压缩比）。RMVB 格式变革了 RM 格式平均压缩采样的方式，在保证平均压缩比的基础上合理利用比特率资源，也就是说，静止和动作场面少的画面场景采用较低的编码速率，留出更多的带宽空间，而这些带宽会在出现快速运动的画面场景时被利用。这种方法在保证静止画面质量的前提下，大幅提高了运动图像的画面质量，从而使图像质量和文件大小之间达到了微妙的平衡。RMVB 文件一般用 RealOne 播放器播放，当然也可以用安装了相应插件的 RealPlayer 播放（不过播放的时候要将 .rmvb 改成 .rm）。

4. ASF（Advanced Streaming Format）格式

ASF 是微软为 Windows 98 系统开发的一种流式多媒体视频封装格式，是微软公司 Windows Media 的核心。ASF 格式包含音频、视频、图像及控制命令脚本等多媒体信息，以网络数据包的形式传输，实现流式多媒体内容发布。ASF 在网络上以可以即时观看的视频流格式存在，图像质量会有一定的损失，画面质量往往不如 VCD，但要优于 RM。作为微软的产品，用户可以直接使用 Windows 自带的 Windows Media Player 对 ASF 文件进行播放，支持它的软件也非常多。另外，ASF 格式的视频中可以带有命令代码，用户可以指定在到达特定时间节点后触发某个事件或操作。ASF 文件格式经常应用于网络点播、网络直播、远程教育等领域。

5. WMV（Windows Media Video）格式

WMV 是微软推出的一种采用独立编码方式并且可以直接在网上实时观看视频节目的文件压缩格式。WMV 的主要优点包括本地或网络回放、可扩充的媒体类型、部件下载、可伸缩的媒体类型、流的优先级化、多语言支持、环境独立性、丰富的流间关系以及扩展性等。

2003 年，微软基于其 WMV9 codec（编解码器）提出视频压缩规程草案并提交给 SMPTE（Society of Motion Picture and Television Engineers，电影与电视工程师协会）标准化。2006 年 3 月，该标准正式通过，正式标准名为 SMPTE 421M，其非正式名为 VC-1。自此，VC-1 连同 H.262（MPEG-2 Part 2）和 H.264（MPEG-4 AVC）成为蓝光光碟和高清 DVD 所采用的三大视频编解码标准。

在大多数情况下，WMV 文件都是用 ASF 容器格式来封装的。使用 .wmv 扩展名的文件，实际上是一个使用 WMV 编解码器的 ASF 格式文件。微软建议，如果 ASF 格式文件中包含了非微软的编解码器，最好使用 .asf 扩展名。

6. DivX/Xvid 格式

DivX/Xvid 都是基于 MPEG-4 压缩算法并使用 AVI 格式存储的视频编码标准，即通常所说的 DVDrip 格式，对应的文件扩展名为 AVI 或者 DivX。它采用 MPEG-4 技术对 DVD 盘片的视频图像进行高质量压缩，同时用 MP3 或 AC3 对音频进行压缩，然后再将视频与音频合成并加上相应的外挂字幕文件组合形成 AVI 文件。DivX 影片具有画质高、压缩比高、音质好、存储空间小等优点。其画质直逼 DVD，而体积只有 DVD 的几分之一。

7. QuickTime 格式

QuickTime 格式是苹果公司推出的一种视频文件格式，默认的播放器是苹果公司的 QuickTime Player，具有较高的压缩比率和较完美的视频清晰度。在开始一段时间里，QuickTime 格式的视频文件都是以 .qt 或 .mov 为扩展名的，使用自己的编码格式。但是在 MPEG-4 组织将 QuickTime 文件格式作为 MPEG-4 标准的基础，并选择了 QuickTime 作为 MPEG-4 的推荐文件格式以后，QuickTime 文件就多以 .mpg 或 .mp4 为其扩展名，并且采用了 MPEG-4 压缩算法。QuickTime 文件具有跨平台性，以前只能在苹果公司的 macOS 操作系统中使用，但现在同样也能支持 Windows 系列。

8. nAVI 格式

nAVI 是 newAVI 的缩写，是由一个名为 ShadowRealm 的地下组织开发的一种新视频格式（与上面所说的 AVI 格式没有太大联系）。它是由 Microsoft ASF 压缩算法修改而来的，但是又与上面介绍的网络影像视频中的 ASF 视频格式有所区别。它以牺牲原有 ASF 视频文件的视频"流"特性为代价，通过增加帧率来大幅提高 ASF 视频文件的清晰度。

9. DV-AVI 格式

DV 的英文全称是 Digital Video Format，是由索尼、松下、JVC 等多家厂商联合提出的一种家用数字视频格式。目前非常流行的数码摄像机就是使用这种格式记录视频数据的。它可以通过计算机的 IEEE 1394 端口传输视频数据到计算机，也可以将计算机中编辑好的视频数据回录到数码摄像机中。这种视频格式的文件扩展名一般是 .avi，所以也叫 DV-AVI 格式。

6.2.2 视频文件格式转换

如上所述，不同来源的视频文件有多种多样的文件格式。播放器软件能否正确播放某一类型的视频文件取决于能否对此类型的文件格式进行正确的解码。如果视频文件播放失败，要么应更换播放器软件，要么应进行文件格式转换。另外，某些特定的应用场合可能也会需要特定类型的视频文件，如果文件类型不符合要求，也需要进行视频文件格式的转换。视频文件格式的转换可以借助专业的转换软件完成，如格式工厂、迅捷视频转换器等。下面以格式工厂为例介绍基本的文件格式转换操作。

格式工厂（Format Factory）是一款功能全面的多媒体格式转换软件，可以对视频、音频、图片、文档、DVD/CD 等多种媒体数据进行各种文件格式之间的转换，转换过程中允许用户灵活设置参数及编解码算法，满足对数据格式的各种不同需求。下面以 MOV 转 MP4 为例介绍利用格式工厂进行文件转换的基本步骤。

背景： 使用其他多媒体设计软件制作了一个广告短片，导出的视频格式为 QuickTime（MOV）格式。该视频在 Windows 系统中使用自带的播放器软件无法正常播放，需要将其转换为更通用的 MP4 格式。

操作步骤：

（1）从官网下载并安装格式工厂软件。

（2）运行格式工厂软件，工作主界面如图 6-1 所示。

（3）在视频转换按钮列表中，单击选择要转换的目标格式类型"→MP4"，进入文件转换设置窗口。单击"添加文件"按钮选择要进行转换的源文件"广告.mov"，如图 6-2 所示（可以同时添加多个文件进行批量转换）。

（4）若需要自己定义视频的输出算法和参数，可单击"输出配置"按钮进行设置，如图 6-3 所示。单击添加的某一源文件右侧的"选项"按钮，可以对该视频源的剪辑范围、画面裁剪范围等进行设置，如图 6-4 所示。

图 6-1　格式工厂主界面

图 6-2　文件转换设置窗口

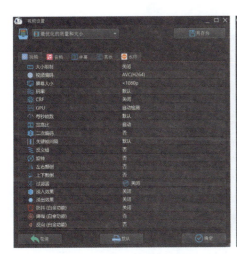

图 6-3　视频输出编码设置

图 6-4　视频源设置

（5）做好各种相关设置后，单击图 6-2 中的"确定"按钮，回到格式工厂主界面。单击主界面上方的"开始"按钮开始文件转换，转换成功后的结果界面如图 6-5 所示。转换之后的 MP4 格式的视频文件可以被 Windows 系统自带的播放器正确播放。

图 6-5　转换成功界面

6.3　线性编辑和非线性编辑

早期的视频编辑采用传统的线性编辑方式。这种方式以原始的录像带为素材，根据节目内容的要求，使用组合编辑将素材顺序连接成新的连续画面，并录制到另一盘录像带中。在操作过程中，剪辑师必须使用播放、暂停、录制等功能来完成。要想删除、缩短、加长中间的某一段，就只能将那一段以后的画面抹去重录。线性编辑素材的搜索和录制都必须按时间顺序进行，节目制作非常麻烦；并且线性编辑系统的连线较多，投资成本高，故障率也高。

非线性编辑，是一种组合和编辑多个视频素材的新方式，是计算机技术和视频数字化技术的结晶。非线性编辑过程中，用户可以在任意时刻随机访问所有数字素材，具有非常高的创作自由度。非线性编辑技术融入了计算机和多媒体两大领域的先进技术，集录制、编辑、特效、字幕、同步、切换、调音、播出等多种功能于一体，可以灵活地对各种素材进行生成、剪辑、变换和组合控制，克服了线性编辑系统的各种缺点，极大提高了视频编辑的效率，改善了视频效果。非线性系统的构成以多媒体计算机主机和编辑软件为主，辅助以视频采集卡、声卡、显卡等接口卡以及其他必要的外部设备，就可以集线性编辑系统中录像机、切换台、数字特技机、多轨录音机、调音台等整套设备的功能于一体，资金投入少，维护和工作成本低。总之，相较于传统线性编辑模式，非线性编辑具有投资少、信号质量好、制作水平高、操作灵活高效等优势，是目前视频节目制作的主要方式。

 6.4 视频素材采集

目前，数码摄像机（digital video，DV）日益普及，影视非线性剪辑软件也日趋大众化，如 Adobe Premiere、Video Studio（会声会影）等。非线性剪辑软件对计算机硬件的要求不高，除了专业制作人员和技术人员因为工作需要使用这些软件外，越来越多的非专业人员也开始学习制作自己的影片。要想制作精美的影片，需要大量的图像素材、视频素材和音频素材，其中最重要的是视频素材。视频素材的获取或采集方法可以分为内部采集、外部采集和自己制作三种。

1. 内部采集

此种方式包括直接利用计算机内部或者现存素材盘上已有的各种视频资源，或者利用下载工具从网络上下载，还包括利用动态屏幕录制软件录制计算机上正在播放的动态画面。

2. 外部采集

指利用外部视频设备输出的视频信号采集视频素材。外部视频设备输出的视频信号有模拟和数字两种形式。电视机，传统的摄录像机、影碟机等设备的视频输出端口输出的视频信号是模拟信号，而现阶段流行的数字摄像机等则可以输出数字视频信号，因此可把计算机外部采集分为模拟视频采集和数字视频采集两类。模拟视频信号采集需要使用视频采集卡：视频采集卡接收模拟视频信号，进行采样量化后转换为数字信号，然后进行压缩编码，获得特定格式的数字视频素材文件。视频采集卡的性能影响视频信号的采集质量，按质量档次的不同，视频采集卡可分为广播级、专业级和民用级三类。数字视频采集是指对于能够直接提供数字信号输出的外部摄录设备，可以通过各种数字传输接口和数据线直接将数字视频信号传输到计算机。常用的传输接口包括 USB 接口、HDMI 接口、火线接口（1394 接口）等。

3. 自己制作

如果内外部采集都无法得到所需的素材，则需要自己使用各种多媒体设计软件制作视频素材。例如，使用三维或者二维动画软件设计制作动画影片，并输出为视频文件格式。常用的三维动画制作软件有 3D Studio、3ds Max、Maya 3D 等，二维动画制作软件有 Adobe 公司的 Animate。

6.5 常用的视频编辑软件

目前市场上的视频编辑软件很多，按运行平台划分，可以分为 PC 端、手机端、云端三类。这里介绍几种主要的 PC 端视频编辑软件。

1. Avid Media Composer

Media Composer 是 Avid Technology 开发的一款专业视频制作软件，深受电影制作、电视、广播和流媒体等各个领域的专业人士的信赖。该软件专为处理大量不同的基于文件的媒体而设计，提供了高分辨率和高清的工作流程，具有实时协作能力和强大的媒体管理能力，免除了各种耗时的任务，使设计者能够专注于故事的表达和呈现。

2. Adobe Premiere Pro

该软件简称 Pr，是由 Adobe 公司开发的一款常用的非线性视频编辑软件。Pr 集捕获、编辑、字幕制作、转场与特效制作于一体，画面质量好、兼容性高。Pr 与 Adobe 公司的其他多媒体软件结合，应用于电视节目制作、广告制作等领域，是 PC 和 MAC 平台上应用最为广泛的视频编辑软件。

3. Adobe After Effects

该软件简称 Ae，也是 Adobe 公司开发的一款视频剪辑及设计软件，主要用于影视后期制作中高端视频特效系统的专业特效合成，侧重于视频特效加工和后期包装。Ae 通过与其他 Adobe 软件紧密集成和高度灵活的 2D 和 3D 合成，可以高效、精确地创建多种引人注目的动态图形和震撼人心的视觉效果，并将其运用到电影、视频、DVD 和动画作品上，令人耳目一新。

4. Final Cut Pro

Final Cut Pro 是苹果公司开发的一款专业视频非线性编辑软件，是目前 Mac 平台上最好用、最专业的视频剪辑软件。它包括了一整套视频编辑工具，支持创新的视频编辑、强大的媒体整理、引人注目的可自定义效果、集成的音频编辑以及直观的调色功能，能够让用户导入、剪辑并传输单视场和立体视场的 360° 全景视频，带给用户非凡的视频创作体验。

5. 会声会影

会声会影是加拿大 Corel 公司制作的一款功能强大的视频编辑软件，正版英文名为 Corel Video Studio。会声会影操作简单，提供完整的影片编辑流程解决方案，是专为个人及家庭使用所设计的视频剪辑软件。其剪辑效果不仅符合个人及家庭需要，甚至还可以挑战专业级的剪辑软件，使入门新手和高级用户都可以轻松体验快速操作、专业剪辑、完美输出的影片剪辑乐趣。

6.6 使用 Premiere Pro 进行视频编辑

Adobe 公司的 Premiere Pro 简称为 Pr，是一款适用于电影、电视和 Web 的业界领先视频编辑软件。它不仅可以帮助用户对各种视频进行剪辑、旋转、分割、合并、字幕添加、背景音乐添加等基础的处理，还能帮助用户进行视频颜色校正、颜色分级、稳定镜头、调整层、更改片段的持续时间和速度、效果预设等操作，功能非常强大。Premiere Pro 内置了海量的素材供用户自由使用，帮助用户制作出精美的影片和视频，还能根据自己的需求直接与 Adobe 公司的其他多媒体软件——Photoshop（Ps）、Adobe Audition（Au）、After Effects（Ae）等程序进行无缝协作。

本节将基于 Windows 系统中的 Premiere Pro 2021 软件介绍视频编辑的基本方法和操作。

6.6.1 Premiere Pro 工作界面

安装 Premiere Pro 2021 版本软件后，可以通过桌面快捷方式或者系统"开始"菜单启动软件，进入如图 6-6 所示的启动画面。启动完成后进入程序主页界面，如图 6-7 所示。在主页界面用户可以选择新建项目并进行项目的相关设置，或者打开已有项目。之后，会进入 Premiere Pro 2021 的工作界面，如图 6-8 所示。

工作界面除了标题栏和菜单栏之外，主要由视频编辑过程中所需要用到的一些操作面板构成。Premiere Pro 视频制作涵盖了诸多方面的操作任务，制作一部作品需要采集和管理素材，编辑视频，编辑字幕，应用特效等。Premiere Pro 软件中的操作面板可以提供这些功能，并帮助分类和组织各种工作任务。

如果所需要使用的面板在工作界面中没有显示，可以选择软件主菜单栏中的"窗口"菜单，在显示的下拉菜单中选择需要的面板名称，将其打开。打开的面

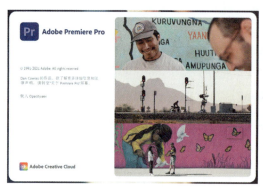
图 6-6 Premiere Pro 2021 启动界面

图 6-7 Premiere Pro 2021 主页界面

图 6-8 Premiere Pro 2021 工作界面

板名称前面会出现√号,如图 6-9 所示。单击已打开面板的菜单图标 ▤ ,在下拉菜单中选择"关闭面板"命令,可以将当前面板关闭。

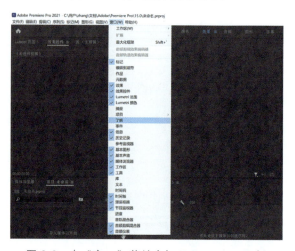
图 6-9 在"窗口"菜单中打开 Premiere 面板

Premiere Pro 中的面板是进行视频编辑的重要工具,下面介绍几种常用面板的基本功能。

项目面板：管理及组织项目使用的各种素材（音频、视频、图片、字幕等）和所创建的视频序列。在项目面板中可以对素材进行新建、导入、清除、预览和信息查看等。

时间轴面板：视频编辑工作的核心面板，包含视频轨道、音频轨道、字幕轨道，用以存放和编排视频内容；通过其他面板的辅助完成视频作品合成。

源监视器面板：用于预览素材效果，设置和修改素材的入点和出点，同时可以将设置好的素材插入/覆盖到时间轴面板的当前位置。双击项目面板或者时间轴轨道中的素材剪辑，可以将其在源监视器面板中打开。

节目监视器面板：用于预览所选视频序列所组装的素材、图形、字幕、特效等的当前合成效果，根据预览效果判断是否要对视频设计的相关方面进行调整。节目监视器面板的当前显示内容与播放指示器的位置对应。

工具面板：提供了在时间轴面板中快速编辑素材的各种工具，可以在时间轴面板中以多种方式选择素材，修改素材的入点/出点，分割素材，添加文字和图形等。

效果面板：包含了编辑过程中可以使用的各种音频特效、视频特效和过渡特效。

效果控件面板：用于创建、编辑和显示应用于所选素材或对象上的各种效果和动画设置，包括对运动效果、音频特效、视频特效、过渡特效等进行参数设置和动画设置。

基本图形面板：用于创建图形剪辑，设置图形或者字幕的样式和效果。Premiere 中的图形剪辑可以包含多个文本、形状和剪辑图层。不同图层上的形状和文字可以单独或批量控制外观样式，亦可方便灵活地设置运动动画效果。基本图形面板还可用于对说明性字幕进行样式设置。

文本面板：Premiere Pro 2021 版本中新增的生成和编辑说明性字幕的快捷工具。文本面板可以对字幕进行添加、拆分、合并、搜索、替换、导入、导出等操作，并使用基本图形面板定义外观样式。新版本中还增加了语音到文本的转换功能。

信息面板：该面板顶部显示当前选择项的相关信息，包括与所选项相关的类型、视频、音频、开始/结束/持续时间等信息。面板下部显示活动序列及其各视频轨道和音轨上剪辑的时间码值。

6.6.2　Premiere Pro 视频编辑基本流程

在 Premiere Pro 中进行视频编辑，主要包含下面几个步骤。

1. 设计脚本

设计脚本即设计影片的剧本，是对影片内容进行构思和设计，铸造影片作品的灵魂。Premiere 以脚本内容为指导，编辑各种素材，应用各种设计技术，将素材整合为一个连贯的影片整体。脚本的形式可以有很多种，如绘画式、小说式等。

2. 收集素材

素材是呈现影片内容的基础元素。根据脚本内容的需要，可以通过前面所述的内部采集、外部采集、自己制作等多种方式搜集所需要的素材文件。Premiere Pro 支持多种多媒体文件格式，视频文件格式包括 AVI、ASF、3GP、MP4、MOV、VOB 等，音频文件格式包括 AAC、MP3、WAV 等，图像文件格式包括 JPG、PNG、GIF、EPS、TIFF、TGA 等，字幕文件格式包括 DEXP、XML、SRT、STL 等。

3. 创建项目

Premiere Pro 通过创建单独的项目来组织和管理视频作品的制作，在项目中创建和编辑视频序列，管理作品的各种相关资源，记录编辑过程中的各种编辑行为。项目中不仅仅记录了一份视频作品，更管理着与作品制作相关的方方面面。因此，在 Premiere Pro 中设计视频作品的第一步就是创建项目。

4. 导入素材

创建项目后，开始制作视频内容前，需要将准备好的各种素材文件导入到项目中。项目中可以对导入的素材进行各种管理操作，如信息查看、效果预览、分组、重命名、剪辑、修改速度/持续时间等。素材导入后即可使用素材组合视频内容。

5. 制作视频序列

序列是指影片作品的音频、视频、字幕、特效和切换效果等各种组成部分的顺序集合。创建项目并导入素材后，就需要创建序列，在序列中对素材进行组合和编辑、添加字幕和特效等，以构建和优化序列内容。一个项目可以包含多个序列，项目中各序列的设置可以彼此不同。在单个项目中，可将单个片段编辑为单独的序列，然后将这些片段嵌套到更长的序列中，将它们合并为最终的视频作品。同样，也可以在同一项目中存储一个序列的多个不同版本。

6. 导出影片

导出影片即在序列内容设计好后，将其以视频文件的格式输出保存。导出影片时需要根据实际需要选择输出格式和压缩编码方式。

6.6.3 创建项目与管理素材

1. 创建项目

在 Premiere Pro 中制作视频作品，首先要创建一个项目。新建项目的方法有两种，一是在启动 Premiere Pro 2021 软件后出现的主页界面（图 6-7）中单击"新建项目"按钮；二是启动软件后在主页界面或者工作界面（图 6-8）中执行主菜单中的"文件"→"新建"→"项目"命令。这两种操作都可以打开"新建项目"对话框，如图 6-10 所示。在"新建项目"对话框的"常规"选项卡中设置项目名称、存储位置、视频 / 音频显示格式和素材捕捉格式，在"暂存盘"选项卡中设置捕捉、预览、自动保存、动态模板等中间或临时文件的存储位置，"收录设置"选项卡中可以进行创建低码率代理素材的相关设置。相关设置完成后，单击"确定"按钮即可完成项目创建，进入 Premiere 工作界面。

图 6-10 "新建项目"对话框

2. 导入素材

在制作视频内容之前，需要进行素材的导入。实现素材导入的操作方法有三种：在软件主菜单中执行"文件"→"导入"命令；在项目面板中单击右键，从弹出的菜单中选择"导入"命令；在项目面板中双击鼠标。使用其中任意一种方式均可打开图 6-11 所示的"导入"对话框，选择要导入的素材文件。

选择所需素材文件后（可使用 Ctrl 键或者 Shift 键多选），单击"打开"按钮，即可将选择的素材文件导入到项目面板中，如图 6-12 所示。项目面板中素材文件的显示模式可在列表视图和图标视图二者之间切换。

图 6-11　在"导入"对话框中选择文件

图 6-12　项目面板中导入的素材

3. 使用素材箱整理素材

当项目面板中导入的素材文件较多时,可以使用素材箱对素材进行分类管理。Pr 中的素材箱类似于 Windows 操作系统中的文件夹。可以通过三种方式创建素材箱:在软件主菜单中执行"文件"→"新建"→"素材箱"命令;在项目面板中单击右键,从弹出的菜单中选择"新建素材箱"命令;单击面板底栏中的图标 ▭。创建好素材箱后,选中一个或者多个素材,用鼠标拖动所选素材到素材箱上,即可将所选素材放入对应素材箱中。也可以打开素材箱,在素材箱内直接导入素材。创建的素材箱可以根据素材类别重新命名。

4. 删除素材

对于项目中不再需要的素材,可以在项目面板或者打开的素材箱中将其选中,直接按 Delete 键或者右击鼠标,选择菜单中的"清除"命令,将其从项目中删除。被删除的素材不再是项目文件的一部分。

5. 预览素材

如图 6-13 所示,可以通过三种方式预览项目面板或者素材箱中的素材效果。一是当素材以图标视图模式显示时,可以直接选中素材,用鼠标拖动素材图标下方的方形块，在图标中显示影片内容；二是单击项目/素材箱面板的菜单图标 ![icon]打开下拉菜单，选择"预览区域"命令显示预览区域，此后选中素材，可以在预览区域中播放/停止素材影片；三是双击项目面板中的某一素材，可以在源监视器面板中预览影片效果。

图 6-13 预览素材

6. 使用源监视器面板修改素材的入点和出点

由于采集的素材源所包含的影片内容通常总是多于实际所需要的内容，因此在使用素材组合序列之前可以先在源监视器面板中设置素材的入点和出点，定义素材剪辑的使用区间，减少在时间轴面板中编辑素材的时间。在项目面板中双击要编辑的素材，将其在源监视器面板中打开，如图 6-14 所示。

图 6-14 在源监视器面板中显示素材

将源监视器面板中时间标尺上的蓝色指示器拖动到应用素材的起始位置，执行软件主菜单中的"标记"→"标记入点"命令，或者单击源监视器面板中的标记入点按钮 ![icon]，即可为素材设置入点。将时间标尺上的蓝色指示器拖动到应用素材的结束位置，执行软件主菜单中的"标记"→"标记出点"命令，或者单击源监视器面板中的标记出按钮，即可为素材设置出点。设置好入点/出点的素材剪辑在源监视器面板的时间标尺上会显示代表入点和出点的蓝色括号标记，如图6-15所示。

图 6-15　源监视器面板中设置的入点和出点

设置好入点和出点之后，源监视器面板右侧的时间显示表示的是从入点到出点的持续时间。单击面板右下角的按钮，打开"按钮编辑器"，将播放从入点到出点视频的按钮拖到源监视器面板下方的工具按钮栏中。单击此按钮，可以在源监视器面板中预览从入点到出点之间的视频。如果设置的入点和出点位置不合适，可以随时重新调整。项目面板中设置好入点和出点的素材源在被添加到序列中时，会自动为时间轴面板中对应的素材剪辑设置好入点和出点。

7. 项目文件操作

创建项目后，视频作品的编辑工作都会基于项目展开。在编辑过程中根据需要随时可以保存项目，关闭项目，打开项目。这些操作均使用"文件"菜单下的相关命令完成。

6.6.4　创建序列

创建项目并导入素材后，就可以开始制作影片作品了。Premiere Pro 中的影片内容以序列的形式存在和组织。在 Premiere Pro 的一个项目中可以创建一个或者多个序列，每个序列有自己独立的设置，也可以进行序列的嵌套。这可以提高视频制作的效率，满足不同场景的不同需求，也可以为视频制作更加复杂的影片效果。例如，对于较长的影片，可以将影片拆分成多个片段，每个片段通过创建一个序列来制作；最后将所有片段序列组装成完整的影片序列进行导出。也可以为相同的影片内容添加不同的控制效果，将不同的效果版本制作成不同的序列。

1. 创建序列

执行"文件"→"新建"→"序列"命令，或者在项目面板底栏中单击新建项按钮 并选择"序列"，可以在当前项目中新建一个序列。创建序列时会打开如图 6-16 所示的"新建序列"对话框，设置序列参数及序列名称。

图 6-16 "新建序列"对话框

一个序列可以包含不同来源、不同格式、具有各种参数的不同类型的资源。当一个序列的设置与该序列中所使用的大部分资源的参数匹配时，Premiere Pro 的性能和质量最佳。为了优化性能并减少渲染次数，在创建序列之前，需要了解所要编辑的主要资源的资源参数，然后选择或设置最匹配的格式创建序列。

"新建序列"对话框中包含四个选项卡，用于进行新建序列的相关设置。

1)"序列预设"选项卡

在新建序列对话框的"序列预设"选项卡中列出了当前可选的序列设置预设列表。这些软件自带的设置预设包含了适合大多数典型序列类型的正确设置。例如，可使用 AVC-Intra、DVCPRO50 和 DVCPROHD 序列设置预设编辑 Panasonic P2 视频摄像机拍摄的 AVC-Intra 或 DVCPRO 画面素材。对于用 Panasonic P2 格式录制的 DV25 画面素材，可根据素材的电视标准使用 DV-NTSC 或 DV-PAL 预设。选中某一序列预设项后，在右侧的"预设描述"区域中将显示该预设的编辑模式、时基、帧大小、帧速率、像素长宽比、音频采样频率等设置。

2)"设置"选项卡

如果预设列表中的设置不能完全满足实际需求，可以打开"设置"选项卡对所选序列预设的相关参数进行修改或者完全进行自定义序列设置，如图 6-17 所示。

图 6-17 "设置"选项卡

设置选项卡中一些主要参数设置项的含义如下。

编辑模式：确定预览文件和播放视频的格式。初始设置由"序列预设"选项卡中的预设所决定。选择不同的编辑模式，下方视频、音频、预览区域可以自由修改设置的项目会有所不同。如果编辑模式选择"自定义"选项，则下方的所有区域均可自由修改相关设置。

时基：即时间基数，设定每秒钟视频被分配的画面帧数，用来在影片的编辑过程中确定序列中素材剪辑的精确位置，即时间位置可以精确到帧。在影片的编辑过程中不建议随意改变序列的时间基数。如果改变了时间基数，则时间划分的精度也会随之改变，会使序列中的编辑点和标记位置产生偏差，影片的持续时间也会受到影响，给影片的编辑带来麻烦。所以在创建序列时就应该根据素材资源类型等设定好时间基数。

帧大小：设定编辑过程中视频画面的大小，指定以像素为单位的画面宽度和高度。在自定义编辑模式下可以随意更改画面大小，如果设定其他编辑模式，则往往不允许修改此参数。例如，DV24p 模式下，帧大小为 720×480 像素；DVPAL 模式下，帧大小为 720×576 像素；HDV 720p 模式下，帧大小为 1280×720 像素。

像素长宽比：用来设定各个像素的长宽比。根据所选择的编辑模式的不同，此选项的可选设置也不同。如果所使用的像素长宽比不同于素材的像素长宽比，则该素材的渲染往往会产生扭曲变形。

场：用来指定帧画面扫描时的场序。如果使用的是逐行扫描视频，则选择"无场（逐行扫描）"。早期的电视信号采用隔行扫描方式，因电视信号的制式不同会有不同的场同步方式，即"高场优先"还是"低场优先"。现在的电视信号则一般都是逐行扫描方式。

视频显示格式：指定视频时间的显示格式。Premiere Pro 可以显示多种时间格式，数字视频一般采用基于时基参数的时间码格式。如果编辑的是从胶片中捕捉的素材，则可以采用胶片格式显示时间。如果视频资源来自动画程序，则可以采用画框格式，以帧编号格式显示时间。更改"显示格式"选项并不会改变剪辑或序列的帧速率，只会改变其时间的显示方式。

采样率：指定音频的采样频率。采样率越高，音频质量越好，但需要更多的磁盘空间和更强的处理能力。设置与源音频不同的采样率，既需要增加额外的处理时间，也会影响音频品质。

音频显示格式：用来指定是使用"音频采样"还是"毫秒"作为音频时间显示的单位。在时间轴面板下拉菜单中选择"显示音频时间单位"时，将应用此处设定的显示格式。默认情况下，时间以视频显示格式显示，但是在编辑音频时可以以采样级别精度作为音频单位显示时间。

预览文件格式：选择影片预览时的文件格式，可以在渲染时间较短和文件比较小的情况下提供最佳的预览效果。可选项受所选择的编辑模式限制。

编解码器：指定用于创建预览文件的编解码器。

宽度/高度：指定视频预览画面的宽度和高度，受序列设定的帧画面大小以及长宽比的限制。

3）"轨道"选项卡

在"轨道"选项卡中可以为新建序列设置用于编辑的视频轨道数量、音频轨道数量和音频轨道类型等，如图 6-18 所示。

图 6-18 "轨道"选项卡

4)"VR 视频"选项卡

在此选项卡中可以指定 VR 设置,创建具有 VR 属性的序列,处理具有 VR 属性的素材。

除了使用菜单栏命令创建序列外,拖动素材图标到项目面板底栏的"新建项"按钮 上,或者在时间轴面板没有打开任何序列的情况下拖动素材到时间轴面板编辑区域,可以创建一个与所选素材参数相同的序列。

要修改已创建序列的参数设置,在项目面板或者素材箱中选中序列,执行"序列"→"序列设置"命令,打开序列设置窗口,重新设置序列相关参数。设置内容与"新建序列"对话框的"设置"选项卡基本一致。

2. 关闭和打开序列

创建序列后,序列会存放在项目面板中。在时间轴面板中单击序列名称前的"关闭"按钮 ,可以关闭时间轴面板中打开的序列;关闭序列后,双击项目面板中的序列,可以在时间轴面板中重新打开选中序列。

6.6.5 时间轴面板

Premiere Pro 创建的序列存放在项目面板中,对序列的编辑则在时间轴面板中进行。时间轴面板是影片制作的核心面板,用于对项目面板中导入和创建的各种资源进行组合,供用户按时间排列剪辑片段,制作影视节目。

1. 认识时间轴面板

新建序列或者双击项目面板中已创建的序列,会在时间轴面板中打开该序列进行序列编辑。时间轴面板的基本布局如图 6-19 所示。

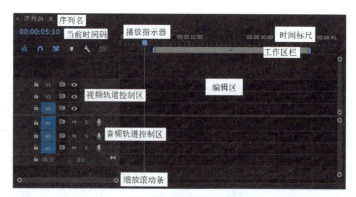

图 6-19 时间轴面板

序列名:当前正在编辑的序列名称。时间轴面板中可以同时打开多个序列,不同序列位于不同的选项卡。单击不同的选项卡切换当前编辑序列。

时间标尺：时间间隔的可视化显示，用于序列时间的水平测量。指示序列时间的刻度数字沿标尺从左到右显示。显示的刻度数字范围和刻度精度取决于当前的可视区域和显示缩放级别，拖动缩放滚动条的位置或者其两侧端点控制柄可以改变可视区域和缩放级别。

播放指示器：指示当前的显示和编辑位置，是位于时间标尺上的一个蓝色三角块，下方的垂直线从播放指示器一直延伸贯穿整个轨道区域。拖动播放指示器可以更改当前时间。

当前时间码：指示时间轴面板中当前帧的时间位置码，即播放指示器所在位置对应的时间码。在时间码上单击可以重新输入新的时间，也可以将鼠标指针置于时间码上，通过按住鼠标左右拖动来改变时间。时间码改变的同时，播放指示器的位置也会同步改变。同样，拖动播放指示器的位置，时间码的值也会发生相应的改变。在时间码上单击鼠标右键可以切换不同的时间显示格式。

工作区栏：用来指定文件导出时的"工作区域"对应的序列范围。工作区栏位于时间标尺的下部，默认情况下是不可见的。单击序列名称旁边的菜单图标 ，从下拉列表中选择"工作区栏"可以将其激活。拖动工作区栏的边缘设置区域范围。

视频轨道控制区：显示并控制序列中的所有视频轨道。视频轨道提供了视频影片、转场和特效的可视化表示，以及层次化的组装方式。在视频轨道控制区可以添加、删除轨道，控制轨道的显示、输出、锁定，可以设置素材插入的目标轨道，还可以添加、删除动画关键帧。

音频轨道控制区：显示并控制序列中的所有音频轨道。音频轨道提供了音频素材、转场、特效的可视化表示。在音频轨道控制区可以添加、删除轨道，控制轨道的显示、锁定，可以设置目标轨道，设置轨道静音或独奏等。

缩放滚动条：拖动滚动条可以控制时间轴上时间标尺的可见区域，拖动滚动条两侧的端点控制柄可以改变时间标尺的缩放比例。

编辑区：在此区域，将各种素材和影片资源摆放在不同轨道的不同位置来组装影片内容。

2. 轨道操作

Premiere Pro 中轨道的相关设定和控制主要在时间轴面板中的轨道控制区进行。轨道控制区的基本布局如图 6-20 所示。

下面介绍一些常用的轨道操作和控制方法。

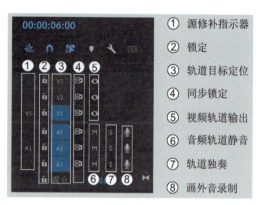

图 6-20 轨道控制区布局

1）添加轨道

在轨道控制区单击鼠标右键，选择下拉菜单中的"添加轨道"命令即可打开图 6-21 所示的"添加轨道"对话框。在对话框中设置要添加视频/音频/音频子混合轨道的数量、位置以及类型。单击"确定"按钮后即可在时间轴面板中添加若干条新轨道。需要注意的是，音轨只能剪辑声道类型相匹配（单声道、立体声或 5.1 声道）的音频。如果不确定剪辑使用的是何种音频，可在"项目"面板中选择相应剪辑，然后在预览区中阅读相关信息。

2）删除轨道

在轨道控制区单击鼠标右键，选择下拉菜单中的"删除轨道"命令即可打开图 6-22 所示的"删除轨道"对话框。在对话框中勾选要删除的各类型轨道所对应的复选框，并在每个选中项目的下拉菜单中指定要删除的具体轨道，之后单击"确定"按钮即可。所选轨道在时间轴面板中会被删除。

图 6-21 "添加轨道"对话框

图 6-22 "删除轨道"对话框

3）轨道锁定

单击某条轨道前面的锁形图标 可以实现对该轨道锁定和解锁状态之间的切

换。对轨道进行锁定后，该轨道上的剪辑就不允许发生任何更改了；解除锁定后，轨道中的剪辑重新变成可编辑状态。对当前暂时不需要进行操作的轨道进行锁定，可以避免因轨道选择错误或者素材选择错误而导致的视频编辑错误。在需要对锁定轨道进行操作时，随时可以将其解锁，提高视频编辑效率。已锁定的轨道上会显示斜线图案。虽然无法对已锁定轨道中的剪辑进行修改，但是预览或导出序列时这些剪辑也将包含在其中。如果想要同时锁定一条视频轨道和一条带有相应音频的轨道，就需要单独锁定每条轨道。锁定某个目标轨道后，该轨道就不再是目标了。除非解除该轨道的锁定并将其重新设定为目标，否则就无法向该轨道添加源剪辑。

4) 同步锁定

单击某条轨道的图标 ▤，可以对该轨道与其他轨道的同步编辑模式进行锁定。开启"同步锁定"，即图标变为 ▤ 时，轨道将不会受到其他轨道上的插入、波纹删除或波纹修剪等操作的同步影响。轨道开启"同步锁定"模式不会影响自身轨道的编辑操作。

5) 轨道输出

视频轨道的输出控制通过单击图标 ◉ 进行切换；音频轨道的输出控制通过单击 M 图标进行切换。已关闭输出的轨道中的视频或音频剪辑将不会出现在预览和导出文件中。已关闭输出的视频轨道中的剪辑在节目监视器和输出文件中显示为黑场视频。已关闭输出的音轨中的剪辑不会输出到调音台、扬声器和输出文件。

6) 调整轨道高度

扩展轨道高度可以显示更多的轨道控件，也可以更好地查看图标和关键帧，或以更大的视图查看视频轨道缩览图和音轨波形。要调整轨道的高度，将指针置于轨道头部区域内两条轨道之间，显示高度调整图标 ⇕ 后按住鼠标左键向上或向下拖动即可。

7) 设置源修补轨道

Premiere Pro 可以对源监视器面板或者项目面板中的素材进行插入和覆盖操作，并使用源修补指示器标记进行源素材插入/覆盖时的目标轨道。在源监视器面板中显示素材或者在项目面板中选中素材，会激活源修补指示器 ▣ 的显示。要将某一轨道设为源修补目标轨道，用鼠标单击该轨道的源修补位置，显示源修补指示器即可。源修补指示器有"开"（蓝色背景）、"关"（无蓝色背景）和"黑色/静音"（黑色边框）三种状态，单击指示器可以在"开"和"关"两种状态之间切换，按住 Alt 键并单击指示器可以切换到"黑色/静音"状态。在"开"状态下，所在轨道会成为源素材剪辑插入和覆盖的目标轨道；在"关"状态下，源素材剪辑插入和覆盖操作不会反映到指示器所在轨道；在"黑色/静音"状态下，会插入或者覆盖一个与源素材时长相同的间隙，而不是实际的素材剪辑。

8）轨道目标定位

用于确定进行"复制/粘贴""匹配帧"等操作时的可用目标轨道。要定位某个轨道，单击轨道目标定位区域的轨道编号即可。被定位的轨道编号会蓝色加亮显示，可以同时定位多个轨道进行编辑。进行"复制/粘贴"等操作时，复制的剪辑内容会被粘贴到被定位的轨道中。没有被定位的轨道在进行"复制/粘贴"等操作时不会受到影响。

6.6.6 在序列中添加和编辑素材

在项目面板中导入素材后，就可以将素材添加到时间轴面板中打开的序列中，以轨道为载体对添加的素材进行排列、摆放和编辑，通过节目监视器面板预览序列的实际播放效果。

1. 在序列中添加素材

在 Premiere Pro 中为序列添加素材剪辑主要有两种编辑模式：覆盖和插入。覆盖模式是指添加的素材剪辑会替换目标位置后面的已有素材，替换区间为添加素材的持续时间。覆盖模式是使用鼠标拖动素材进行编辑时的默认编辑模式。插入模式是指向序列添加剪辑时会使得目标位置右侧的所有剪辑向右移动，以容纳新添加的素材剪辑。拖动剪辑进行素材添加和排列时按住 Ctrl 键，可从覆盖模式切换到插入模式。

一个序列可以包含多条视频和音频轨道。将素材剪辑添加到序列中时，需要明确将该剪辑编辑到哪条或哪些轨道中。Premiere Pro 可以将一条或多条轨道设为目标（同时适用于音频和视频）。不同的编辑方法对应的目标轨道不同，例如，使用鼠标拖动可以将素材拖放到任意未被锁定的轨道；从源监视器中插入素材时的目标轨道为源修补指示器对应的轨道；而"复制/粘贴"操作时的目标轨道则为提前定位好的目标轨道。

此外，在添加素材时，若想避免某条轨道中的内容被更改或者受到其他轨道素材插入操作的影响，可以对轨道进行锁定或者同步锁定。

Premiere Pro 可以通过下列几种方式为打开的序列添加素材剪辑。

1）使用鼠标拖动到时间轴面板添加

单击鼠标左键，选择项目面板或者源监视器面板中的某一素材剪辑后，按住鼠标将其拖动到时间轴面板中的任意轨道的任意位置。默认操作下，所选素材会以覆盖模式添加到序列中，按住 Ctrl 键拖动时会以插入模式添加。

2）使用菜单/按钮添加

在项目面板中，使用鼠标右键单击选择要添加的素材剪辑，在图 6-23 所示的菜单中选择"插入"或"覆盖"命令；或者对于在源监视器面板中打开的素材剪辑，单击图 6-24 所示的"插入"或"覆盖"按钮，就会在源修补指示器对应的轨道中播放指示器所在的位置处，以插入或者覆盖的模式添加所选素材。

图 6-23　项目面板中的"插入"和"覆盖"命令

图 6-24　源监视器面板中的"插入"和"覆盖"按钮

3）使用鼠标拖动到节目监视器面板添加

按住鼠标左键，拖动项目面板或者源监视器面板中显示的素材到节目监视器窗口的预览区域不松开，会显示如图 6-25 所示的操作提示分区画面。要想对选择的素材进行某种类型的操作，就将鼠标继续拖动到对应的区域，使对应区域呈蓝色显示后，松开鼠标，就可以执行选定种类的添加操作。

图 6-25　拖动素材到节目监视器面板并选择操作类型

插入：将所选素材插入到源修补指示器对应轨道中，插入位置为播放指示器所在位置。

此项前插入：将所选素材插入到源修补指示器对应轨道中，插入位置为源修补指示器对应轨道中播放指示器所在位置处对应的素材剪辑项的入点。如果既有视频剪辑又有音频剪辑，则在二者间的最靠前入点处插入。

此项后插入：将所选素材插入到源修补指示器对应轨道中，插入位置为源修补指示器对应轨道中播放指示器所在位置处对应的素材剪辑项的出点。如果既有视频剪辑又有音频剪辑，则在二者间的最靠后出点处插入。

覆盖：将所选素材以覆盖模式添加到源修补指示器对应的轨道中，添加位置为播放指示器所在位置。

替换：如果时间轴面板中已经选中了某个轨道上的某一素材剪辑，则用新选取的素材替换该选中的素材剪辑，素材持续时间保持与原来相同。如果时间轴面板中没有选中任何剪辑，则用新选取的素材替换源修补指示器对应轨道中播放指示器位置处的素材剪辑项，持续时间保持不变。

叠加：将所选素材叠加到播放指示器位置处，目标轨道为满足以下两个条件的最小编号轨道：一是能够完全容纳所选素材入点到出点的所有内容，二是更大编号的轨道上在此素材的持续时间内没有素材剪辑。如果现有轨道均不符合条件，则会自动添加新轨道来放置所选素材剪辑。

使用上述任意方式将素材添加到序列中后，所有添加的素材在时间轴面板的各个轨道中会以可视化的形式存在。例如，如图 6-26 所示的序列中添加了三个素材，一个是 JPG 格式的静态图像素材，另外两个为 MP4 格式的视频素材。素材剪辑在轨道中的显示方式可以通过单击时间轴面板中的图标  进行设置。视频素材剪辑往往带有音频数据，音/视频数据在选择、移动、删除等操作时默认是链接在

图 6-26 序列中添加的素材剪辑

一起同步操作的。如果要取消这种链接关系，选择音频或者视频剪辑后单击右键，在弹出的菜单中选择"取消链接"命令即可。

2. 工具面板中的编辑工具

如图 6-27 所示，Premiere Pro 的工具面板为用户提供了多种快捷高效的素材编辑工具，使用这些编辑工具可以方便地对序列中的素材剪辑进行选取、移动、修改入点/出点、修改持续时间和播放速度、调整动画关键帧等操作，也可以为序列影片添加图形、文字等素材内容，简化用户的编辑操作，提高视频编辑效率，改善影片效果。

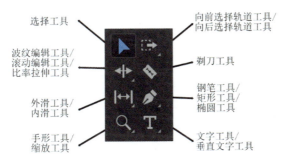

图 6-27 工具面板中的编辑工具

选择工具 ▶：编辑素材时最常用的工具。可以对轨道中的素材剪辑进行选择和移动，可以选择并调整素材的关键帧，还可以拖动素材剪辑的边缘，修改素材的入点和出点。使用选择工具修改素材入点和出点，不会对相邻素材产生任何影响。

向前选择轨道工具 ⇨：长按鼠标展开所在工具组，可以选择该工具。使用本工具，在时间轴面板中某一位置单击鼠标，会选中所有轨道中单击位置及右侧区域所包含的所有素材。若想只选择某一条轨道上的素材，按住 Shift 键并单击该轨道的某一位置，会选中该轨道此位置及其右侧所有素材。

向后轨道选择工具 ⇦：与"向前选择轨道工具"在同一工具组中。除了选择方向为向左选择外，其他功能和操作与"向前选择轨道工具"相同。

波纹编辑工具 ⇿：长按鼠标展开所在工具组，可以选择该工具。使用该工具在时间轴面板中拖动某一素材剪辑的左侧边缘可以修改素材的入点，拖动素材的右侧边缘会改变素材的出点，素材的持续时间也会随之产生变化。相邻素材剪辑在时间轴中的位置会随之产生同步变化，但相邻素材的入点、出点和持续时间不会发生改变。因此，使用波纹编辑工具修改素材入点和出点时会导致整个序列的持续时间发生改变。

滚动编辑工具 ⇋：长按鼠标展开所在工具组，可以选择该工具。使用该工具在时间轴面板中拖动轨道中某一素材剪辑的左侧边缘可以修改素材的入点，其左侧相邻素材的出点会随之向相同方向移动；拖动素材的右侧边缘会改变素材的出点，其右侧相邻素材的入点会随之向相同方向移动。使用滚动编辑工具编辑素材时，整个序列的持续时间不会发生变化。

比率拉伸工具 ：长按鼠标展开所在工具组，可以选择该工具。使用该工具拖动轨道中素材的边缘可以增加或者减少素材的持续时间，素材的播放速度会对应地减慢和加快。对素材进行比率拉伸以增加持续时间的前提是素材与相邻素材之间存在间隙。比率拉伸不会对相邻素材产生影响，不会改变序列的整体持续时间。

外滑工具 ：长按鼠标展开所在工具组，可以选择该工具。使用该工具拖动位于两个素材之间的某一素材剪辑的内部区域，可以改变素材的入点和出点，但会保持素材的持续时间不变，对相邻素材和序列的整体持续时间没有影响。

内滑工具 ：长按鼠标展开所在工具组，可以选择该工具。使用该工具左右拖动位于两个素材之间的某一素材剪辑，会使所拖动素材左侧素材的出点和右侧素材的入点随之向相同方向发生同步移动。两个相邻素材的持续时间发生互补性变化，所拖动的中间素材不变，整个序列的持续时间不变。

剃刀工具 ：选择此工具，在轨道中的某一素材上单击，会在单击位置将该素材分为两个独立的素材剪辑。

钢笔工具 ：长按鼠标展开所在工具组，可以选择该工具。钢笔工具一是可以在时间轴面板中为素材上的运动效果添加和设置关键帧；二是可以在节目监视器面板中绘制图形，会在时间轴面板的空轨道中生成图形剪辑。

矩形工具 ：长按鼠标展开所在工具组，可以选择该工具。矩形工具可以在节目监视器面板中拖动绘制矩形，并在时间轴面板的空轨道中生成图形剪辑。

椭圆工具 ：长按鼠标展开所在工具组，可以选择该工具。椭圆工具可以在节目监视器面板中拖动绘制椭圆，并在时间轴面板的空轨道中生成图形剪辑。

文字工具 ：长按鼠标展开文字工具组，可以选择该工具。文字工具可以在节目监视器面板中生成横排文字，并在时间轴面板的空轨道中生成图形剪辑。

垂直文字工具 ：长按鼠标展开文字工具组，可以选择该工具。垂直文字工具可以在节目监视器面板中生成竖排文字，并在时间轴面板的空轨道中生成图形剪辑。

缩放工具 ：长按鼠标展开所在工具组，可以选择该工具。缩放工具用于调整时间轴面板中时间单位的显示比例。直接单击会放大比例，按住 Alt 键单击会缩小比例。

手形工具 ✋：长按鼠标展开所在工具组，可以选择该工具。手形工具用于改变时间轴面板的可视区域，有助于编辑时间较长的素材。

3. 其他素材编辑操作

源监视器面板中设置入点/出点：除了使用编辑工具修改序列中素材剪辑的入点和出点外，也可以双击时间轴面板中的素材剪辑，将其在源监视器面板中打开。在源监视器中通过画面预览重新确定并设置剪辑的入点和出点，对应素材剪辑在时间轴面板中的入点和出点会同步发生变化。

清除素材：在序列轨道中选中素材剪辑，直接按 Delete 键，或者单击右键，在弹出的菜单中选择"清除"命令，即可将所选素材剪辑从轨道中删除，但会留下相同时长的间隙。

波纹删除素材和间隙：在序列轨道中选中素材剪辑或者间隙，单击右键，在弹出的菜单中选择"波纹删除"即可删除所选内容，同时轨道右侧内容会左移填补删除区间的内容，不会留下新的间隙。

复制/粘贴素材：选中素材剪辑，执行"编辑"→"复制"命令，或者使用快捷键 Ctrl+C，可以复制素材剪辑的内容；移动播放指示器到目标位置，执行"编辑"→"粘贴"命令，或者使用快捷键 Ctrl+V，可以将复制的素材粘贴到播放指示器的位置。粘贴操作时的目标轨道为设定为轨道目标的轨道。

修改素材播放速度和持续时间：除了使用工具面板中的比率拉伸工具外，还可以使用"剪辑"→"速度/持续时间"命令或者单击右键，在弹出的菜单中选择"速度/持续时间"命令，打开"剪辑速度/持续时间"设置窗口，精确设置速度比率和持续时间，如图 6-28 所示。

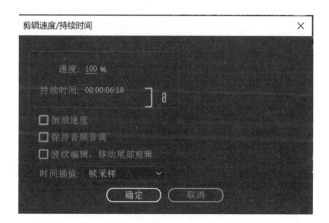

图 6-28 "剪辑速度/持续时间"设置窗口

素材效果调整：如果原始素材的大小、位置、旋转角度、音量等不符合要求，可以选中素材剪辑，打开效果控件面板进行有关属性的重新设置。效果控件面板可以使用"窗口"→"效果控件"命令打开，或者选择"效果"工作区模式打开。

6.6.7 制作素材剪辑效果动画

Premiere Pro 中内置了各种各样的音频与视频效果，可以自由控制视频节目中的剪辑或者添加特效。在为素材剪辑应用某种类型的效果变换的基础上，还可以制作所添加效果变换的动态变化，即制作效果动画。

1. 为素材剪辑应用视频/音频效果

Premiere Pro 的内置效果包括固定效果和标准效果两大类。

1）固定效果

固定效果控制剪辑的固有属性，如位置、大小、音量等。固定效果内置在时间轴面板中添加的每个剪辑中，不需要手动添加，直接设置即可。要为素材剪辑应用新的固定效果，首先在时间轴面板选中剪辑，然后选择"效果"工作区模式；或者使用"窗口"→"效果控件"命令打开效果控件面板，在效果控件面板中将相关属性的参数修改为新的数值即可。如图 6-29 所示，在效果控件面板中将所选剪辑的不透明度修改为 50%。不透明度属性调整前后的画面效果对比如图 6-30 所示。其他固定效果属性的设置使用相同的方式。

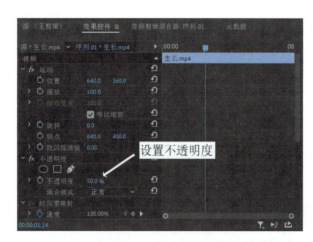

100%不透明度

50%不透明度

图 6-29 在效果面板中修改素材剪辑的不透明度　　图 6-30 不透明度控制效果

2）标准效果

需要手动将标准效果应用到素材剪辑后，才能对其相关属性进行设置，以产生更加丰富多彩的影片效果。标准效果分为视频效果和音频效果，分别用于为视频剪辑和音频剪辑添加特效，即平时所说的视频特效和音频特效。视频效果包括扭曲、模糊、透视、颜色矫正等；音频效果包括回声、降噪、混响等。

视频效果和音频效果需要使用效果面板添加。要为时间轴面板中的某个素材剪辑添加视频/音频特效，首先执行"窗口"→"效果"命令打开效果面板，如图6-31所示。然后，打开"视频效果"或"音频效果"文件夹及下层子文件夹，找到并选择所需的特效，按住鼠标将其拖动到时间轴面板中的特定素材剪辑上，或者直接拖动到效果控件面板，均可为选中的剪辑应用特效。

素材剪辑添加了标准效果特效后，可以与固定效果特效一样，在效果控件面板中改变具体的参数值，产生不同于原来的影片效果。例如，图6-32所示的效果控件面板中，为所选素材剪辑添加了"旋转扭曲"

图6-31 效果面板中的音频效果和视频效果

视频效果，并将"角度"参数设为280°。如图6-33所示为应用"旋转扭曲"视频效果后素材的显示效果。

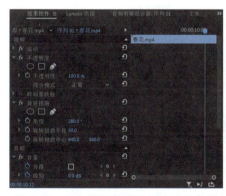

图6-32 添加视频效果并设置属性参数

图6-33 "旋转扭曲"视频效果

2. 制作效果动画

制作效果动画，即制作和创建素材剪辑上所应用的各种效果的动态变化。本质上讲，就是让剪辑上所应用的固定效果或者标准效果的一个或者多个属性在剪辑播放过程中随时间推移而逐渐发生变化，如固定效果中的大小变化、位置变化、角度变化、不透明度变化等。

Premiere Pro 中效果动画的制作主要在于关键帧的设置。Premiere Pro 使用关键帧定义属性变化关键节点的位置和取值。设置好关键帧后，软件自动实现前后关键帧之间的属性插值计算，并将中间逐渐变化的属性值应用到素材剪辑的效果变换运算上，产生影片播放效果的动态变化。关键帧的设置既可以在时间轴面板中进行，也可以在效果控件面板中进行，但二者工作方式不同。效果控件面板窗口中能显示所有效果属性、关键帧和插值法，而时间轴面板中的素材剪辑一次仅能显示一个效果属性的设置。效果控件面板对关键帧的属性值拥有完全控制权，而在时间轴面板中，对属性值的控制权是有限的，例如，不能在时间轴面板中更改具有二维属性的位置坐标的值。但使用时间轴设置关键帧的好处是无须打开效果控件面板即可进行动画制作。

时间轴面板和效果控件面板均可以通过线性图表显示每个关键帧的值以及关键帧之间的插值。当表示效果属性变化的线性图表处于完全水平时，属性的值在关键帧之间保持不变。当图表向上或向下时，属性的值在关键帧之间增大或减小。

• 在时间轴面板中设置关键帧

在时间轴面板中设置关键帧需要进行下列相关操作。

显示关键帧控件：扩展要添加动画效果的素材剪辑所在轨道的高度，将轨道头部的关键帧控件区域显示出来，如图 6-34 所示。

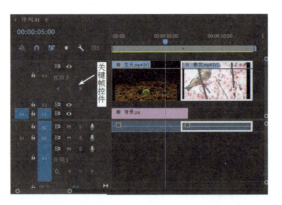

图 6-34　时间轴面板中显示轨道的关键帧控件

选择关键帧类型：即选择对哪类属性进行关键帧设置，视频剪辑默认情况下为透明度属性，音频剪辑默认是音量属性。若想修改要设置的关键帧属性类型，选中要添加动画效果的素材剪辑，单击右键，在弹出的菜单中选择"显示剪辑关键帧"命令，在弹出的菜单中选择。或者右键单击素材图标左上角的 fx 标记，会弹出与执行"显示剪辑关键帧"命令相同的菜单，用于进行属性选择。图 6-35 为视频效果属性选择菜单，图 6-36 为音频效果属性选择菜单。

图 6-35　选择视频剪辑的关键帧类型　　　图 6-36　选择音频剪辑的关键帧类型

添加关键帧：显示关键帧控件并设置好类型后，选中素材剪辑，将播放指示器移动到要设置关键帧的位置，单击关键帧控件区域中间的"添加 - 移除关键帧"按钮 ，即可在当前位置添加一个关键帧。添加第一个关键帧后会激活该属性对应的动画记录。使用相同的方法可以在其他位置添加多个关键帧。所添加的关键帧表现为素材图标上的圆形标记，这些圆形标记通过直线连接构成代表属性变化的线性图表。如图 6-37 所示，在不同位置为素材的"透明度"属性添加了三个关键帧。

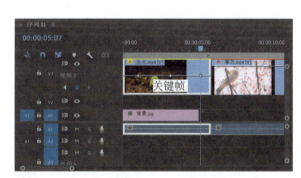

图 6-37　素材剪辑上添加的关键帧

选择关键帧：在对应轨道中，用鼠标单击素材剪辑图标上的关键帧圆形标记可以选中该关键帧。如果要同时选中多个关键帧进行统一操作，可以按住 Shift 键，单击鼠标左键点选。

播放指示器导航到关键帧：单击关键帧控件区域中的"转到上一关键帧"图标 ◀ 和"转到下一关键帧"图标 ▶ 可以将播放指示器从当前位置移动到上一个 / 下一个关键帧位置。

删除关键帧：单击鼠标选中关键帧后，直接按 Delete 键，或者在所选关键帧上右击鼠标，使用弹出菜单中的"删除"命令删除所选关键帧。也可以使用导航图标 ◀ 和 ▶ 将播放指示器导航到关键帧位置，单击关键帧控件区域中间的"添加-移除关键帧"按钮 ，也可删除当前位置的关键帧。

移动关键帧：鼠标移动到关键帧圆形标记上，按住鼠标直接拖动可以移动关键帧的位置。水平位置的移动改变关键帧所在的时间位置。对于一维属性，还可以在垂直方向移动关键帧位置，垂直位置的变化改变的是所选动画属性的参数值。如图 6-38 所示，拖动关键帧改变位置和属性值。

图 6-38 移动关键帧

利用上述方式在时间轴面板中为素材剪辑添加和设置关键帧后，可以在节目监视器面板中预览制作的动画效果。预览播放时会在播放影片内容的基础上呈现所设置动画属性动态变化的动画效果。图 6-39 为上述步骤中为素材添加的"透明度"属性变化的动画效果截图。

图 6-39 "透明度"动画效果

- 在效果控件面板中设置关键帧

效果控件面板具备比时间轴面板更强大、更全面的关键帧设置功能。效果控件面板可以通过选择"效果"工作区模式打开，或者使用"窗口"→"效果控件"命令打开。如图 6-40 所示，效果控件面板主要分为两大区域：动画设置区和时间轴视图区。动画设置区控制动画的激活与关闭，以及参数的显示与设置；时间轴视图区会显示关键帧的时间位置和属性变化线性图表等，并可以在此区域以与时

图 6-40 效果控件面板中设置关键帧

间轴面板相同的方式进行关键帧操作。

在效果控件面板中设置关键帧需要进行下列相关操作。

开启和关闭动画效果：在动画设置区中，单击"切换效果开关"按钮 ，可以开启/关闭对应类别的动画效果。关闭动画效果时，设置的动画效果将不起作用，但不会删除已有的动画设置记录。

激活和关闭动画记录：单击"切换动画"按钮 可以激活对应属性类别的动画记录。要为属性设置关键帧制作动画，必须先激活对该属性的动画记录。激活动画记录后，属性参数值右侧的关键帧控件会被显示出来，同时会在时间轴视图区中蓝色播放指示器的位置为对应属性添加第一个关键帧。再次单击"切换动画"按钮会关闭对应属性的动画记录，同时会删除该属性下设置的所有关键帧。

添加关键帧：激活动画记录时会自动添加一个关键帧。之后，可以将播放指示器移动到新位置，单击关键帧控件中的"添加-移除关键帧"按钮或者直接修改对应属性值，即可在当前位置添加一个新的关键帧。

选择关键帧：单击时间轴视图区中的关键帧标记 可以选中该关键帧。如果要同时选中多个关键帧进行统一操作，可以按住 Shift 键或者 Ctrl 键，用鼠标左键点选，也可以按住鼠标并拖动框选多个关键帧。

播放指示器导航到关键帧：单击关键帧控件区域中的"转到上一关键帧"图标 和"转到下一关键帧"图标 ，可以将播放指示器从当前位置移动到上一个/下一个关键帧位置。

删除关键帧：使用鼠标单击或者框选选中关键帧后，直接按 Delete 键，或者在所选关键帧上右击鼠标，使用弹出菜单中的"清除"命令删除所选关键帧。也

可以使用导航图标 ◄ 和 ► 将播放指示器导航到关键帧位置，单击关键帧控件区域中间的"添加-移除关键帧"按钮 ◙ 删除当前位置的关键帧。

复制粘贴关键帧：选中要进行复制的关键帧，单击右键，在弹出的菜单中选择"复制"命令或者直接使用快捷键 Ctrl+C 进行复制。然后将播放指示器移动到新的位置，单击右键，在弹出的菜单中选择"粘贴"命令，或者直接使用快捷键 Ctrl+V 即可在当前位置粘贴关键帧。

移动关键帧位置：选中关键帧，按住鼠标左键左右移动，将其拖动到合适位置即可。

设置关键帧属性值：使用"转到上一关键帧"图标 ◄ 和"转到下一关键帧"图标 ► 将播放指示器导航到对应关键帧位置。在属性值的显示区域单击鼠标并输入新值，或者直接用鼠标左键左右拖动数值，即可调大或调小属性数值。也可以单击属性类别前面的 ► 图标，显示参数的滑动调节条，拖动滑块修改属性值。

重置关键帧属性值：使用"转到上一关键帧"图标 ◄ 和"转到下一关键帧"图标 ► 将播放指示器导航到对应关键帧位置。单击属性值显示区域右侧的重置按钮 ◙，可以将当前关键帧的属性值重置为初始值。

图 6-41 为使用效果控件面板为素材剪辑同时设置"位置"和"缩放"两种属性动画的影片播放效果截图。图 6-42 为效果控件面板中关键帧的对应设置。

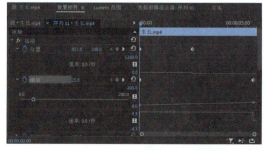

图 6-41 "位置"和"缩放"同步动画效果　　图 6-42 效果控件面板中的关键帧设置

6.6.8 创建素材剪辑间的过渡效果

过渡也称为转场，是添加在序列中两个相邻的素材剪辑媒体之间的动画切换效果，能够使不同场景和不同情节间的切换更加自然，变化更加丰富。Premiere Pro 中的过渡效果包括视频过渡和音频过渡，也通过效果面板添加。

1. 添加过渡

执行"窗口"→"效果"命令，或者选择"效果"工作区模式，打开如图 6-43 所示的效果面板，找到"视频过渡"或者"音频过渡"文件夹。

展开"音频过渡"或者"视频过渡"文件夹及子类文件夹，找到所需要的过渡，如"视频过渡"→"擦除"→"风车"。根据需要，将所选过渡用鼠标拖动到轨道中两个素材剪辑之间，出现"中心切入"图标 时松开鼠标；或者拖动到某个素材的头部或者尾部，出现"起点切入"图标 或者"终点切入"图标 时松开鼠标，即可在两个素材之间、某个素材的头部或者尾部添加过渡效果。过渡添加成功后，时间轴面板的相应位置会出现带有过渡名称和对角线的过渡图标。如图6-44所示为在两个剪辑之间添加了"风车"过渡的时间轴面板和节目监视器面板中查看到的过渡效果。

图 6-43 效果面板中的音频过渡和视频过渡

图 6-44 添加过渡效果

通常，过渡会应用于前后两个剪辑。使用后一剪辑的入点之前和前一剪辑的出点之后的额外素材制作过渡效果的过渡，称为双面过渡。双面过渡的初始添加结果受添加位置处前后素材是否有足够额外帧这一因素影响。例如，将过渡效果拖动到前后剪辑中间时，如果前后剪辑都没有任何额外帧，会有"媒体不足"提示，但会使用重复的前剪辑结尾帧和后剪辑起始帧形成双面过渡效果；如果前后剪辑都有一定数量的额外帧，但额外帧总数量相对于过渡持续时长不足，则双面过渡的实际持续时间会被压缩；如果只有前剪辑有额外帧，则过渡只能与后剪辑的起点对齐；如果只有后剪辑有额外帧，则过渡只能与前剪辑的终点对齐。

不同于双面过渡，单面过渡仅应用于单个素材的剪辑，其添加也不受相邻素材额外帧数量的影响。单面过渡的添加与双面过渡基本类似，不同之处是在拖动单面过渡到时间轴面板时按下Ctrl键即可。单面过渡只能添加到单个剪辑的头部或者尾部，不能添加到两个剪辑中间。如果剪辑的头部或者尾部与其他素材不相邻，直接拖动过渡到剪辑的头部或者尾部，就会自动添加单面过渡，不需要按下 Ctrl 键。

2. 在时间轴面板中调整过渡效果

在时间轴面板中，可以重新修改已添加过渡的持续时间和对齐方式。

1）修改过渡的持续时间

过渡效果的持续时间默认是 1 秒钟。要更改过渡效果的默认持续时间，单击效果面板的菜单按钮 ，在下拉菜单中选择"设置默认过渡持续时间"命令，打开"首选项"对话框，选择"时间轴"标签页，在右侧对应栏目中重新设置默认持续时间，如图 6-45 所示。

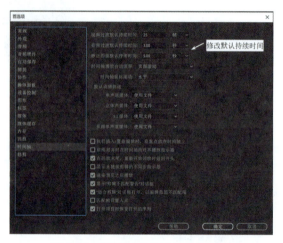

图 6-45 设置过渡的默认持续时间

若要修改单个过渡的持续时间，直接在时间轴面板中使用选择工具拖动该过渡对应图标的边缘，即可增加或者减少此过渡的持续时间。如图 6-46 所示，在拖动边缘改变时间时，会同时显示时间偏移量和新的持续时间。在此方式中，双面过渡的拖动范围受额外帧数量的限制。

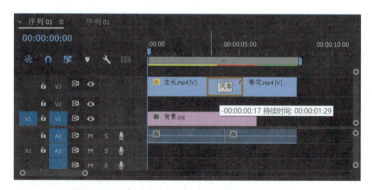

图 6-46 在时间轴面板中修改过渡持续时间

另外，也可以在时间轴面板中双击过渡图标，或者在右键菜单中选择"设置过渡持续时间"命令，直接输入新的持续时间。

2）修改过渡的对齐方式

双面过渡的对齐位置是可以改变的，改变对齐位置不会改变过渡的当前持续时间。在时间轴面板中，单击要调整的过渡图标，按住鼠标向左或者向右拖动，即可改变过渡的对齐方式。在此操作中，鼠标的拖动范围受前后剪辑额外帧数量的限制。图 6-47 为向左拖动鼠标，改变过渡的对齐位置。拖动过程中会同步显示时间的偏移量。

图 6-47　时间轴面板中改变过渡的对齐方式

3. 在效果控件面板中调整过渡效果

效果控件面板中提供了对所添加过渡效果的更丰富控制。打开效果控件面板，并在时间轴面板中选中要进行设置的过渡图标，效果控件面板会显示如图 6-48 所示的过渡效果设置界面。

图 6-48　效果控件面板中设置过渡效果

1）修改过渡持续时间

在图 6-48 设置区中的"持续时间"栏目中直接输入新的持续时间即可，也可以在时间轴视图区拖动中间过渡图标的边缘向左或者向右移动。在效果控件面板中对过渡持续时间的修改不受相邻剪辑额外帧数量是否充足的限制。当源素材剪辑包含的额外帧相对于新调整的时间不足时，Premiere Pro 通过重复结尾帧或起始帧形成过渡效果；效果控件面板时间轴视图中的过渡图标和时间轴面板中过渡图标的对应过渡区域会带有贯穿整个过渡条形图标的斜线警告条，如图 6-49 所示。

图 6-49　时间轴面板中过渡媒体不足警告条

2）修改过渡的对齐方式

在图 6-48 设置区中的"对齐"栏目中的下拉菜单中选择"中心切入"，过渡的位置会以前后剪辑的连接点为中心左右对称分布，即过渡变化过程中，前一剪辑的移出时间与后一剪辑的移入时间相同。在"对齐"菜单中选择"终点切入"，过渡位置将与前一剪辑的结尾对齐。在"对齐"菜单中选择"起点切入"，过渡位置将与后一剪辑的开头对齐。

除了选择预设的对齐方式外，还可以在效果控件面板的时间轴视图中，将鼠标指针放置在过渡图标上（显示图标 ⇄ ），并根据需要左右拖动过渡图标到新的位置。此时，"对齐"栏目自动切换到"自定义起点"选项。

3）效果控件面板中的其他设置项

边缘选择器：过渡预览周围的箭头标记，用于更改过渡的方向或指向。如果过渡只有一个方向或者方向不适用，则不显示边缘选择器。

开始/结束百分比：在"开始"和"结束"栏目中直接输入百分比，或者拖动源剪辑预览下方的滑块进行设置。用于设置过渡在起点和终点的开始和结束百分比。

显示实际源：用于设置是否在源剪辑预览中查看实际影片。

边框宽度：调整过渡上的可选边框的宽度。默认没有边框，即宽度值为 0。有些过渡没有边框。

边框颜色：指定过渡边框的颜色。

反向：倒放过渡。

抗锯齿质量：调整过渡边缘的平滑度。

自定义：更改过渡所特有的参数设置。

6.6.9 创建字幕

字幕指出现在影视作品中的文字内容，如片名、演职员表、对白台词、说明词等。字幕是影视制作中非常重要的信息表现形式，用于对视频画面和音频信息进行内容和形式上的补充，使影片表现更完整、更生动，是影视作品中不可或缺的元素之一。本节主要介绍图形标题字幕和开放式说明性字幕的制作方法。

1. 图形标题字幕（Title）

标题字幕用于直观高效地对影视作品中的主创团队、演职人员列表、故事背景等进行说明，主要包含片头字幕、片尾字幕和用于推动剧情发展的中间过渡说明性字幕三种。标题字幕通常内容简短，具有丰富的文字效果，没有人声或者不需要与人声对应。标题字幕既可以是静态字幕，也可以是动态特效字幕，其位置一般不固定，可以根据需要自由创作。

在 Premiere Pro 中，标题字幕以矢量图形的形式存在，通常使用工具面板中的文字类和形状类工具创建内容，并在基本图形面板中进行相关的效果设置。新建或者打开要编辑的项目和序列，选择"图形"或者"字幕"工作区，可以自动显示工具面板和基本图形面板，也可以使用"窗口"菜单将所需要的面板打开。

1）创建标题字幕

在 Premiere Pro 中，标题字幕以图形剪辑的形式存在。图形剪辑是标题字幕存在、显示和控制的载体，标题字幕的相关操作即是图形剪辑的相关操作。与 Photoshop 中的图层相似，Premiere Pro 中的图形剪辑也可以由多个图层构成，图层中的内容可以是文本、形状或者音视频剪辑。

在时间轴面板中，用鼠标将播放指示器拖动到要添加字幕的位置。选择工具面板中的文字类工具（文字工具、垂直文字工具），在节目监视器中的预览画面空白区域单击鼠标并输入文字内容，会生成一个新的文字对象，同时会在时间轴面板的播放指示器位置生成一个新的图形剪辑。新建图形剪辑的持续时间通常默认为 5s，可以根据需要进行调整。

在同一图形剪辑中，可以多次应用文字工具添加多个不同的文字对象，每个不同的文字对象可以进行单独的操作和设置。图形剪辑中的文字对象以文本图层的形式存在，每个文字对象对应于一个文本图层。也可以使用工具面板中的形状类工具（矩形、椭圆、钢笔）为文字对象添加形状装饰，添加的每个形状对象也对应于一个单独的形状图层。基本图形面板中"编辑"选项卡上方的图层区域会显示当前图形剪辑所包含的所有图层。

如图 6-50 所示为使用上述方法创建的一个标题字幕图形剪辑，该剪辑包含两个由文字工具创建的文字对象，分别对应于两个文本图层。

图 6-50　创建标题字幕图形

2）修改字幕图形的内容和构成

一个完整的字幕图形可以由多个图层的内容共同组成，每个图层对应的对象可以进行单独的设置和布局，制作丰富的字幕效果。图形剪辑中对象的数量和内容可以随意修改。

添加对象：在时间轴面板中选中图形剪辑，并将播放指示器移动到要修改的图形剪辑所在位置，在节目监视器中将其显示出来。使用文字类工具或者形状类工具在节目监视器面板的空白区域单击并输入文字或者绘制形状，即可在当前图形剪辑中添加新的文字对象和形状对象。添加新对象的操作会同时为对象所在的图形剪辑添加新的文本图层或者形状图层。

删除对象：选择工具面板中的"选择工具"，在节目监视器中选择要删除的对象，按 Delete 键将其删除。所选对象删除后，其对应的图层也会被同步删除。

修改文字内容：选择工具面板中的"文字工具"或者"垂直文字工具"，将鼠标指针移动到节目监视器面板中要修改的文字对象上。出现红色边框后，单击文字对象，可以进行文字内容的修改。

3）设置文字样式

使用基本图形面板可以对字幕图形中的文字对象进行文本样式和外观样式的修改，对标题字幕中文字的显示效果进行自由设计。

设置样式：使用选择工具在监视器面板中选中要编辑的文字对象，在基本图形面板的"文本"和"外观"设置区域为文字设置不同的样式参数。"文本"样式可以修改文字对象的字体、大小、对齐方式、间距等属性。要添加外观样式，在"外观"样式设置区域勾选所要添加的样式类别，并进行参数设置。可以添加和设置的外观样式包括文字填充颜色（纯色或者渐变色）、描边、背景、阴影等，阴影和描边可以通过按钮 ➕ 添加多重效果。如图 6-51 所示为对图 6-50 中的"Spring"文字对象设置文本样式和外观样式后的显示效果，以及对应的样式参数设置。

图 6-51　设置标题字幕文字样式

创建样式：要想使设置的文本和外观样式能够快速重复应用到其他文字对象或者图形剪辑中，可以将当前设置的样式保存并命名。设置好特定的样式参数后，如图 6-52 所示，打开基本图形面板中"样式"区域的下拉菜单，选择"创建样式..."。在打开的"新建文本样式"窗口中为新建样式命名，单击"确定"按钮即可。创建样式后，该样式的缩览图将添加到项目面板中，样式名称则会出现在基本图形面板的"样式"下拉列表中供用户选取，如图 6-53 所示。

应用样式：要将某一样式应用到整个图形剪辑中的所有文字对象，用鼠标将项目面板中的对应样式拖动到时间轴面板中的图形剪辑上即可。要对图形剪辑中的某一个文字对象应用样式，则在监视器面板中选中该文字对象，在基本图形面板的样式下拉菜单中选择要应用的样式名称即可；或者，拖动项目面板中的样式

 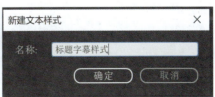

图 6-52　创建新的文字样式

图 6-53 项目面板和样式列表中的新建样式

到文字对象对应的图层上，也可以对相应的文字对象进行样式更新。

4）对齐和变换

可以对标题字幕所对应的图形剪辑以及图形剪辑中的各个对象进行位置、对齐、角度、缩放、透明度等属性的设置和变换，改变标题字幕的布局和排列。

对整个字幕图形进行变换操作：在时间轴面板中选中要编辑的字幕图形剪辑，注意不要选择任何文字对象。在基本图形面板的"变换"区域可以对图形剪辑整体进行位置（ ）、锚点（ ）、缩放比例（ ）、旋转角度（ ）、不透明度（ ）等属性的设置，如图 6-54 所示。使用鼠标左右拖动参数值或者直接键入具体参数值均可，节目监视器面板中会同步显示图形剪辑新的变换效果。也可以选中图形剪辑，使用"效果控件"面板进行以上各种属性的变换设置，此种方法的操作参见前面相关章节。

使用鼠标对文字/形状对象进行变换操作：使用选择工具在节目监视器面板中点选要编辑的文字/形状对象，在选中的对象周围出现蓝色的变换框，如图 6-55 所示。按住鼠标直接拖动文字对象，可以改变对象的位置；使用鼠标拖动变换框上的圆形缩放控制点，可以在水平或者垂直方向进行大小缩放；将鼠标移动到变换框角点外围，出现旋转变形标记后拖动鼠标，可以旋转文字对象的角度；使用鼠标拖动锚点标记 ，可改变变换锚点的位置。

图 6-54 在基本图形面板中对整个图形剪辑进行变换　图 6-55 使用鼠标变换文字对象

使用基本图形面板对文字/形状对象进行对齐和变换：使用选择工具在节目监

视器面板中选中一个或者多个对象,或者在基本图形面板中选中一个或者多个文本图层,基本图形面板会显示如图 6-56 所示的"对齐并变换"区域。这里,除了可以进行位置、锚点、缩放比例、旋转、不透明度等属性的设置外,还可以进行对象之间(选中多个对象)或者对象与视频窗口之间(选中单个对象)的对齐控制。

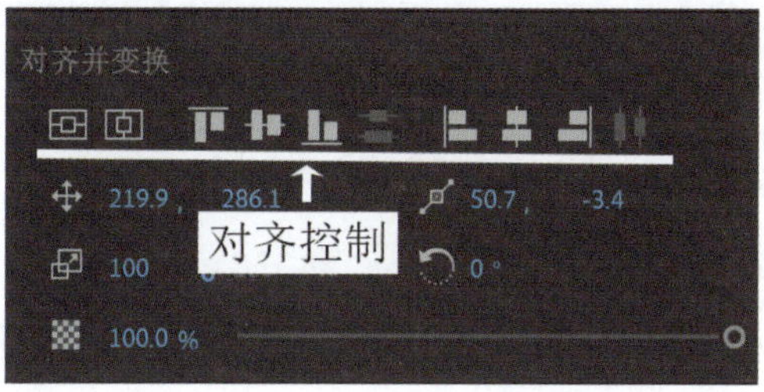

图 6-56　在基本图形面板中对文字对象进行对齐和变换

5)创建源图形

在时间轴面板中选中制作好的图形剪辑,在软件菜单中执行"图形"→"升级为源图"命令,在项目面板中会创建来源于该图形剪辑的源剪辑项,如图 6-57 所示。创建的源图形剪辑项可以像其他导入的素材一样被重复用于视频影片编辑。基于源图形剪辑项创建的任何图形剪辑实例都完全相同。对源图形某一实例所做的任何内容和样式更改,都将反映在源图形和源图形的所有其他实例中。

图 6-57　创建源图形

6)图层操作

在 Premiere Pro 中,标题字幕以图形剪辑的形式存在,每个图形剪辑可以由多个图层组成,每个图层对应于图形剪辑中的一个构成对象。选中要编辑的图形剪辑,在基本图形面板"编辑"选项卡的上方区域会显示图形包含的所有图层,图层的相关操作也在此区域进行。常用的图层操作包括以下几种。

新建图层:单击新建图层按钮 ▣,在如图 6-58 所示的下拉菜单中选择要创建的图层类型即可创建一个新的图层，即在图形剪辑中创建一个新的构成对象（文本、形状或者剪辑）。

删除图层：在图层列表中选中要删除的图层，按 Delete 键或者单击右键，在弹出的菜单中选择"清除"命令即可删除所选图层。

图 6-58 新建图层

图层分组：单击创建组按钮 ，即可创建一个新的图层组。选中一个或者多个图层，将其用鼠标拖动到某一图层组文件夹上，可以将所选图层添加到图层组中。

调整图层顺序：在图层列表中选中图层后，按住鼠标将图层上下拖动到新位置即可。图层的上下顺序与对应对象的叠放次序相对应。

复制 / 粘贴图层：选中图层，按 Ctrl+C 组合键复制图层，按 Ctrl+V 组合键粘贴图层。或者单击右键，在弹出的菜单中选择"复制""粘贴"命令。

图层位置响应式设计：对图层进行响应式设计，可以使图层中的对象能够自动适应视频帧或者其他图层的位置、缩放的属性变化。例如，使某个用作文字背景的形状能够响应上方文本的宽度、高度和位置变化，随文本内容的变化而自动变化。在时间轴面板中选中图形剪辑，在基本图形面板的"编辑"选项卡中选中要响应其他图形位置变化的图层，在图层列表下方的"响应式设计 - 位置"设置区域的"固定到："下拉列表中选择作为当前所选图层固定目标的父级图层。然后单击右侧的方形图标四周的某个边界标记，将选中的图层固定到父级的"顶部""底部""左侧"和"右侧"。单击图表中心的正方形可以固定到所有边缘，或者取消固定到所有边缘。选中已经被固定到其他图层的对象或者图层，节目监视器中的对象对应边界会显示蓝色小图钉。如图 6-59 所示，选中图层列表中的"形状 01"图层，"固定到"列表选择"is coming"图层，单击右侧图标中心正方形激活"顶部""底部""左侧"

图 6-59 图层位置响应式设计

和"右侧"四个方位的位置响应。此后,"形状 01"图层对应的矩形对象会随着"is coming"对象的位置大小变化进行同步变化。

7)制作标题字幕动画效果

在 Premiere Pro 中,可以通过多种方式,从不同角度为影片中添加的标题字幕图形剪辑制作丰富多彩的动态变化效果。

创建滚动字幕:在时间轴面板中选中标题字幕对应的图形剪辑,在基本图形面板"编辑"选项卡下方的"响应式设计 - 时间"区域勾选"滚动"选项,启用滚动字幕模式,创建字幕从下到上的垂直运动效果。选中图形剪辑时,要确保未选中任何单个图层对象,否则就不会显示包含"滚动"选项的"响应式设计 - 时间"区域。启用滚动模式后,在此区域还可以指定是否要让标题字幕在屏幕外开始或结束滚动,也可以使用时间码调整滚动字幕预卷、过卷、缓入以及缓出的时间。对于未升级为源图形的图形剪辑,启用滚动模式后,节目监视器面板右侧会出现蓝色滚动条。拖动此滚动条,可以在节目监视器中滚动显示标题字幕中的文本和图形并进行编辑,而无须移动时间轴中的播放指示器到特定位置。如图 6-60 所示为启用"滚动"后的字幕运动效果以及基本图形面板中的对应设置。

图 6-60　创建滚动字幕

制作字幕动画:可以通过设置关键帧的方式制作标题字幕的动态变化效果。这种方法既可以对字幕整体剪辑,也可以对字幕中的某个文本 / 形状对象设置动画效果。如果选择工具在图层列表中选中了图形剪辑中的某个图层,或者在节目监视器中选中了某个文本 / 图对象,则可以为选中的单个对象的单个或者多个属性设置关键帧,为此对象图层单独设置动画效果。如果选中图形剪辑后没有选择特定对象或图层,则可以为图形剪辑整体设置属性关键帧,对整个标题字幕设置动画效果。动画的制作可以使用基本图形面板。选中图形剪辑或者某个图层/对象，将播放指示器移动到要添加变化关键帧的时间位置，在基本图形面板"编辑"选项卡中，单击要动态变化的属性图标，将其变为蓝色，会激活该属性的动画关键帧记录，并在当前位置添加第一个关键帧；可重新设置此关键帧的属性值。如图6-61所示为向"Spring"对象添加的第一个缩放属性关键帧。之后，移动播放指示器，更改属性值，即可添加其他的关键帧，从而创建图形剪辑关于相关属性的动态变化效果。动画的设置和调整也可以在效果控件面板或者时间轴面板中进行，设置方式与"6.6.7 制作素材剪辑效果动画"一节介绍的操作方式相同，此处不再赘述，如图6-62所示。

图 6-61 在基本图形面板中激活并设置标题动画

图 6-62 在效果控件面板中设置标题字幕动画

2. 开放式说明性字幕（Subtitle）

说明性字幕是与影片画面或者声音同步的文字说明字幕，用于以不同语言的文字说明对应的对白语音，或者为场景提供相应的文字说明。说明性字幕通常对准确性、与声音和画面的同步性要求较高，但通常不要求特别复杂的文字效果。开放式则与隐藏式相对应，隐藏式字幕的特点是可以根据需要打开或者关闭，而开放式字幕则会一直显示在影片中，不能关闭。

Premiere Pro 中，说明性字幕的添加有三种方式：手动添加、导入字幕文件和通过语音转录。这里主要介绍手动添加和导入字幕文件两种方式。

1) 手动添加说明性字幕

在 Premiere Pro 中，打开项目和已经完成音视频编辑的序列。单击"字幕"工作区模式，或者执行"窗口"→"文本"命令打开文本面板，并切换到"字幕"选项卡，如图 6-63 所示。

单击按钮"创建新字幕轨"，在弹出的"新字幕轨道"窗口中，设置轨道格式为"副

图 6-63　文本面板"字幕"选项卡　　　　图 6-64　设置新字幕轨道

标题"。如果之前创建并保存了文本样式,在样式下拉列表中就可以选择一种文本样式,否则选"无"即可,如图 6-64 所示。

单击"确定"按钮后,在时间轴面板视频轨道上方会添加一条专门的字幕轨道来创建说明性字幕。可以根据需要重新命名新建的字幕轨道,如图 6-65 所示。

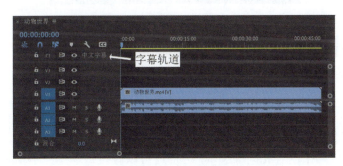

图 6-65　创建的新字幕轨道

将播放指示器移动到要添加说明性字幕的空白位置。单击文本面板中的 ➕ 按钮,在文本面板中会添加一个新的字幕分段。双击字幕分段的文本框可以修改字幕内容,如图 6-66 所示。

图 6-66　添加字幕分段并设置字幕内容

新添加的字幕分段默认持续时间为 3 秒钟，可以根据实际情况在时间轴面板中调整字幕分段终点以改变其持续时间，调整方式与其他素材剪辑的调整方式相同。

在时间轴面板中或者文本面板中选中字幕分段，在基本图形面板的"编辑"选项卡中可以设置字幕的文本样式、对齐位置和外观效果。也可以使用"轨道样式"→"创建样式"命令将当前设置的文本样式创建为轨道样式，应用于整个轨道中的所有字幕。基本图形面板中字幕样式的设置如图 6-67 所示。

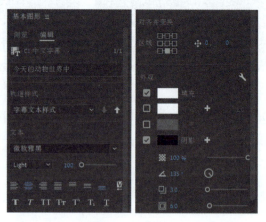

图 6-67　在基本图形面板中设置字幕样式

此后，可以使用相同的方法添加和编辑其他字幕：将播放指示器移动到新的位置，添加新的字幕分段，双击字幕文本框修改字幕内容，在时间轴面板中修改显示/持续时间，在基本图形面板中设置样式和外观。此外，还可以对已添加的字幕进行拆分和合并。在文本面板中选中一条字幕，单击拆分字幕图标，可以将所选字幕拆分成两条内容相同的字幕；之后还可以修改每个拆分字幕的内容和时间。按住 Shift 键或者 Ctrl 键选中相邻的两条或者多条字幕，单击合并字幕图标，可以将所选字幕合并为一条字幕。如图 6-68 所示为添加了多条字幕分段后，文本面板、节目监视器面板、时间轴面板的显示状态。

图 6-68　添加多条说明性字幕

字幕创建和编辑完成后，可以将其导出到字幕文件单独存储。单击文本面板中的图标![...]，在打开的下拉菜单中选择"导出到 SRT 文件"命令，设置文件名称和存储位置后单击"确定"按钮即可完成 SRT 格式的字幕文件导出。

2）从文件导入说明性字幕

如果已经通过其他方式创建并保存了 SRT 或者其他类型的字幕文件，则可以直接将已经创建好的字幕文件导入到项目中进行编辑。

打开文本面板，在如图 6-63 所示的"字幕"选项卡中，单击"从文件导入说明性字幕"按钮，在打开的"导入"窗口中，选择要导入的 SRT 格式的字幕文件，如图 6-69 所示。

单击"打开"按钮后，在弹出的"新字幕轨道"窗口中，"格式"选择"副标题"，"样式"和"起始点"保持默认设置即可，如图 6-70 所示。

图 6-69　导入字幕文件

图 6-70　导入字幕文件时设置新字幕轨道

单击"新字幕轨道"窗口中的"确定"按钮，可以将选择的字幕文件导入项目面板，并在时间轴面板中自动添加新的字幕轨道，在字幕轨道中根据字幕文件中记录的时间码自动加载文件中的所有字幕分段，如图 6-71 所示。

此后，可以使用与手动添加字幕相同的操作方式修改字幕分段内容，调整字幕分段时间，设置字幕样式。

6.6.10　视频导出

Premiere Pro 中，完成项目编辑后，可以将编辑好的影片导出为面向各种用途和目标设备的特定文件，例如，可以导出为音频文件、视频文件或者图像序列，

图 6-71　字幕文件导入结果

可以导出到磁带，或者导出为适合于其他系统的项目文件。最常用的导出方式就是将设计的影片导出为数字化的视频文件，以便在其他系统中使用通用的播放软件进行播放和观看。本节将介绍导出视频文件的基本过程和相关设置。

1. 视频导出基本流程

视频文件的导出包括下面几个步骤：

（1）打开编辑完成的 Premiere 项目，在时间轴面板中打开并选择要导出的序列。

（2）执行标题栏中的"文件"→"导出"→"媒体"命令。

（3）在打开的"导出设置"窗口中指定导出序列或剪辑的源范围，设置裁剪区域，设置导出格式，定义视频/音频导出选项等。

（4）单击"导出设置"窗口中的"导出"按钮，Premiere Pro 会立即开始渲染和编码，生成视频文件。

2. 导出设置

在对影片进行导出时，会打开如图 6-72 所示的"导出设置"窗口。窗口左侧

图 6-72　"导出设置"窗口

是视频帧预览区域,其中包含可在源视图和输出视图之间切换的选项卡,以及时间码显示区和时间轴。通过时间轴可以导航到任何帧并设置入点和出点,以修改导出视频的持续时间。"导出设置"窗口的右侧显示所有可用的导出设置,此处可以选择导出格式和预设,调整视频和音频编码设置,添加效果,设置字幕和发布设置等。这些设置会影响最终导出影片的内容和文件格式。下面介绍其中常用的几种设置功能。

源视图预览 & 画面裁剪:选择"导出设置"窗口中的"源"选项卡,在下方时间轴中拖动蓝色播放指示器,则帧预览区域同步显示源序列中对应于播放指示器位置的帧画面效果。一般情况下,导出视频时对源序列中的帧画面进行完整输出,若要在输出时裁剪画面,则单击"源"视图中的"裁剪输出视频"按钮 ,激活裁剪设置,如图 6-73 所示。可以通过拖动裁剪框或者设置裁剪像素确定裁剪区域,也可以设定裁剪区域的宽高比例。

输出视图预览 & 源缩放设置:在"导出设置"窗口中选择"输出"选项卡,则会在视频帧预览区域显示应用于源视频的当前导出设置的输出效果预览。如果导出设置的帧大小与源的帧大小不同,可使用"源缩放"菜单确定使源适合导出设置的缩放方式。可选择的缩放方式受设置的导出文件格式限制,如图 6-74 所示。

图 6-73　源视图预览 & 画面裁剪设置

图 6-74　"源缩放"选项

源范围设置:通过"导出设置"窗口中时间轴下方的"源范围"选项设置视频的导出范围和持续时间,如图 6-75 所示。"整个序列"选项会将整个序列的全部持续时间范围内的内容导出;"序列切入 / 序列切出"会将视频编辑时设置的序列入点和出点范围内的内容导出,序列入点和出点可在节目监视器面板中设置;"工作区域"选项会将在时间轴面板工作区栏设置的工作区域范围内的内容导出;

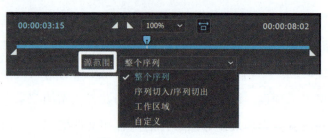

图 6-75 "源范围"设置

"自定义"选项会将在"导出设置"对话框中设置的入点和出点之间的内容导出，此入点和出点通过图标 ■ 和 ■ 设置。

图 6-76 导出格式设置

导出格式设置："导出设置"窗口右侧区域对导出格式和相关参数进行设置，如图 6-76 所示。此处，可以根据影片的用途和目标选择不同的导出文件格式。Premiere Pro 为不同的文件格式提供了不同的格式预设供用户直接选择，用户也可以将自定义的格式参数保存为自定义格式预设以重复选用。用户可以修改导出文件的名字和目录位置，也可以自由选择导出内容（音频、视频）。在视频/音频参数设置选项卡中可以对视频/音频相关的具体参数和编码方式进行设置，视频设置包括设置视频帧的宽度和高度、帧速率、视频编解码器等；音频设置包括音频格式、采样率、声道数、音频编解码器等。视频和音频数据可以进行的参数和编码设置因所选取的文件格式而异。

6.6.11 综合实例

本节通过讲解影片《中国传统文化之二十四节气》的制作流程，对前面介绍的各种视频编辑技术进行巩固和综合运用。影片的最终效果如图 6-77 所示。

准备好影片编辑所需要用到的各种视频、音频、图片素材后，按下列流程进行视频编辑和制作。

1. 创建项目和序列

（1）启动 Premiere Pro 应用程序，新建一个名为"二十四节气"的项目文件。

（2）执行"文件"→"新建"→"序列"命令，创建一个新序列。在"新建序列"窗口的预设列表中选择"HDV"→"HDV 720p25"。

（3）在项目面板中，创建六个素材箱：综合、音乐、春季、夏季、秋季、冬季。打开各个素材箱，将各自包含的素材文件全部导入进来，如图6-78所示。

图6-77　影片播放效果

图6-78　为新建项目导入素材

2. 编辑片头

（1）将"综合"素材箱中的"背景.jpg"素材添加到时间轴面板中的视频轨道1中。在时间轴面板中选中"背景.jpg"素材，单击右键，从弹出的菜单中选择"缩放为帧大小"命令，将图片大小调整为视频帧画面大小。单击右键，从弹出的菜单中选择"速度/持续时间"命令，在打开的设置窗口中将持续时间改为10秒钟。

（2）将播放指示器移动到10秒钟位置，将"综合"素材箱中的"日出.mp4"素材添加到视频轨道1中，为素材设置入点/出点修剪素材内容。选中素材，打开效果控件面板，显示"缩放"设置区域，取消"等比缩放"选项，调整宽度和高度的缩放比例，使素材画面大小与序列帧大小一致（后续视频素材在需要时也使用相同的方法处理，不再赘述）。选中素材，单击右键，从弹出的菜单中选择"速度/持续时间"命令，在打开的设置窗口中锁定速度和时间之间的约束链接，将持续时间调整为5秒。单击右键，从弹出的菜单中选择"取消链接"命令，取消素材的视频和音频链接，单独选中音频素材，按Delete键删除。

（3）将播放指示器移动到15秒钟位置，将"综合"素材箱中的"日落.mp4"素材添加到视频轨道1中，为素材设置入点/出点修剪素材内容，调整素材画面大小，删除音频剪辑，调整素材的持续时间为5秒钟。

（4）将播放指示器移动到0秒位置，选中工具面板中的"文字工具"，在节目监视器面板的画面预览区域单击并输入三行文字"中国传统文化-之-二十四节气"，在时间轴面板中会生成与标题字幕对应的图形剪辑，对应图形剪辑的持续时间默认为5s。使用工具面板中的选择工具在节目监视器中选中此文本对象，打开基本图形面板的"编辑"选项卡，在"文本"样式区域将字体设为"隶书"和"居中对齐文本"，在"外观"区域将文字颜色（填充）设为蓝色。调整文字对象的锚点位置到对象形状中心，将播放指示器调整到0秒位置，在"对齐并变换"区域单击"切换动画的比例"图标，将图标变为蓝色，激活文本对象的关键帧记录，创建标题文字对象的动画效果。在0秒位置，将缩放比例设为10%，并将对象设为"垂直居中对齐"和"水平居中对齐"。移动播放指示器到3秒位置，将缩放比例设为150%，将对象设为"垂直居中对齐"和"水平居中对齐"。移动播放指示器到4秒位置，将缩放比例设为100%，将对象设为"垂直居中对齐"和"水平居中对齐"。

（5）将播放指示器移动到5秒钟位置，使用文字工具添加标题字幕"二十四节气起源于……"。在基本图形面板中设置文字大小、颜色、字间距等属性。在时间轴面板中选中整个图形剪辑，在基本图形面板"编辑"选项卡下方的"响应式设计-时间"区域选中"滚动"选项，并勾选"启动屏幕外"和"结束屏幕外"选项。

（6）将播放指示器移动到10秒钟位置，使用文字工具添加标题字幕"二十四节气的形成……"。在基本图形面板中设置文字大小、颜色、字间距等属性。

片头制作完成后，其对应的时间轴面板如图6-79所示。

图6-79　制作影片片头

3. 编辑影片主体

（1）将播放指示器移动到20秒位置，将项目面板中"春季""夏季""秋季""冬季"四个素材箱中的所有视频素材按照二十四节气的顺序添加到序列中，依次放在时间轴面板的视频轨道1中。使用"向前选择轨道工具"将这二十四个素材剪辑全部选中，单击右键，从弹出的菜单中选择"取消链接"命令，解除素材剪辑的视频和音频链接关系。锁定视频轨道1，再次使用"向前选择轨道工具"将二十四个音频剪辑全部选中并将其全部删除。取消视频轨道1的锁定，打开效果控件面板，依次选择各个视频剪辑，取消"等比缩放"选项，分别调整高度和宽度缩放比例，使素材的画面大小与序列的帧画面大小一致。对需要操作的素材进行剪辑，调整入点或出点以修剪素材的显示内容，或者修改其播放速度和持续时间，并删除剪辑之间的空隙。打开效果面板，在"谷雨.mp4"和"立夏.mp4"视频剪辑之间添加"菱形划像"视频过渡效果，在"大暑.mp4"和"立秋.mp4"视频剪辑之间添加"翻转"视频过渡效果，在"霜降.mp4"和"立冬.mp4"视频剪辑之间添加"翻页"视频过渡效果。

（2）将"综合"素材箱中的"春.png""夏.png""秋.png""冬.png"添加到视频轨道2中，每个图片素材的起始位置与视频轨道1中各个季节的起始位置对齐，持续时间为各个季节所包含的所有视频剪辑的总时间。选中"春.png"素材剪辑，在效果控件面板中将播放指示器移动到此素材剪辑的起始位置（第20秒），分别单击图标，激活"位置"和"旋转"属性的动画记录，并自动创建第一个关键帧。移动播放指示器到第22秒的位置，修改横坐标和纵坐标属性值，将"春.png"移动到画面的左上角；修改旋转角度为720°（两周）。使用相同方式为其他三个图片素材"夏.png""秋.png""冬.png"添加位置和旋转动画效果。

（3）将播放指示器移动到第22秒，选中工具面板中的"文字工具"，单击节目监视器中的画面，输入"立春"创建标题字幕。使用"选择工具"选中此对象，基本图形面板中，在"文本"样式区域设置字体为"华文行楷"，调整文字到合适大小；在"外观"设置区域设置文字"填充"颜色为"线性渐变"，并设置渐变色；勾选"描边"选项，设置描边颜色为黑色，并设置描边宽度。用鼠标拖动锚点标记，调整文字对象的锚点位置到其形状中心，基本图形面板的"对齐并变换"设置区域设置为"垂直居中对齐"和"水平居中对齐"。调整字幕对应的图形剪辑的持续时间与对应的视频剪辑的持续时间相同。使用相同的方法为其他节气添加对应的标题字幕，并编辑字幕样式，调整持续时间。

（4）打开文本面板中的"字幕"选项卡，单击"创建新字幕轨"，选择"副标题"格式，单击"确定"按钮创建新的字幕轨道，为影片添加说明性字幕。将播放指示器移动到第22秒，单击"添加新字幕分段"按钮，为新创建的字幕分段输入与"立春"节气对应的诗句文字"一二三四五六七……"。选中字幕分段，在基本图形面板中设置字幕样式。在时间轴面板中调整字幕分段的开始位置和持续时间。移动播放指示器到新的位置，使用相同方法，为其他节气添加对应的字幕分段。

影片主体对应的时间轴面板区域如图6-80所示。

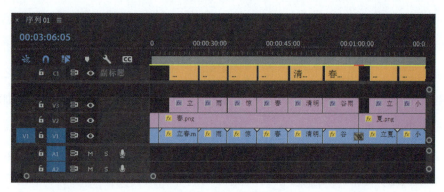

图 6-80 制作影片主体

4. 制作片尾

（1）移动播放指示器到当前影片的结尾处，将"综合"素材箱中的"背景.jpg"添加到视频轨道 1 中的当前位置，持续时间设为 8 秒。

（2）使用工具面板中的"垂直文字工具"添加标题字幕，内容为二十四节气歌"春雨惊春清谷天……"，在基本图形面板中设置字体、颜色和文字大小。在效果控件面板或者基本图形面板中制作位置移动动画，使此标题从左向右移动到屏幕中间。

（3）移动播放指示器到结束前 3 秒，使用"文字工具"添加标题字幕"谢谢观看"。在基本图形面板中设置文字字体、颜色、大小，并为其添加阴影效果，设置阴影效果选项。持续时间设为 3 秒。在效果控件面板或者基本图形面板中制作透明度变化动画，使此标题逐渐显现出来。

片尾部分对应的时间轴面板区域如图 6-81 所示。

图 6-81 制作片尾

5. 添加音乐

移动播放指示器到第 0 秒位置。将"音乐"素材箱中的"天空之城.mp3"添加到音频轨道 1 中。选中此音频剪辑，单击右键，在弹出的菜单中选择"速度 / 持续时间"命令，锁定速度和时间之间的约束链接，将持续时间调整为整个影片的总时长。添加音乐素材后，时间轴面板显示如图 6-82 所示。

图 6-82　添加音乐

6. 导出视频文件

选择"文件"→"保存"保存项目文件。在时间轴面板中，选中本影片所在序列，执行"文件"→"导出"→"媒体"命令。在"导出设置"窗口中，"源范围"选择"整个序列"，"格式"选择"H.264"，"预设"选择"匹配源 - 中等比特率"，输出名称设为"二十四节气 .mp4"。单击"导出"按钮，等待渲染和编码完成后，即可获得导出的视频文件，如图 6-83 所示。

图 6-83　导出视频文件

6.7 思考与练习

1. 数字视频相较于模拟视频有哪些优势？

2. 日常生活中，你接触到了哪些视频文件格式？

3. 非线性视频编辑相较于线性视频编辑有哪些优点？

4. 视频素材采集的三种类型有哪些？你平时都使用过哪些采集方式？

5. 你平时使用过哪些视频编辑软件，这些软件有什么特点？

6. 熟悉 Premiere Pro 工作界面，了解常用面板的功能。

7. Premiere Pro 中，项目、序列和素材剪辑之间的关系是什么？

8. Premiere Pro 视频编辑的基本流程是什么？

9. 运用视频编辑技术，制作一部北京旅游的宣传片。

10. 运用视频编辑技术，制作一个自我介绍视频。